高职高专计算机类专业系列教材

Office 高级应用与 AI 智能办公

Office GAOJI YINGYONG YU AI ZHINENG BANGONG

主　编　傅晓婕　张　莉　顾东袁

副主编　李　瑶　郑欢欢

主　审　沈　萍

西安电子科技大学出版社

内 容 简 介

本书旨在提升读者的 Office 高级应用能力与 AI 智能办公技能。本书开篇介绍了 Office 2019 基础知识，分别讲解了 Word、Excel、PowerPoint 的工作界面及工作环境设置；随后引入 AI 知识，介绍了 AI 的概念、发展历史及国内主流 AI 大模型，阐述其与自动化办公的联系。在办公软件应用部分，通过制作招聘启事、管理学生图书借阅数据、制作演示文稿等案例，讲授文档编辑、数据处理、幻灯片设计等高级技巧。在 AI 智能办公部分，则展示了 AI 在创作邮件、处理表格数据、生成 PPT 等方面的应用，助力读者借助 AI 优化办公流程。

本书语言通俗易懂，案例贴合实际，兼具实用性与操作性，不仅可作为高职院校计算机类、电子信息类等专业基础课教材，辅助学生构建知识体系，也可作为从业者提升技能的参考资料，帮助其适应数字化办公需求，还可作为办公软件及 AI 爱好者的自学参考书。通过学习本书，读者能够实现办公软件与 AI 协同应用的突破，从容应对数字化办公的挑战。

图书在版编目（CIP）数据

Office 高级应用与 AI 智能办公 / 傅晓婕，张莉，顾东袁主编.
西安：西安电子科技大学出版社, 2025. 8. -- ISBN 978-7-5606-7733-0

Ⅰ. TP317.1

中国国家版本馆 CIP 数据核字第 2025H8D596 号

策　　划　刘小莉
责任编辑　刘小莉
出版发行　西安电子科技大学出版社（西安市太白南路 2 号）
电　　话　（029）88202421　88201467　　　邮　　编　710071
网　　址　www.xduph.com　　　　　　电子邮箱　xdupfxb001@163.com
经　　销　新华书店
印刷单位　咸阳华盛印务有限责任公司
版　　次　2025 年 8 月第 1 版　　　2025 年 8 月第 1 次印刷
开　　本　787 毫米×1092 毫米　1/16　　印　　张　16
字　　数　377 千字
定　　价　45.00 元
ISBN 978-7-5606-7733-0
XDUP 8034001-1
*** 如有印装问题可调换 ***

前 言

在当今时代，信息技术已跃升为推动经济社会转型发展的核心驱动力，并成为建设创新型国家、制造强国、质量强国、网络强国、数字中国以及智慧社会的关键基石。在此背景下，提升信息素养，强化在信息社会中的适应能力与创新能力，无论对个人的生活、学习与职业发展，还是对全面建设社会主义现代化国家的宏伟目标，都具有重大意义。数字化浪潮下，以计算机为核心，借助现代化办公设备与先进互联网技术，随时随地处理各类信息化业务，高效地收集、整理、加工与运用信息，实现协同工作，已成为当代大学生与职场人士必备的基本信息素养。因此，基于"必需、够用"的原则，我们精心编写了本书。

本书内容丰富且实用。开篇介绍了 Office 2019 基础知识，详细讲解了 Word、Excel、PowerPoint 的工作界面及环境设置。随后引入 AI 相关知识，涵盖 AI 的概念、发展历史以及国内主流 AI 大模型，并深入阐述 AI 在自动化办公中的应用。在 Office 高级应用部分，通过制作招聘启事、管理学生图书借阅数据、制作演示文稿等案例，系统讲授文档编辑、数据处理、幻灯片设计等高级技巧。在 AI 智能办公部分，重点展示 AI 在创作邮件、处理表格数据、生成 PPT 等方面的具体应用，助力读者借助 AI 优化办公流程，提升办公效率。

在内容编排上，我们秉持实用性与代表性的原则，精心挑选贴合办公场景的知识点；在编排方式上，我们将相关知识巧妙分解并融入具体任务中，读者通过任务分析与实践操作章节的学习，可自然而然地掌握理论知识；在编写风格上，我们坚持任务先行，按照任务引入、知识讲解、任务实施的步骤，逐步构建完整的知识体系(第 6 章以人机对话形式来阐述 AI 大模型在智能办公中的应用，故行文风格与前文有别)；在教育理念上，我们以人为本，有机融合"思政元素"与"专业知识"，引导读者主动思考，将知识内化于心；在资源配置上，我们提供了教学课件、课程标准、电子教案等资料，读者可登录出版社官网(http://www.xduph.com)获取，全方位的获得支持。

本书由浙江长征职业技术学院傅晓婕、张莉和浙江工业大学顾东袁担任主编，浙江长征职业技术学院李瑶、郑欢欢担任副主编，浙江长征职业技术学院沈萍担任主审。具体编写分工为：第 1 章由顾东袁编写，第 2、3、6 章由傅晓婕编写，第 4、5 章由张莉编写，李瑶、郑欢欢参与了全书的校稿工作。全书由傅晓婕、张莉共同设计与统稿。在此，我们衷心感谢参与本书编写与出版工作的所有人员，特别感谢杭州测度科技有限公司的吴正强，他为本书编写提供了很多宝贵建议。在编写本书的过程中，我们还参考了众多专家学者的相关文献，在此一并向他们致以诚挚的谢意。

由于互联网与信息技术的发展日新月异，加之编者水平有限，书中难免存在疏漏之处，恳请专家与广大读者不吝批评指正，以便我们再版时不断完善本书。

编 者

2025 年 4 月

目 录

第 1 章　Office 2019

　　Microsoft Office 2019(简称 Office 2019)是微软公司推出的一款功能强大且应用广泛的办公软件套件，延续了 Office 系列软件的传统优势，并在此基础上进行了诸多改进与优化。作为日常办公的重要工具，Office 2019 涵盖了多种常用办公组件，能够满足文字处理、数据处理、演示文稿制作、数据库管理等多样化需求，帮助用户高效完成各类办公任务。

≫ 学习目标

➢ 知识目标

- 了解 Word、Excel、PowerPoint(缩写为"PPT")的核心功能与应用场景。
- 熟悉 Office 2019 工作界面的基本组成(如功能区、快速访问工具栏、状态栏等)。
- 熟悉常用环境设置选项的位置与作用(如取消自动更正、调整自动保存时间间隔等)。
- 识别不同软件(Word/Excel/PPT)界面布局的共性与差异。
- 熟悉个性化设置的主要功能(如自定义功能区、调整主题颜色、设置默认字体等)。
- 理解快捷键配置与快速访问工具栏优化的意义与操作方法。

➢ 能力目标

- 能够独立完成 Office 2019 工作环境的初始化设置(如调整界面语言、修改默认保存格式等)。
- 能够熟练使用快速访问工具栏、自定义功能区等工具优化操作流程。
- 能够根据任务需求，灵活切换 Word、Excel、PPT 的工作界面并快速定位核心功能。
- 能够通过个性化设置提高操作效率。

➢ 素质目标

- 培养规范操作意识。
- 提升自主学习能力。
- 提高信息素养。
- 培养版权与安全意识。

1.1　Office 2019 概述

Office 2019 中常用的三大组件是 Word、Excel 和 PPT，它们分别对应办公中的不同需求，如文字处理、数据统计和幻灯片演示。

相较于以往版本，Office 2019 提供了更加现代化的用户界面，操作更加便捷流畅，同时强化了协作功能，支持多人实时编辑与文档共享。此外，它还针对不同的使用场景，增加了多项实用功能，提升了软件的性能和实用性。

1.1.1　Word 的工作界面

Word 是 Microsoft Office 套件中的文字处理程序，用于创建、编辑和格式化文档。它支持各类文档格式，如 .doc 和 .docx，并提供全面的文本编辑功能，如拼写检查、语法检查、样式设置、表格和图表插入等。Word 还支持协作功能，允许用户在文档上进行实时编辑与评论。

Word 工作界面中各元素名称如图 1-1 所示，各元素主要功能如表 1-1 所示。

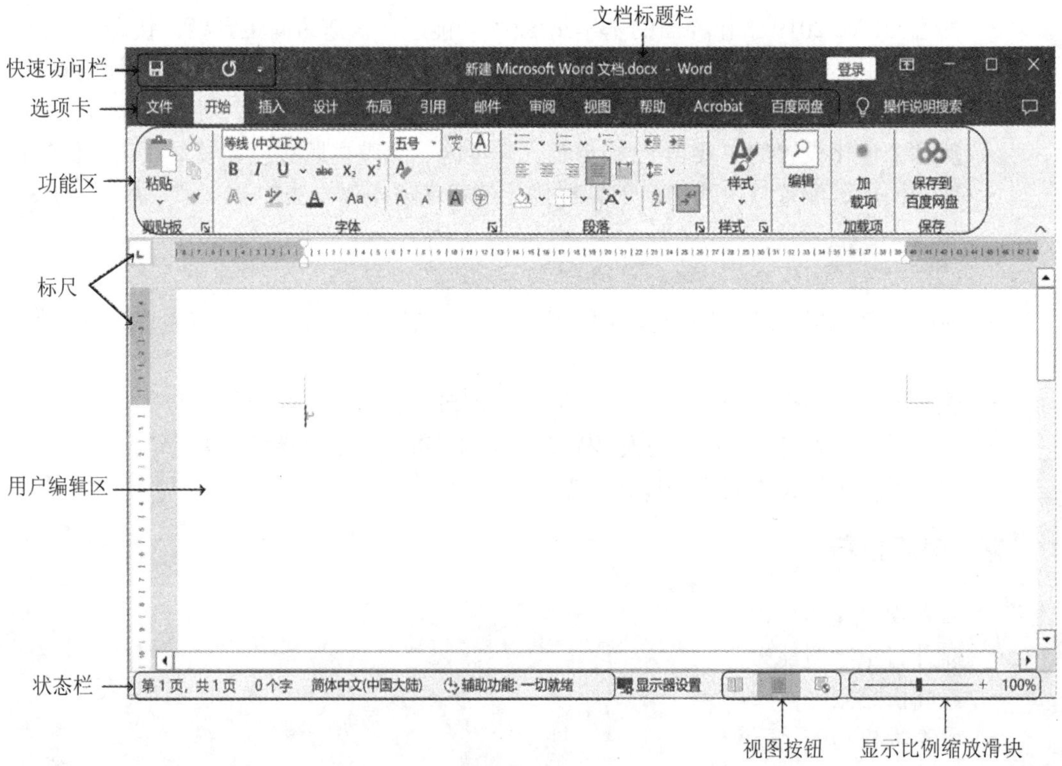

图 1-1　Word 工作界面中各元素名称

表 1-1　Word 工作界面中各元素主要功能

名　称	功　能
快速访问栏	默认显示保存、撤销和重复键入 3 个按钮
文档标题栏	显示当前打开文档的名称。最右边是最小化、最大化和关闭按钮
选项卡	显示各功能区名称，包括文件、开始、插入、设计、布局、引用、邮件、审阅、视图、帮助等
功能区	单击选项卡切换不同功能组，单击右下角的小箭头，可展开详细设置对话框
标尺	分为水平标尺和垂直标尺。水平标尺用于调整段落缩进和边距；垂直标尺用于调整页面上边距
用户编辑区	位于界面中央，可输入和编辑文字、插入对象(图片/表格等)
状态栏	显示页面/字数统计、语言、视图模式(如页面视图)。右侧包含显示比例缩放滑块和视图按钮

1.1.2　Excel 的工作界面

Excel 是 Microsoft Office 中的电子表格程序，用于数据处理和分析。它支持创建和编辑电子表格，包含公式和函数，适用于财务计算、数据分析等。Excel 还提供了数据筛选、排序、图表制作等功能，帮助用户更好地组织和展示数据。

Excel 的工作界面除了包含与 Word 界面相同的快速访问栏、文档标题栏、选项卡和功能区外，还有一些独有的元素。Excel 工作界面中其他元素如图 1-2 所示，各元素功能如表 1-2 所示。

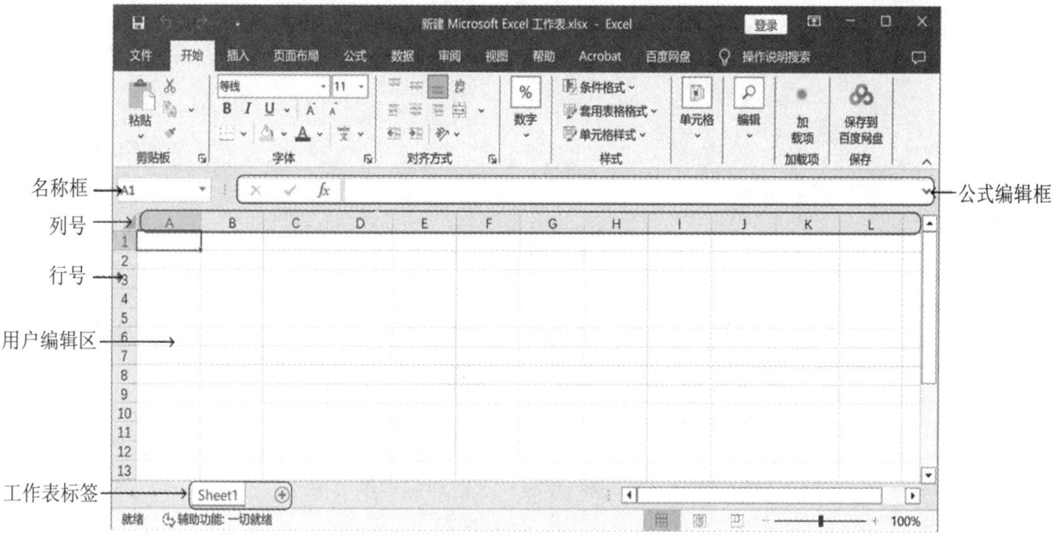

图 1-2　Excel 工作界面中其他元素

表 1-2　　Excel 工作界面中各元素功能

名　称	功　能
名称框	显示当前选中单元格的地址(如 A1)，也可用于定义名称
公式编辑框	显示或编辑单元格中的内容(公式、文本、数字)
行号和列号	用于标识单元格的位置
用户编辑区	编辑内容区域，由单元格组成
工作表标签	显示多个工作表(Sheet1、Sheet2、…)的标签，可单击对应标签选择该工作表；可通过右键重命名、添加或删除工作表

1.1.3　PowerPoint 的工作界面

PowerPoint 是 Microsoft Office 中的演示文稿制作工具，用于创建和编辑幻灯片。它支持各种设计元素和动画效果，帮助用户制作专业级的演示文稿。PowerPoint 还支持协作功能，允许用户在演示文稿上进行实时编辑和评论。

PowerPoint 的工作界面除了包含与 Word、Excel 界面相同的元素外，其他元素如图 1-3 所示，各元素功能如表 1-3 所示。

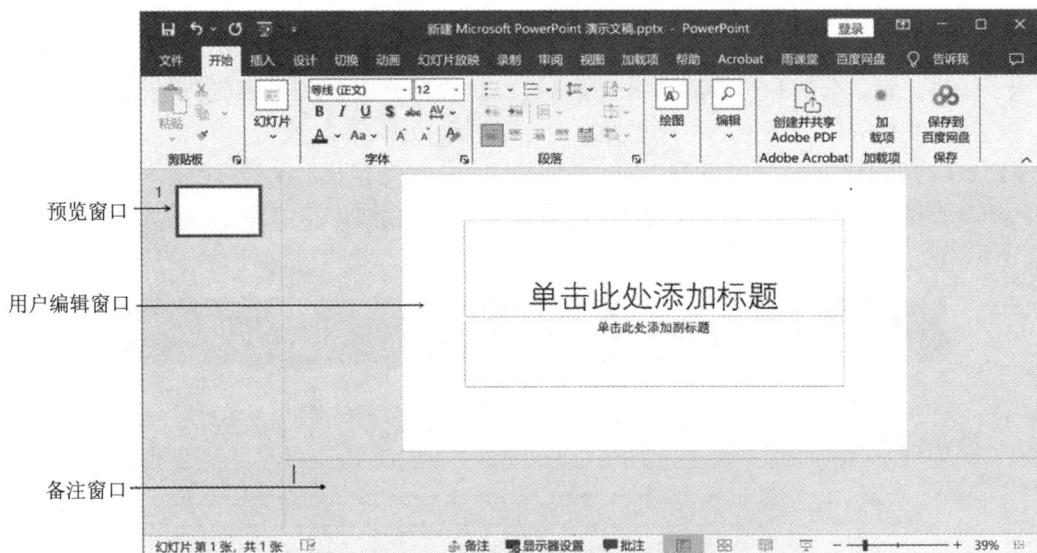

图 1-3　PowerPoint 工作界面中其他元素

表 1-3　PowerPoint 工作界面中各元素功能

名　称	功　能
预览窗口	显示缩略图列表，单击切换幻灯片，拖拽调整顺序
用户编辑窗口	位于中央主区域，用于编辑当前幻灯片内容(文字、图片、形状等)
备注窗口	位于底部区域，用于为当前幻灯片添加演讲备注(编辑时可见，可打印或在"演示者视图"中显示)

1.2　Office 2019 的工作环境设置

1.2.1　修改 Office 界面主题

Office 软件界面的主题颜色也可以根据用户需求进行修改。

打开任意一个 Word 文档，单击"文件"→"选项"，在弹出的对话框左侧选择"常规"，在右侧勾选"不管是否登录到 Office 都始终使用这些值"。在"Office 主题"中，根据用户需求选择颜色，如"深灰色"，如图 1-4 所示。单击"确定"后，主题颜色就变成了深灰色，如图 1-5 所示。

修改 Office 界面主题

图 1-4　修改 Office 的主题

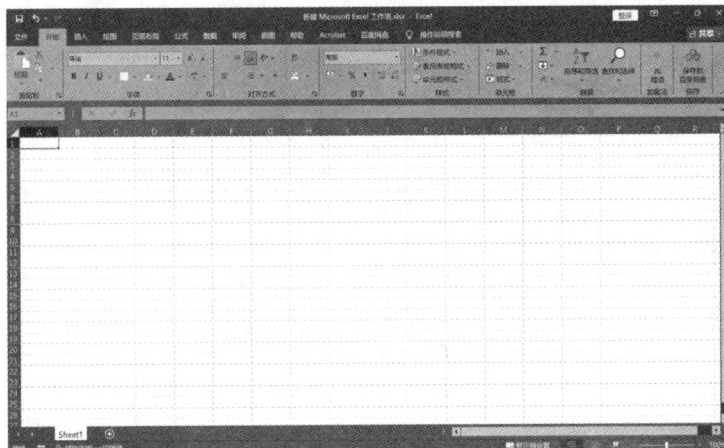

图 1-5　主题修改后效果

1.2.2　自定义快速访问工具栏

在 Word 中，自定义快速访问工具栏可以快速访问常用功能，从而提高工作效率。

在 Word 工作界面中，单击左上角的快速访问工具栏右边的下拉按钮(①)，单击"其他命令"(②)，如图 1-6 所示。

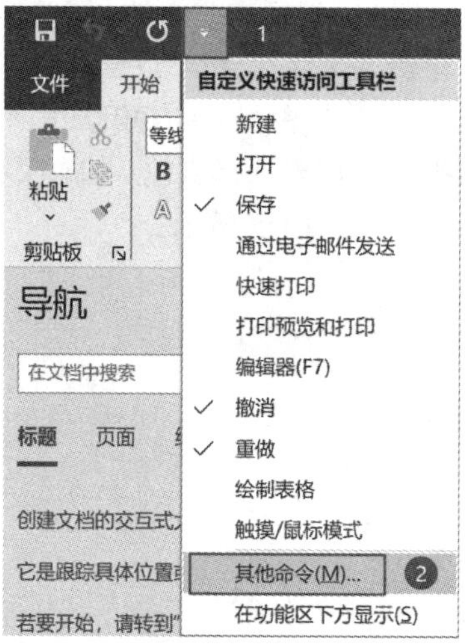

自定义快速访问工具栏

图 1-6　自定义快速访问工具栏

在弹出的对话框中，选择需要添加的功能，如"查找"(①)，单击"添加"(②)，单击"确定"，即可将想要的功能添加到快速访问栏，如图 1-7 所示。

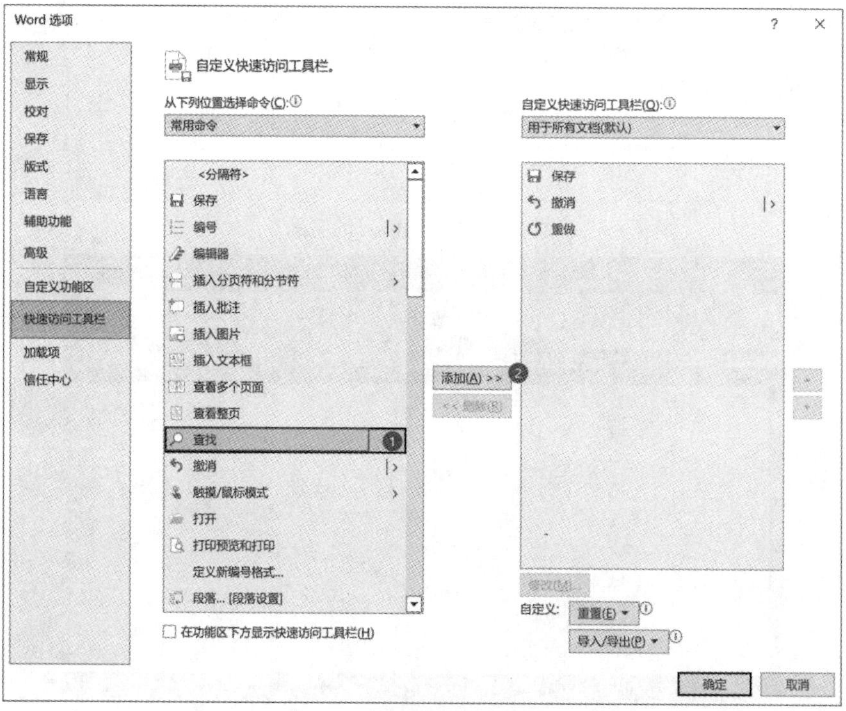

图 1-7　添加快速访问按钮

如果想删除已经添加的按钮，可单击图 1-7 中的"删除"按钮。

其他自定义选项如下：

(1) 重置为默认设置：在"其他命令"界面，单击"重置"，选择"仅重置快速访问工具栏"。

(2) 更改工具栏位置：单击快速访问工具栏右侧的下拉箭头，选择"在功能区下方显示"或"在功能区上方显示"。

1.2.3　高级选项设置

1. 取消自动更正

单击"文件"→"选项"，在弹出的对话框中选择"校对"→"自动更正选项"(①)，取消勾选"句首字母大写""表格单元格的首字母大写"(②)和"键入时自动替换"(③)等不常用功能。然后单击"确定"，如图 1-8 所示。

高级选项设置

图 1-8　取消自动更正

2. 显示所有格式标记

单击"文件"→"选项"，在弹出的对话框中选择"显示"，勾选"显示所有格式标记"，即可将一些不显示的符号如分页符、分节符、空格、段落标记等符号显示，方便文档排版。然后单击"确定"，如图 1-9 所示。

3. 调整自动保存时间

单击"文件"→"选项"，在弹出的对话框中选择"保存"，修改"保存自动恢复信息时间间隔"(①)，也可修改"自动恢复文件位置"(②)，以避免因意外情况导致文档丢失，尤其是处理重要且篇幅较长的文档时，能有效减少数据损失。然后单击"确定"，如图 1-10 所示。

图 1-9   显示所有格式标记

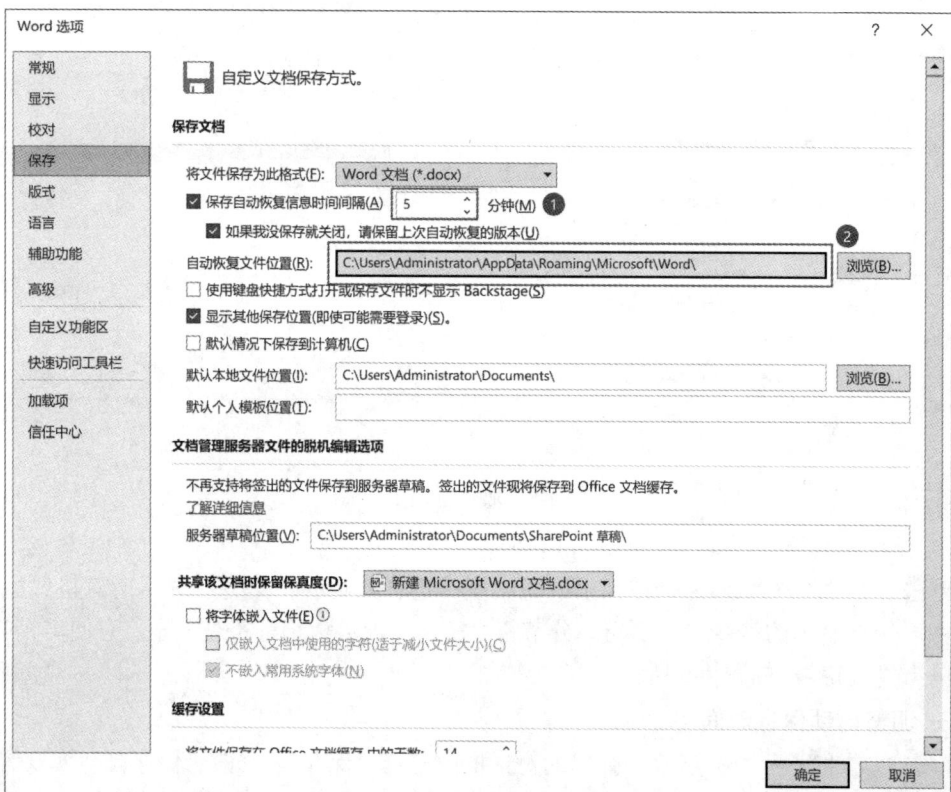

图 1-10   调整自动保存时间间隔

习　题

选择题

1. 要修改 Office 2019 的整体界面颜色，应该选择的设置是(　　)。

A. 自定义快速访问工具栏　　　　　　　　B. 账户设置

C. Office 主题　　　　　　　　　　　　　D. 校对选项

2. 在快速访问工具栏添加常用按钮的正确操作是(　　)。

A. 右键单击状态栏　　　　　　　　　　　B. 拖动功能区选项卡

C. 单击工具栏下拉箭头选择"其他命令"　　D. 在视图选项卡中设置

3. 若 Office 主题设置为"深灰色"，则会同步改变颜色的界面元素是(　　)。

A. 文档编辑区的背景色　　　　　　　　　B. 功能区选项卡底色

C. 文本字体颜色　　　　　　　　　　　　D. 单元格边框颜色

4. 当需要显示文档中所有隐藏的格式标记(如空格符、段落标记)时，应该(　　)。

A. 启用"显示/隐藏编辑标记"按钮　　　　B. 修改页面颜色

C. 调整缩放比例　　　　　　　　　　　　D. 切换视图模式

5. 在 Word 的状态栏中，通常不能直接查看的信息是(　　)。

A. 页面字数统计　　　　　　　　　　　　B. 当前页面缩放比例

C. 光标所在行号　　　　　　　　　　　　D. 文档修订状态

6. 在 Word 中取消"句首字母自动大写"功能，需修改的选项是(　　)。

A. 校对中的自动更正选项　　　　　　　　B. 常规中的屏幕提示样式

C. 保存中的自动恢复设置　　　　　　　　D. 高级中的编辑选项

7. Excel 中，工作表标签位于工作界面的(　　)。

A. 上方　　　　　　B. 下方　　　　　　C. 左侧　　　　　　D. 右侧

8. Excel 工作界面特有的核心组成部分是(　　)。

A. 幻灯片窗格　　　B. 单元格　　　　　C. 导航窗格　　　　D. 大纲视图

9. PowerPoint 的"大纲视图"主要用于(　　)。

A. 调整幻灯片动画效果　　　　　　　　　B. 编辑幻灯片中的文本内容

C. 重新排列幻灯片顺序　　　　　　　　　D. 添加幻灯片切换方式

10. 在 PowerPoint 中，"幻灯片放映"选项卡主要用于设置(　　)。

A. 幻灯片的主题样式

B. 幻灯片中元素的动画效果

C. 幻灯片的切换效果

D. 从当前幻灯片开始放映或从头开始放映等操作

第 2 章 AI 初识

2022 年 11 月 30 日，OpenAI 推出的人工智能(AI)聊天工具 ChatGPT 在社交媒体中迅速走红。2025 年 1 月 20 日，杭州深度求索公司推出的 DeepSeek-R1 再次掀起了人工智能的新浪潮，推动着这一领域的热度持续攀升。展望未来，随着技术持续革新，AI 大模型将朝着性能提升、成本优化、应用深化三大方向发展，为各行业带来更多惊喜与变革。

学习目标

➤ 知识目标

- 掌握 AI 的定义、基础理论及技术分类。
- 熟悉 AI 发展历程中的里程碑和关键技术突破。
- 了解当前 AI 技术的主流应用场景与行业发展趋势。
- 掌握 DeepSeek、文心一言、通义千问、豆包等主流模型的定位差异与核心功能。
- 了解 AI 在自动化办公中的应用。

➤ 能力目标

- 能够独立操作至少 3 种国内主流 AI 大模型工具。
- 能够使用 AI 工具完成文档自动化排版与可视化分析。
- 能够优化 AI 生成的图表/文档，使其满足专业场景要求。
- 能够针对办公场景需求(如批量报告生成)设计基于 AI 的解决方案。

➤ 素质目标

- 建立 AI 技术应用的伦理边界意识。
- 培养对 AI 生成内容进行批判性验证的习惯。
- 培养使用 AI 技术探索新型办公模式的创新思维。
- 培养快速掌握新兴 AI 工具的持续学习能力。

2.1　什么是 AI

2.1.1　AI 的概念

AI 即人工智能(Artificial Intelligence)，是一个广泛的概念，旨在让计算机系统具备感知、理解、学习、推理和决策等类似人类智能的能力。该技术涵盖了机器学习、深度学习、自然语言处理、计算机视觉等众多技术领域。AI 系统通过不断地对大量的数据进行迭代训练，持续调整神经网络的权重和偏置，最终实现对特定任务的准确执行，如图像识别、语音识别、自然语言理解等。

通俗来讲，AI 的工作原理类似于教小孩学东西：你给它很多例子(数据)，告诉它这些例子的意思，然后它通过学习这些例子，学会自己判断。比如，你给 AI 看很多猫的照片，告诉它"这是猫"，它就能认出新的猫。

AIGC(AI Generated Content)是基于人工智能技术自动生成的内容，包括文字、图像、音频、视频等多媒体形式。随着机器学习尤其是深度学习的发展，AI 自动生成高质量内容已成为可能。

AIGC 就是让 AI 帮忙"创作"内容。你可以把它想象为一位超级聪明的助手，它能根据你的要求自动生成各种东西，如写文章、画图、作曲、拍视频等。随着技术的不断发展，AIGC 正在改变生产内容和消费内容方式，为创意产业提供全新的工具。

2.1.2　AI 的发展历史

AI 的发展历程可追溯到 20 世纪中叶，随着时间的推移，它经历了几个重要的阶段和变革。下面介绍 AI 发展的关键节点。

1. 诞生时期

目前普遍认为，"人工智能"这个概念最早是在 1956 年的达特茅斯会议上被正式提出的。在这次会议上，约翰·麦卡锡首次提出了"人工智能"这个术语，艾伦·纽厄尔和赫伯特·西蒙展示了他们编写的逻辑理论机器，展示了计算机在逻辑推理方面的潜力，为早期人工智能研究提供了一个成功范例。1956 年也被认为是人工智能元年。

2. 早期发展时期

20 世纪 60 年代到 70 年代，AI 的发展经历了繁荣和低谷。在这个阶段，自然语言处理、机器视觉等算法和硬件性能得到了提升，但是也因为实际应用中的各种限制而遭遇了技术瓶颈。

20 世纪 60 年代，美国斯坦福国际研究所研制出机器人 Shakey，被认为是首台采用人工智能技术的移动机器人。美国麻省理工学院(MIT)的约瑟夫·魏泽鲍姆发布了世界上第一个聊天机器人 ELIZA。科学家们在人工智能的理论研究和实际应用方面都取得了显著成果。

到了 20 世纪 70 年代初，AI 研究遭遇了技术和资金上的挑战。一些对人工智能提供资助的机构，对无明确方向的人工智能研究逐渐失去信心，开始停止资助相关项目。这使得许多人工智能研究项目陷入困境，人工智能的发展进入了低谷期。

3. 应用发展时期

20 世纪 80 年代，科学家们将公用的人工智能技术转变为解决特定领域问题的专家系统，人工智能从理论研究走向实际应用。

第一个专家系统是 1968 年爱德华·费根鲍姆(Edward Feigenbaum)提出了 DENDRAL，可用于推断化学分子结构。1980 年，卡内基·梅隆大学推出的专家系统 XCON 每年为数据设备公司 DEC 节省 2500 万美元，这是首个专家系统大规模商用成功案例。1981 年，由斯坦福研究所完成的地质勘探专家系统(PROSPECTOR)，成功用于钼矿勘探，取得了重大社会经济效益。在这一时期，也是专家系统的黄金时期。

之后，由于人工智能领域的资金大幅减少，人工智能的发展陷入了低迷状态。

4. 数据驱动时期

进入 21 世纪，随着计算能力的提升和大数据积累，以支持向量机、随机森林为代表的统计学习算法，以及卷积神经网络(CNN)等深度学习模型取得突破。2012 年 AlexNet(辛顿团队)在 ImageNet 竞赛中大幅提升图像识别准确率。2014 年生成对抗网络(GAN，古德费洛)和 2015 年残差网络(ResNet)推动技术边界。2016 年 AlphaGo(DeepMind)击败李世石，展示了强化学习与深度神经网络的结合。

5. 大模型时代

近年来，随着计算能力的提升和数据量的增加，出现了参数量巨大的预训练模型，例如 OpenAI 的 GPT 系列、Google 的 BERT 等。这些模型在多个任务上展现了强大的泛化能力和理解力。

2025 年伊始，全球人工智能领域爆出了一条大新闻，就是中国人工智能公司推出了可媲美全球顶级人工智能平台的 DeepSeek AI 平台。其以低成本实现高性能的模型训练，打破了传统上对高端硬件的过度依赖，使更多企业和开发者能够参与到人工智能的研发和应用中。

2.1.3 AI 的现状

随着深度学习、神经网络等技术的不断创新，以及计算能力的显著提升和算法的不断优化，AI 大模型迎来了爆发式发展。2022 年 11 月，搭载 GPT-3.5 的 ChatGPT 横空出世，凭借接近人类水平的自然语言交互与多场景内容生成功能，迅速引爆互联网。2023 年 3 月，OpenAI 发布了超大规模多模态预训练大模型 GPT-4，具备了多模态理解与多类型内容生成能力。2024 年，国内 AI 大模型也取得了显著的发展：百度推出的文心一言、阿里巴巴研发的通义千问、科大讯飞开发的讯飞星火等大模型均已具备文本生成、语言理解、知识问答、逻辑推理和多模态生成等核心能力。特别是 2025 年 DeepSeek R1 模型的发布，标志着我国在 AI 大模型自主创新方面取得了重大突破，在实际应用中展现了与国际领先水平相当的竞争力。

目前，AI 大模型已深度融入社会生产和社会生活的各个方面。AI 辅助医学影像诊断系统能快速精准地识别 X 光、CT、MRI 等医学影像的异常表现，帮助医生提高诊断准确率。自动驾驶技术从封闭场景的物流运输逐步拓展至开放道路的载人服务，不断推动商业化进程，有望变革出行方式，提升交通安全与运行效率。与此同时，阿里巴巴、腾讯、百度等互联网巨头纷纷加大在人工智能领域的投入，推出了一系列具有竞争力的产品和服务，涵盖电商智能推荐、智能语音助手、智能金融风控等多个领域。

2.2　国内主流 AI 大模型

从智能对话到辅助编写代码，从解析图像到自主创作内容，AI 大模型正逐步实现普及化。对于普通用户而言，更关注的是如何使用 AI 工具。下面将介绍几款国内主流 AI 大模型工具。

2.2.1　DeepSeek

DeepSeek(深度求索)是一家聚焦通用人工智能(AGI)研发的中国科技公司，成立于 2023 年，其核心团队由全球顶尖 AI 科学家和工程师组成。公司致力于推动大模型技术在多个领域的落地应用，覆盖自然语言处理、多模态人机交互及垂直场景解决方案。公司旗下开源了多款大模型系列(如DeepSeek-R1、DeepSeek-V3)，并与教育、医疗、金融等领域建立合作。

DeepSeek

DeepSeek 就像用户的私人 AI 管家，用"人话"就能沟通，帮助用户处理文档、分析数据、跨语言协作，让烦琐的 Office 工作变得高效又轻松。

DeepSeek 新版 V3 模型借鉴 DeepSeek-R1 模型训练过程中所使用的强化学习技术，大幅提高了在推理类任务上的表现水平，在数学、代码类相关评测集上取得了超过 GPT-4.5的成绩，如图 2-1 所示。

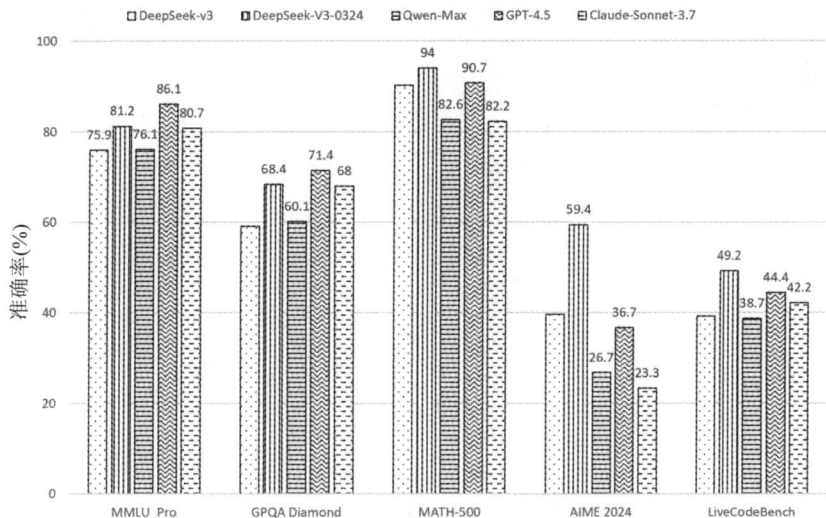

图 2-1　DeepSeek 模型性能对比

DeepSeek 主界面如图 2-2 所示，单击"开始对话"即可开始提问。它不仅能聊天、写文章，还能分析图表、解释代码，甚至从大量数据中总结规律。

用户可以向 DeepSeek 提一些生活类问题，如旅游建议，如图 2-3 所示。DeepSeek 首先对问题进行深度思考，将其分解成多个逻辑相关的子问题，形成思维链，再给出系统化的回答。

图 2-2　DeepSeek 主界面

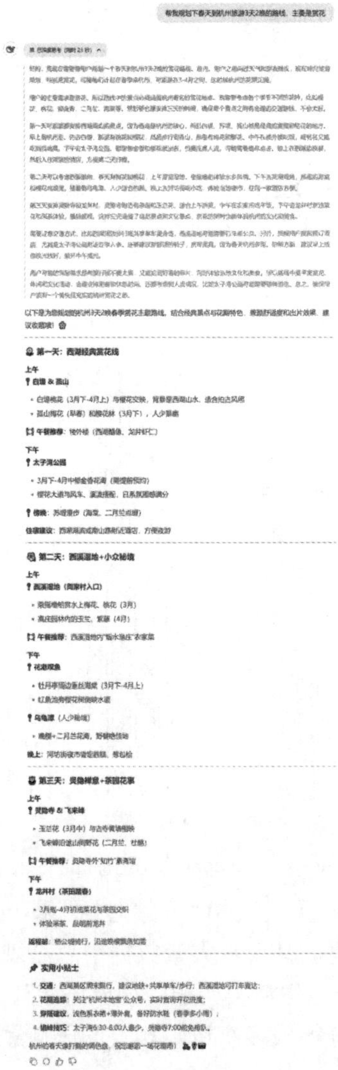

图 2-3　与 DeepSeek 聊天

2.2.2　文心一言

文心一言(ERNIE Bot)是百度公司自主研发的人工智能对话产品，于 2023 年 3 月正式面向公众发布。百度作为中国人工智能技术的先行者，长期深耕自然语言处理领域，其核心模型"ERNIE"(知识增强大模型)具有显著的技术优势。自 2023 年起，百度陆续推出文心一言 3.5、4.0 和 X1 版本，新增插件生态、图像生成、代码解释等功能，逐步覆盖办公、学习、创作等场景。图 2-4 展示了文心一言的应用场景。

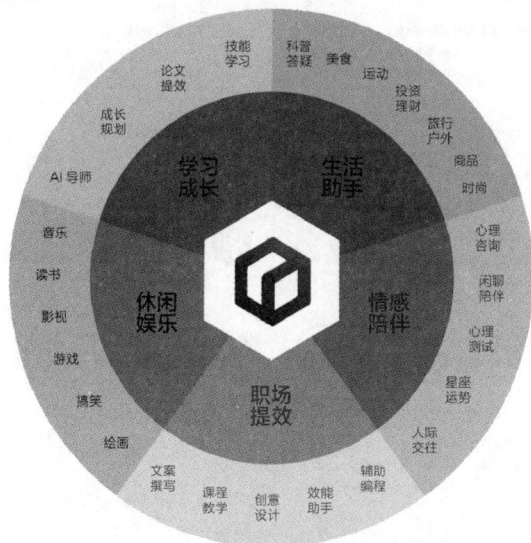

图 2-4　文心一言应用场景

文心一言的诞生既是百度技术积累的成果，也标志着中国在通用人工智能领域迈出了重要一步。文心一言定位于"生产力工具"，旨在通过降低技术使用门槛，帮助个人提升工作效率(如快速撰写邮件)、辅助企业优化流程(如自动生成报表)等。截至 2024 年，其应用已拓展至金融、教育、媒体等多个行业，成为国内大模型技术落地应用的代表性产品之一。

文心一言主界面如图 2-5 所示，单击"新对话"即可开始提问，也可根据需求选择"创

图 2-5　文心一言主界面

意写作""阅读分析""智慧绘图"。

还可从"智能体广场"中选择一个更加细分的智能体，如图 2-6 所示。

图 2-6　智能体广场

图 2-7 是使用"创意写作"功能生成关于"神秘雨林探险"的文章。在提问时，用户不仅可以指定主题，还可以提特定的要求。如果用户对生成的结果不满意，可以通过进一步提问来调整内容。

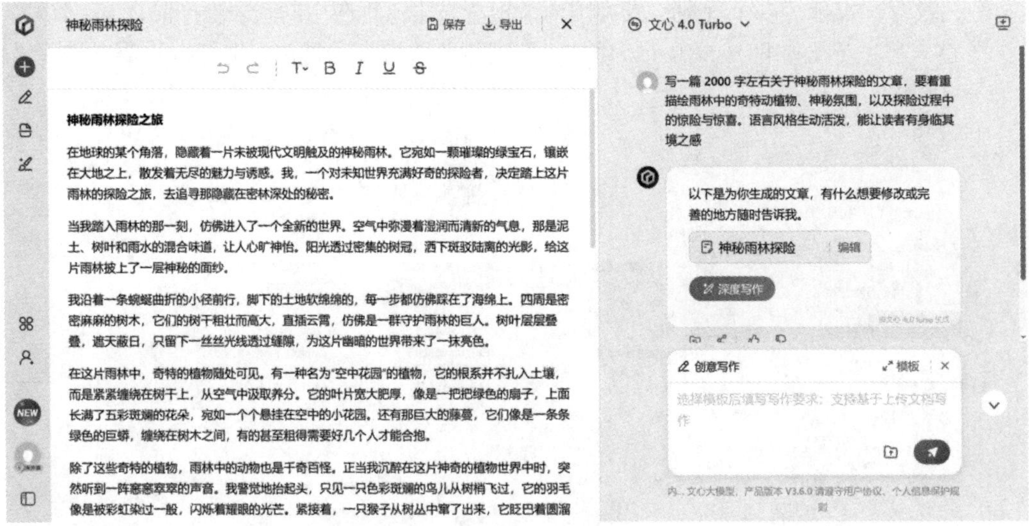

图 2-7　创意写作

2.2.3 通义千问

通义千问是阿里巴巴集团旗下达摩院研发的大规模语言模型
(LLM)，是阿里云"通义"AI 产品家族的核心成员。作为系列模型的
一部分，通义千问旨在提供强大的语言理解和生成能力，以支持各种
应用场景，包括但不限于智能客服、内容创作、搜索引擎优化等。

通义千问

2019 年，阿里巴巴集团启动大模型研究，为通义千问奠定了基础。2023 年 4 月 7 日，
阿里云宣布通义千问开始邀请测试，首先向企业用户开放。10 月 31 日，在云栖大会上，
阿里云推出通义千问 2.0，模型参数升级至千亿级别。2025 年 1 月 29 日，通义千问旗舰版
Qwen2.5-Max 发布，预训练数据量超 20 万亿 tokens，性能进一步提升。

通义千问主界面如图 2-8 所示，单击"对话"即可开始与通义千问进行交流。

图 2-8 通义千问主界面

通义千问除了能对话、创作文案外，还能根据主题直接生成 PPT。单击图 2-8 左侧的
"效率"按钮，选择"PPT 创作"，输入主题或文本即可生成 PPT，如图 2-9 所示。

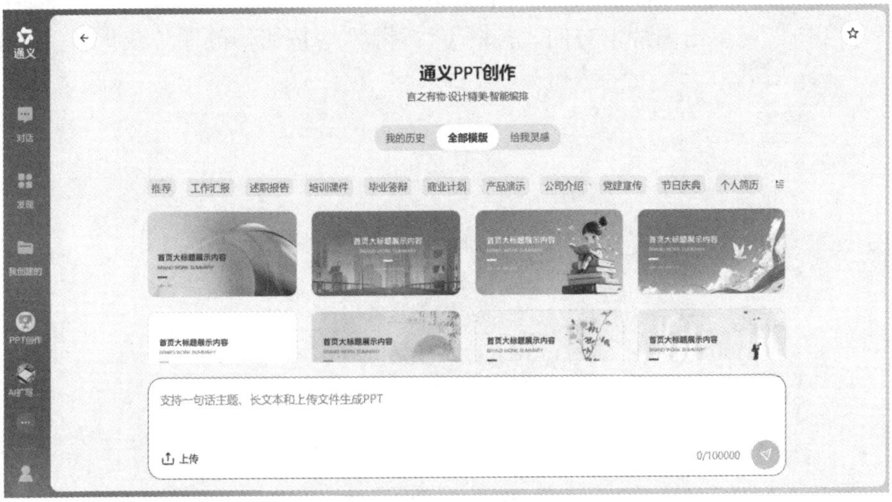

图 2-9 PPT 创作

2.2.4 豆包

豆包是字节跳动公司开发的人工智能产品。它依托字节跳动在内容生态(如抖音、今日头条)积累的海量数据和技术优势(如推荐算法、自然语言处理),能够回答各种问题,涵盖科学、历史、技术、文化等领域,同时支持文本生成、对话、翻译、摘要等自然语言处理任务。

豆包

2023 年 8 月,字节跳动旗下的 AI 对话产品 Grace 更名为"豆包",这标志着字节跳动正式进入对话式 AI 产品领域。2024 年 5 月,字节跳动正式发布了豆包大模型,并宣布开启商业化模式。2024 年年底至 2025 年年初,豆包团队不仅开源了 SuperGPQA 知识推理基准测试,还推出了文生图技术报告 Seedream 2.0 图像生成模型,并测试了新版深度思考功能。2024 年年底,豆包在中国信通院语音大模型能力评估中被评为"引领级"产品。豆包已从简单的对话机器人逐渐发展成多模态的人工智能工具,涵盖了文本、图像、音频和视频等多个领域,持续探索新的应用场景和技术可行性。

豆包主界面如图 2-10 所示,单击"新对话"即可开始提问。

图 2-10 豆包主界面

单击豆包主界面的"图像生成",可根据文字描述生成提示词和图片,如图 2-11 所示。如果图片不合适,可单击图片下方的"扩图""擦除"等按钮修改图片或重新生成图片。

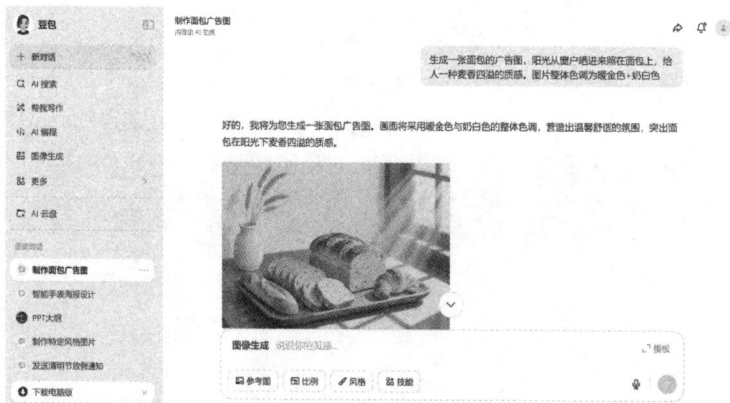

图 2-11 AI 图像生成

2.3　AI 在自动化办公中的应用

随着 AI 技术的快速发展，其在办公领域的应用日益广泛和深入。过去，员工需要手动处理数据录入、文档格式调整以及简单报告的生成等重复性高、规则明确的任务，这不仅耗费大量时间和精力，而且错误率较高。如今，借助先进的 AI 技术，这类工作已能实现自动化操作。例如，智能办公软件可自动捕捉并输入数据，快速完成文档格式编排，并根据所提供的数据资料及具体要求自动生成报告。这一转变极大地提高了工作效率，减少了人为错误，使员工能将更多精力投入到创造性工作上。

AI 在办公中的应用涵盖文档处理、数据分析、演示文档创作等多个方面。下面介绍 AI 在自动化办公中的主要应用。

1. 智能写作辅助

(1) 语法和拼写检查：AI 可实时检查文档中的语法错误和拼写错误，并提供精准的修正建议。它不仅能识别常见的拼写错误，还能结合上下文判断语法的正确性，甚至对易混淆词汇和复杂句式给出精准提示。

(2) 语句优化：对表述平淡或逻辑不清的句子进行优化，使其更加流畅、专业和富有逻辑。例如，将口语化的表达转换为书面语言，或调整句子结构以增强表达效果。

(3) 内容生成：根据用户输入的主题或关键词，AI 可协助生成文章大纲、段落内容等。用户仅需提供基本思路，AI 即可快速生成初稿，为用户节省时间和精力。

2. 格式排版自动化

(1) 智能段落格式设置：根据文档类型和内容自动调整缩进、行距、段间距等格式，使文档排版更加整齐、美观。

(2) 标题和目录生成：识别文档中的各级标题，并自动生成目录。当文档内容发生变化时，目录可以自动更新，始终保持目录与文档内容的一致性。

3. 数据处理与分析

(1) 智能数据清理：快速识别和处理数据中的错误值、重复值及缺失值等问题，提高数据的质量和准确性。例如，自动检测数据中的异常值，并提供处理建议。

(2) 数据预测与趋势分析：通过分析历史数据，AI 可预测未来的数据趋势(如销售数据、市场动向等)，为用户提供决策支持。

(3) 智能函数推荐：根据用户输入的数据和需求，智能推荐合适的函数以完成数据计算和分析任务。例如，当用户需要计算平均值、总和等统计数据时，AI 会自动推荐相应的函数(如 AVERAGE、SUM 等)，并提供使用示例。

4. 图表生成与优化

(1) 自动图表创建：基于数据特征和用户需求，AI 可自动选择合适的图表类型(如柱状图、折线图、饼图等)实现数据可视化，使数据直观易懂。

(2) 图表优化：对生成的图表进行智能优化，包括调整图表的颜色、字体、布局等，使其更加美观和专业。

5. 演示文稿创建与设计

(1) 内容生成与大纲规划：根据用户提供的主题和要点，AI 可生成演示文稿大纲及内容框架，帮助用户快速搭建演示文稿的框架。

(2) 智能模板推荐：结合演示文稿的主题和风格，AI 可推荐合适的模板，包括模板的颜色搭配、字体样式、布局设计等，增强文稿的视觉表现力。

(3) 自动排版：对演示文稿中的文字、图片、图表等元素进行智能排版，例如自动调整图片的大小与对齐方式，使页面更加整洁。

习　题

选择题

1. AI 代表的意思是(　　)。

A. 自动信息　　　　　　B. 人工智能　　　　　　C. 应用接口　　　　　　D. 高级指令

2. 截至目前，以下不是 AI 应用领域的是(　　)。

A. 医疗诊断　　　　　　B. 自动驾驶汽车　　　　C. 手工制陶　　　　　　D. 客服机器人

3. 文心一言是(　　)公司的产品。

A. 阿里巴巴　　　　　　B. 百度　　　　　　　　C. 华为　　　　　　　　D. 腾讯

4. 通义千问的开发者是(　　)。

A. 阿里云　　　　　　　B. 微软　　　　　　　　C. 谷歌　　　　　　　　D. IBM

5. 使用 AI 进行智能写作时，(　　)不是其优势。

A. 提高写作效率　　　　　　　　　　　B. 增强内容创意性

C. 减少人工校对需求　　　　　　　　　D. 完全不需要编辑

6. AI 在数据处理与分析方面的应用不包括(　　)。

A. 数据清洗　　　　　　　　　　　　　B. 数据预测

C. 数据可视化　　　　　　　　　　　　D. 手动输入数据

7. AI 生成图表时能自动完成的工作不包含(　　)。

A. 选择合适的图表类型　　　　　　　　B. 输入原始数据

C. 优化图表布局　　　　　　　　　　　D. 添加适当的注释

8. 制作演示文稿时，AI 无法直接提供(　　)。

A. 设计模板推荐　　　　　　　　　　　B. 内容创意构思

C. 动画效果设置　　　　　　　　　　　D. 实际演讲

9. 关于 AI 现状描述错误的是(　　)。

A. AI 技术正在快速发展　　　　　　　 B. AI 已经完全替代人类工作

C. AI 面临伦理和隐私挑战　　　　　　 D. AI 应用于多个行业

10. 不属于国内 AI 大模型特点的是(　　)。

A. 大量数据训练　　　　　　　　　　　B. 强大的自然语言处理能力

C. 仅支持英文　　　　　　　　　　　　D. 可定制化解决方案

第 3 章　Word 文档高级应用

　　Word 是一款功能强大的文字处理软件，广泛应用于文档创建、编辑与排版。它提供丰富的文本格式化工具，使用户可以轻松地改变字体样式、大小、颜色，添加图片、表格、图表等元素，实现各种页面布局和设计。本章通过 5 个案例，系统讲解文档的编辑与排版、制作图文并茂的文档、模板和样式、邮件合并及长文档处理等高级应用。

✎ >> 学习目标

➤ 知识目标

- 掌握文档创建、保存、字体格式设置(字体、字号、间距、字形、底纹)及段落格式设置(对齐、缩进、间距)。
- 理解页面布局的核心参数(纸张大小、页边距、页面背景)及图文混排技术(表格、图片、SmartArt 图形、艺术字)的应用。
- 熟悉样式概念，掌握修改标题样式、设置多级列表及创建自定义模板的方法。
- 了解邮件合并的原理与操作步骤(数据源准备、主文档链接、字段插入、批量生成文档)。
- 掌握长文档排版方法，包括自动编号、图表题注、交叉引用、分隔符应用、目录生成及页眉页脚设置。

➤ 能力目标

- 能够独立完成专业文档的编辑与排版，合理运用字体、段落及页面布局工具。
- 能够设计并制作图文并茂的文档，熟练掌握表格、图片裁剪、SmartArt 图形美化等高级功能。
- 能够通过样式窗格和多级列表快速排版科技论文等规范文档。
- 能够运用邮件合并功能批量处理文档，提高办公效率。
- 能够综合应用样式、题注、交叉引用、分隔符等技术完成复杂长文档的排版与目录自动生成。

➤ 素质目标

- 通过文档结构和内容的系统性组织，培养严谨的逻辑思维能力。
- 在多人协作的文档编辑中，提升沟通效率与协作能力。
- 针对文档编辑中的复杂问题，培养独立分析及设计解决方案的能力。
- 培养根据不同类型的文档需求，灵活运用 Word 功能的能力。

3.1 文档的编辑与排版——制作招聘启事

案例介绍

招聘启事在企业招聘过程中起着至关重要的作用。它不仅能够帮助企业高效地找到合适的人才，还能提升企业的品牌形象；同时为求职者提供了重要的就业信息和职业发展指导。本节以制作"招聘启事"为例，介绍文档编辑与排版的方法。

本案例素材位于"\第 3 章 word 案例\素材文件\案例 1 招聘启事.txt"。

任务要求

(1) 新建"招聘启事"文档。

(2) 根据本案例素材在文档中输入内容、特殊字符及日期。

(3) 设置字体格式：

· 将标题字体设置为"微软雅黑，小二"。正文字体中文设置为宋体，西文设置为"Times New Roman，小四"。

· 将标题的字符间距加宽 2 磅，并加粗。

· 为"邮件主题注明'应聘岗位名称+姓名'"，文字添加下画线。

· 为正文中的"岗位职责"和"任职要求"添加字符底纹。

(4) 设置段落对齐方式：

· 标题居中对齐，段后间距 1 行；落款和日期右对齐。

· 正文设置为 1.5 倍行距，首行缩进 2 字符。

(5) 为文中标题设置编号"一、二、三……"。为岗位职责和任职要求中的内容设置项目符号。

(6) 页面设置：

· 设置纸张大小为 A3。上下页边距为 2.3 cm，左右边距为 2.5 cm。

· 添加文字水印"星辰科技有限公司"，字体为宋体，字号为 72 号。

注：此任务所要求的格式是为了增加可读性和美观性。

完成效果

本案例的完成效果如图 3-1 所示。

招聘启事

一、　公司简介

　　星辰科技成立于 2010 年，是一家专注于养老产业的创新型企业。我们致力于为客户提供优质的产品和服务，以卓越的技术和专业的团队，在行业内树立了良好的口碑。

二、　招聘岗位

　　（一）软件工程师

岗位职责：

➢　负责公司软件产品的设计、开发与维护工作，确保软件的稳定性和高效性。

➢　根据项目需求，参与软件需求分析、系统设计和编码实现，编写高质量的代码。

➢　协助团队成员解决技术难题，参与技术文档的编写和审核工作。

➢　跟踪前沿技术动态，为公司软件产品的技术升级和创新提供支持。

任职要求：

●　计算机相关专业本科及以上学历，3 年以上软件开发经验。

●　精通至少一种主流编程语言，如 Java、Python 等，熟悉常用的开发框架和工具。

●　具备良好的算法设计和数据结构知识，熟悉数据库原理和 SQL 语言。

●　具有良好的团队合作精神和沟通能力，能够承受一定的工作压力。

　　（二）市场营销专员

岗位职责：

➢　制定并执行公司的市场营销计划，提升公司品牌知名度和产品市场占有率。

➢　负责市场调研工作，收集行业信息和竞争对手动态，为公司决策提供依据。

➢　组织策划各类市场推广活动，包括线上线下的广告投放、促销活动等，跟踪活动效果并进行评估。

➢　维护客户关系，提高客户满意度和忠诚度，拓展新的客户资源。

任职要求：

●　市场营销、广告等相关专业本科及以上学历，2 年以上市场营销工作经验。

●　熟悉市场营销理论和方法，具备较强的市场分析和策划能力。

●　具有良好的沟通能力和人际交往能力，能够与客户、合作伙伴等建立良好的合作关系。

●　具备一定的数据分析能力，熟练使用办公软件和市场调研工具。

三、　福利待遇

1.具有竞争力的薪酬体系，提供行业内领先的薪资水平。

2.完善的福利保障，包括五险一金、带薪年假、节日福利等。

3.广阔的职业发展空间，为员工提供丰富的培训和晋升机会。

4.舒适的办公环境和良好的团队氛围，定期组织团队建设活动。

四、　应聘方式

　　请将个人简历发送至 xckj@163.com，邮件主题注明"应聘岗位名称+姓名"。我们将在收到简历后的 5 个工作日内进行筛选，并通知符合条件的候选人参加面试。面试时间、地点及相关要求将另行通知。

　　热忱欢迎有志之士加入，与我们携手共进，共创辉煌！

星辰科技
2024 年 9 月 1 日

图 3-1　"招聘启事"完成效果

3.1.1　文档创建与保存

　　在制作"招聘启事"前，首先要创建空白文档，输入相应的内容后进行保存。

文档创建与保存

1. 新建空白文档

　　在需要保存文档的位置右键单击(①)，在弹出的快捷菜单中选择"新建"(②)，选择"Microsoft Word 文档"(③)，即可新建 Word 文档，如图 3-2 所示。

脑 > data (D:) > Office办公软件高级应用—AI智能办公 > 第3章 > 结果文件

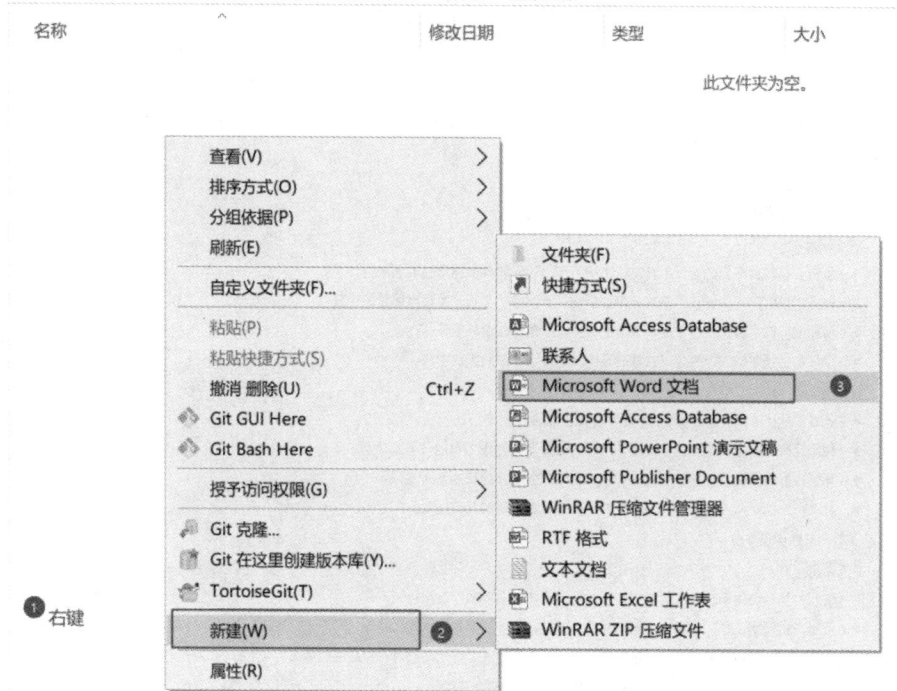

名称	修改日期	类型	大小

此文件夹为空。

图 3-2   新建文档

把新建的文档重命名成"招聘启事",效果如图 3-3 所示。再双击该文件即可打开文档进行编辑。

脑 > data (D:) > Office办公软件高级应用—AI智能办公 > 第3章 > 结果文件

名称	修改日期	类型	大小
招聘启事.docx	2025/2/9 12:32	Microsoft Word 文档	0 KB

图 3-3   完成文档创建

2. 输入文档内容

打开"招聘启事.txt"文件,复制其中的文本内容到新建的文档。按 Enter 键进行换行,按 Shift 键进行中英文输入法切换。

在输入文本时,除了使用键盘上常用的符号,还可以通过"插入符号"功能输入一些特殊字符。例如,输入文档中邮箱的"@"符号。如图 3-4 所示,将光标移动到需要输入字符的位置(①),选择"插入"选项卡(②),单击"符号"组中的"符号"(③),选择相应的符号,即可插入。如果没有需要的符号,可单击"其他符号"(④)。

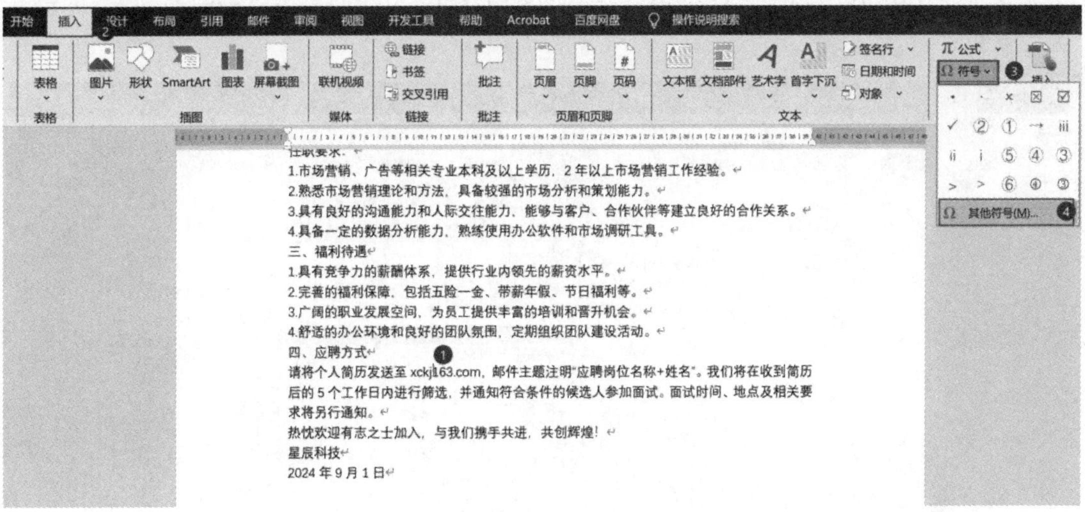

图 3-4　"插入符号"选项卡

在弹出的"符号"对话框中，字体选择"普通文本"(①)，单击需要的符号(②)，再单击"插入"按钮(③)，完成符号的插入，如图 3-5 所示。

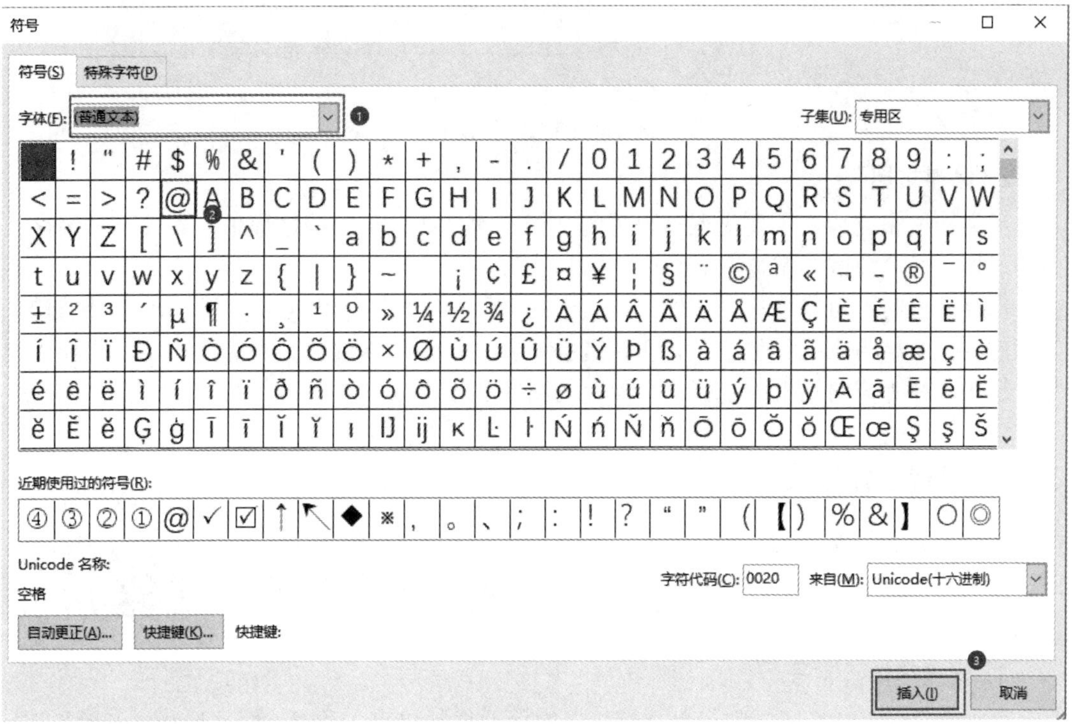

图 3-5　插入符号

在制作文档时，经常需要输入日期和时间，可使用插入日期和时间功能来完成。

将光标移动到要插入日期的位置，如图 3-6 所示，选择"插入"选项卡(①)，单击"文本"组中的"日期和时间"(②)，在弹出的"日期和时间"对话框中，在语言(国家/地区)

中选择"简体中文(中国大陆)"(③)，设置"可用格式"(④)，单击"确定"(⑤)，即可插入日期和时间。

图 3-6　插入日期和时间

3. 保存文档

当文档编辑完后，需要先保存再关闭文档。而且在编辑文档过程中，养成随时保存文档的习惯，可避免因异常情况导致文档信息丢失。

保存文档时，可以选择"文件"选项卡的"保存"按钮，也可以使用 Ctrl + S 快捷键。如果想要把文档保存到其他位置，可以选择"文件"选项卡的"另存为"按钮，选择"浏览"选项，在弹出对话框中选择需要保存的路径和文件名称，单击"保存"即可。

3.1.2　设置字体格式

字体格式包括文本的字体、字号、颜色、底纹等，通过设置不同的字体格式，可以使文档更加美观、重点突出，文档结构清晰、层次分明。

设置字体格式

1. 设置字体、字号

(1) 设置标题。打开招聘启事文档，选中标题招聘启事 4 个字(①)，选择"开始"(②)选项卡的"字体"组中的字体右侧的下三角形(③)，在展开的下拉列表中选择"微软雅黑"(④)，如图 3-7 所示。单击字号右侧的下三角形(①)，如图 3-8 所示，在展开的下拉列表中选择"小二"(②)。

<table>
<tr><td>图 3-7　设置字体</td><td>图 3-8　设置字号</td></tr>
</table>

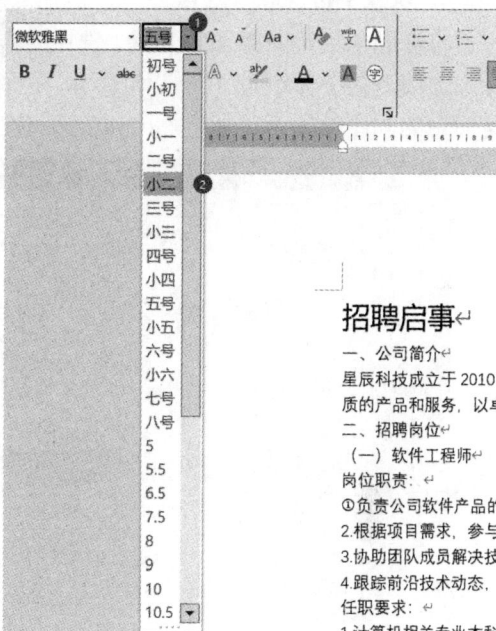

　　(2) 设置正文。如图 3-9 所示，选中正文所有内容，单击字体组右下角按钮(①)，在弹出的"字体"对话框中将中文字体设置为"宋体"，西文字体为"Times New Roman"(②)，字形为"常规"，字号为"小四"(③)，单击"确认"按钮即可完成字体、字号设置。文中其他正文(除一、二……标题外)设置同样的字体格式。

图 3-9　设置字体格式

2. 设置字符间距

将标题的字符间距加宽 2 磅。选中标题"招聘启事"4 个字，如图 3-10 所示，选择"开始"选项卡的字体组右下角按钮(①)，在弹出的"字体"对话框中选择"高级"(②)，将字符间距的间距设置为"加宽"(③)，磅值设置为"2 磅"(④)，单击"确定"(⑤)完成设置。

图 3-10　设置字符间距

3. 设置字形

(1) 设置标题加粗。如图 3-11 所示，选中标题招聘启事 4 个字，单击"开始"选项卡的字体组"加粗"按钮。

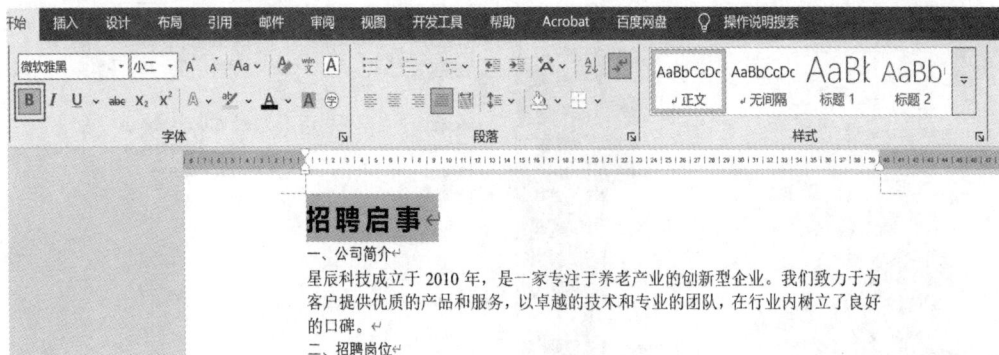

图 3-11　设置字形

(2) 添加下画线。如图 3-12 所示，选中"邮件主题注明'应聘岗位名称+姓名'"(①)，单击"开始"选项卡的字体组"下画线"按钮(②)。

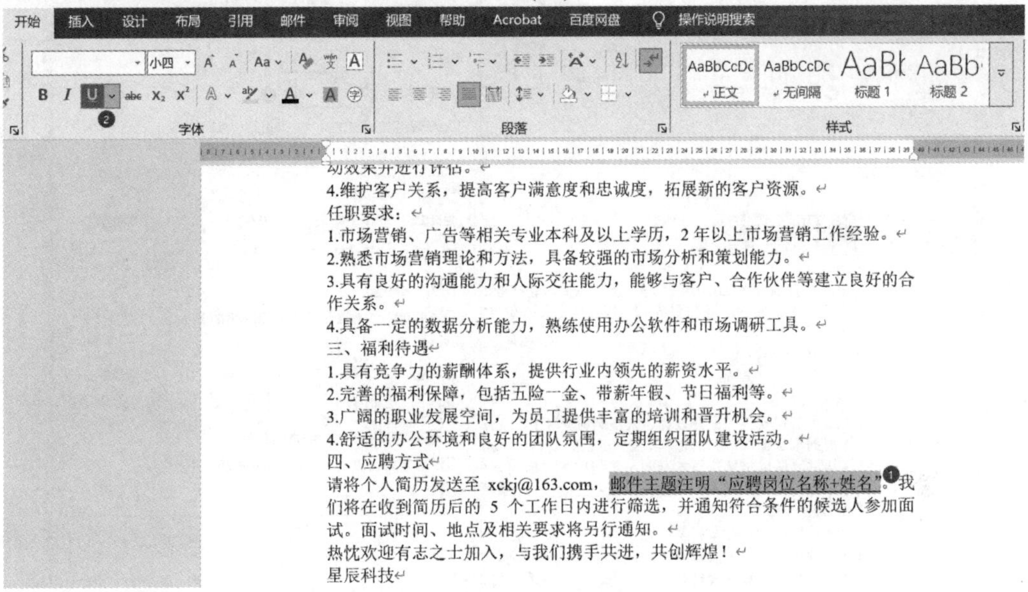

图 3-12　添加下画线

4. 设置字符底纹

为正文中的岗位职责和任职要求添加字符底纹。如图 3-13 所示，选中岗位职责 4 个字(①)，单击"开始"选项卡的字体组"字符底纹"按钮(②)即可。任职要求也是同样设置。

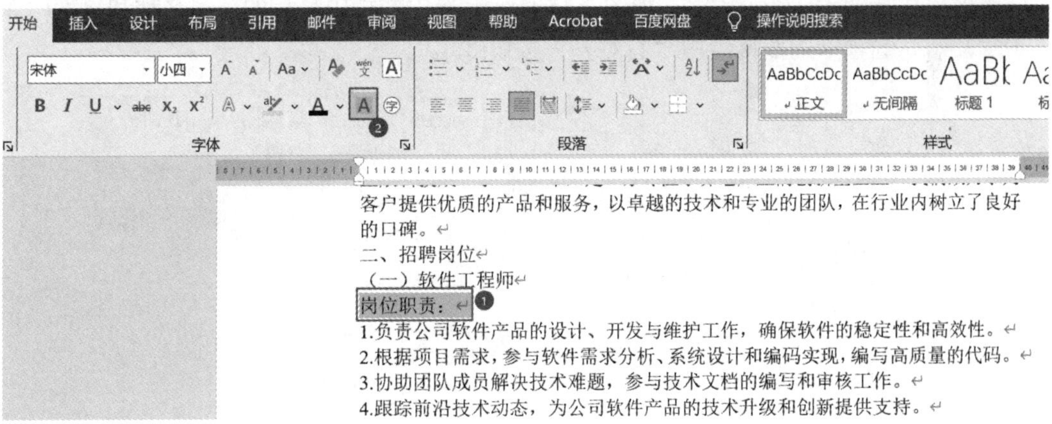

图 3-13　设置字符底纹

3.1.3　设置段落格式

为文档设置段落格式，可突出内容结构，使关键信息一目了然。

1. 设置段落对齐方式

标题对齐方式设置为居中、段后 1 行。选中标题招聘启事 4 个字(①)，如图 3-14 所示，单击"开始"选项卡的段落组右下角的按钮(②)，在弹出的"段落"对话框中，将对齐方式设置为"居中"(③)，将段后间距设置为"1 行"(④)，单击"确认"即可。

设置段落格式

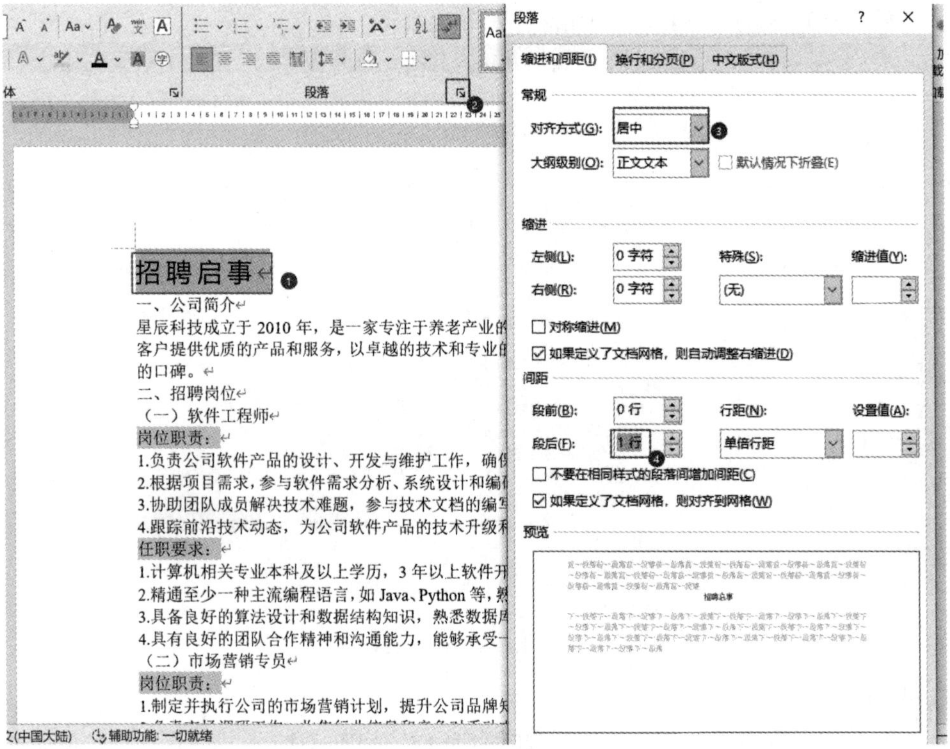

图 3-14 设置段落格式

将落款和日期设置为右对齐。如图 3-15 所示，选中文档中最后的公司名称和日期(①)，单击"开始"选项卡的段落组中"右对齐"按钮(②)。

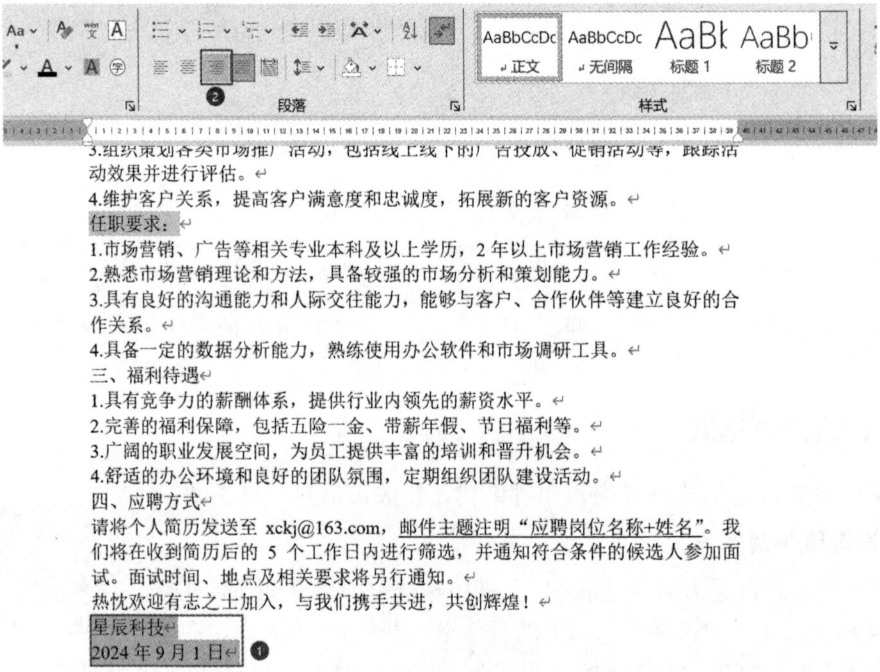

3.组织策划各类市场推广活动，包括线上线下的广告投放、促销活动等，跟踪活动效果并进行评估。

4.维护客户关系，提高客户满意度和忠诚度，拓展新的客户资源。

任职要求：

1.市场营销、广告等相关专业本科及以上学历，2 年以上市场营销工作经验。

2.熟悉市场营销理论和方法，具备较强的市场分析和策划能力。

3.具有良好的沟通能力和人际交往能力，能够与客户、合作伙伴等建立良好的合作关系。

4.具备一定的数据分析能力，熟练使用办公软件和市场调研工具。

三、福利待遇

1.具有竞争力的薪酬体系，提供行业内领先的薪资水平。

2.完善的福利保障，包括五险一金、带薪年假、节日福利等。

3.广阔的职业发展空间，为员工提供丰富的培训和晋升机会。

4.舒适的办公环境和良好的团队氛围，定期组织团队建设活动。

四、应聘方式

请将个人简历发送至 xckj@163.com，邮件主题注明"应聘岗位名称+姓名"。我们将在收到简历后的 5 个工作日内进行筛选，并通知符合条件的候选人参加面试。面试时间、地点及相关要求将另行通知。

热忱欢迎有志之士加入，与我们携手共进，共创辉煌！

星辰科技

2024 年 9 月 1 日

图 3-15 设置对齐方式

2. 设置段落缩进和间距

正文全文设置为 1.5 倍行距，正文内容(除标题行)首行缩进 2 字符。选中正文所有内容(包括公司名称和日期、标题)，单击"开始"选项卡的段落组右下角的按钮，在弹出的"段落"对话框中，设置行距为"1.5 倍行距"。如图 3-16 所示，选中"一、公司简介"中的内容部分，即"星辰科技成立于 2010……"所在段落(①)，单击"开始"选项卡的段落组右下角的按钮，在弹出的"段落"对话框中，选择特殊中的首行，缩进值设置为"2 字符"(②)，行距设置为"1.5 倍行距"，单击"确认"即可。

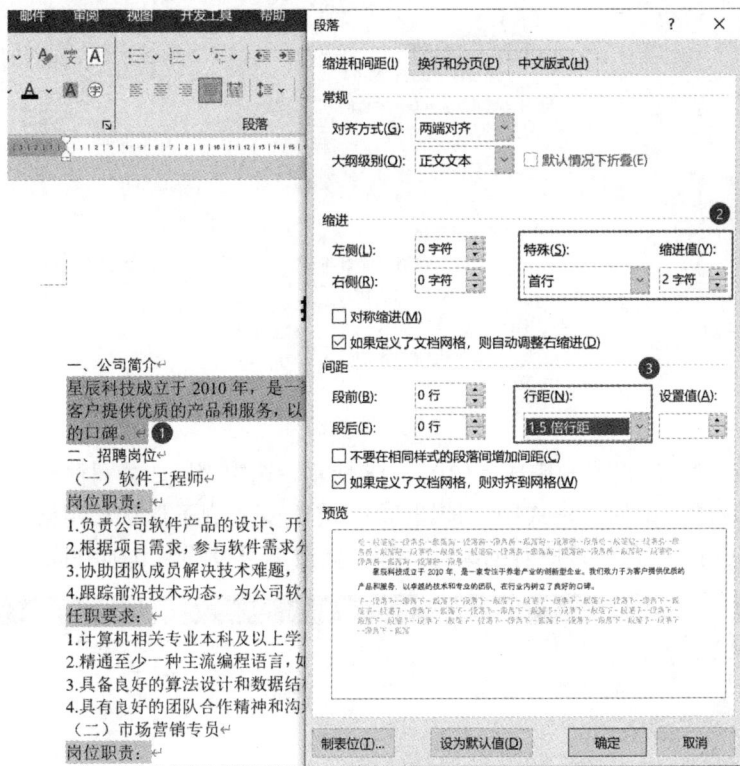

图 3-16　设置段落缩进和间距

正文中"二、招聘岗位""三、福利待遇""四、应聘方式"中的内容都同样设置。(注意：一、二、三、四、标题行及公司名称和日期不需要设置首行缩进)。

3.1.4　项目符号和编号

使用项目符号和编号，对文档进行组织，可以使项目的结构更加清晰、富有条理。

项目符号和编号

1. 添加编号

为"一、公司简介""二、招聘岗位""三、福利待遇""四、应聘方式"所在的行添加自动编号"一、二、三……"。如图 3-17 所示，选中"一、公司简介"所在的行(①)，选择"开始"选项卡的段落组中的"编号"(②)，单击样式"一、二、三……"(③)。

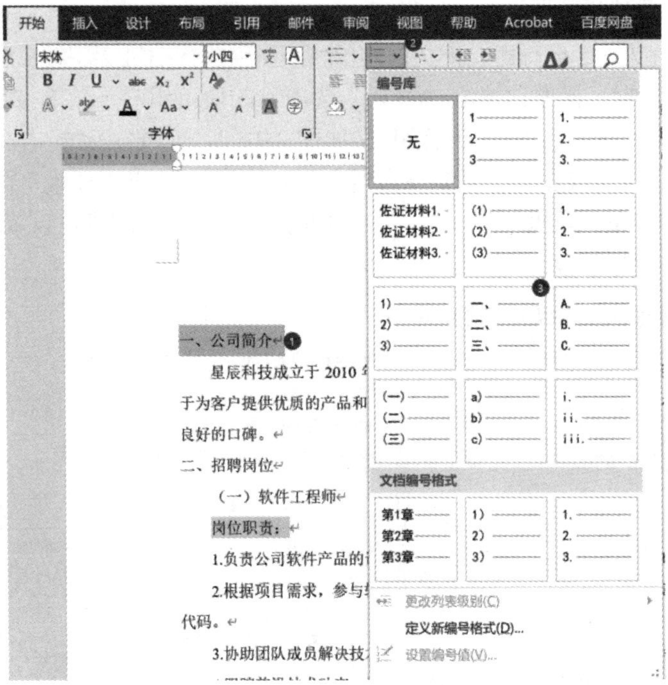

图 3-17　项目编号

其他行的设置可用格式刷完成。如图 3-18 所示，选中"一、公司简介"所在的行(①)，单击"开始"选项卡中的"格式刷"按钮(②)，光标变成刷子形状，用格式刷刷选"二、招聘岗位"行(③)，删除该行原有的编号，即可完成编号设置，其他行同样操作。

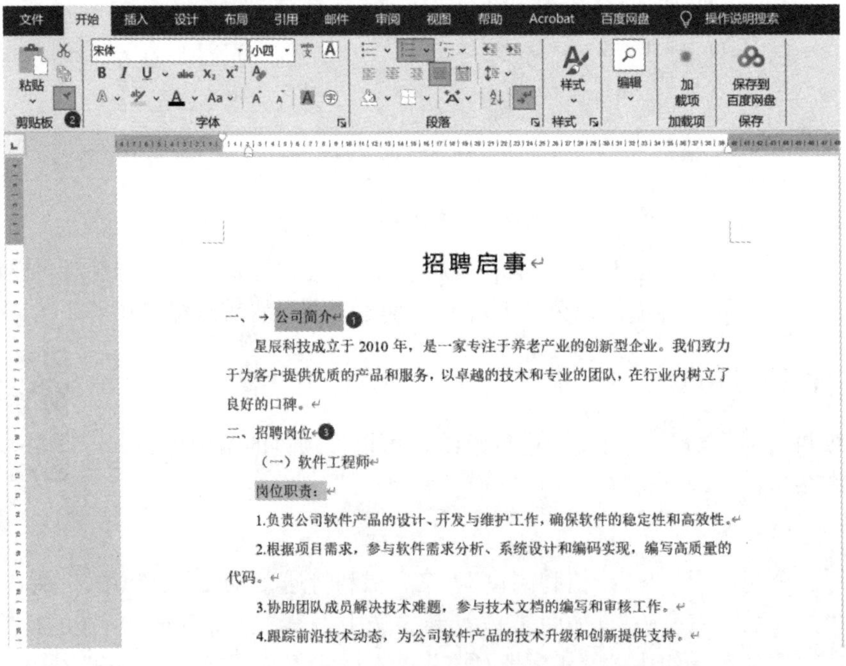

图 3-18　使用格式刷

2. 设置项目符号

对"岗位职责"和"任职要求"中的内容设置项目符号。选择岗位职责中的内容，即图 3-19 中的 4 点内容(①)，选择"开始"选项卡段落组中"项目符号"右侧的下三角形(②)，选择合适的符号(③)即可。任职要求中内容也按同样的方法设置。

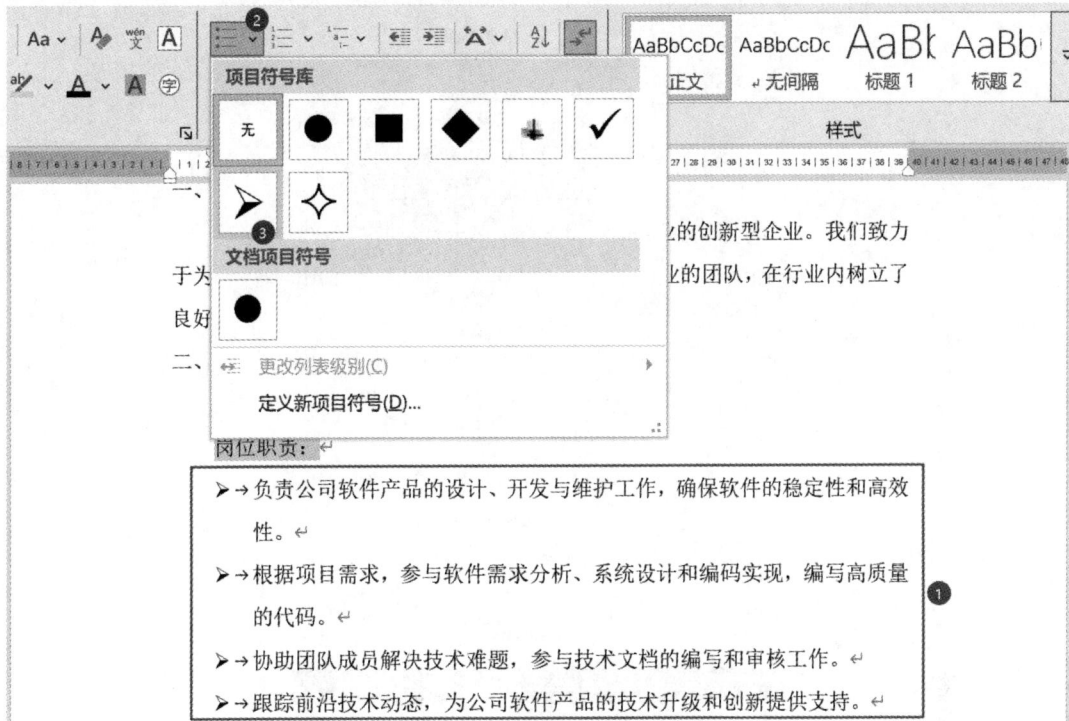

图 3-19　设置项目符号

3.1.5　页面布局

合理的页面布局能够提升文档的专业性和可读性，使内容呈现更加清晰美观。

页面布局

1. 纸张大小和布局

Word 默认的纸张大小为 A4，用户可以根据需求自定义纸张大小。如图 3-20 所示，选择"布局"选项卡(①)的"页面设置"组，单击"纸张大小"(②)，在弹出的列表中选择"A3"(③)。

2. 页边距

页边距是指页面的边线到文字的距离，分为上、下、左、右 4 个边距。默认上下边距为"2.54 厘米"，左右边距为"3.18 厘米"。

设置"招聘启事"文档的上下边距为"2.3 厘米"，左右边距为"2.5 厘米"。

如图 3-21 所示，选择"布局"(①)选项卡的"页面设置"组，单击"页边距"(②)，在弹出的列表中选择"自定义页边距"(③)。

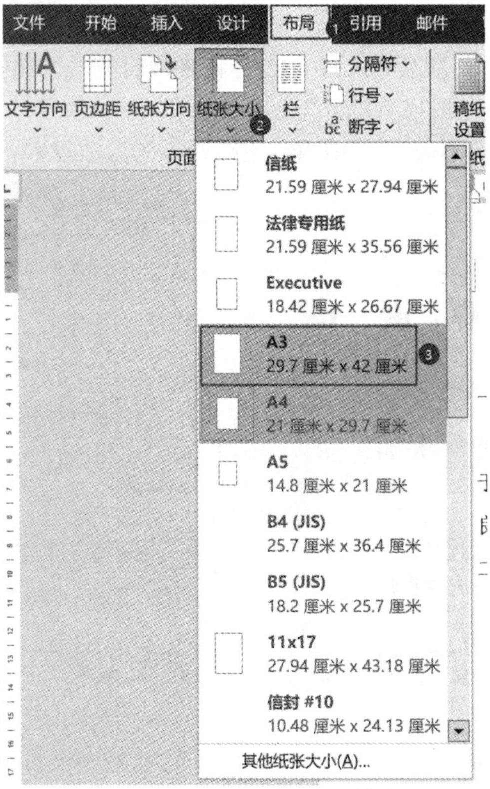

图 3-20　设置纸张大小

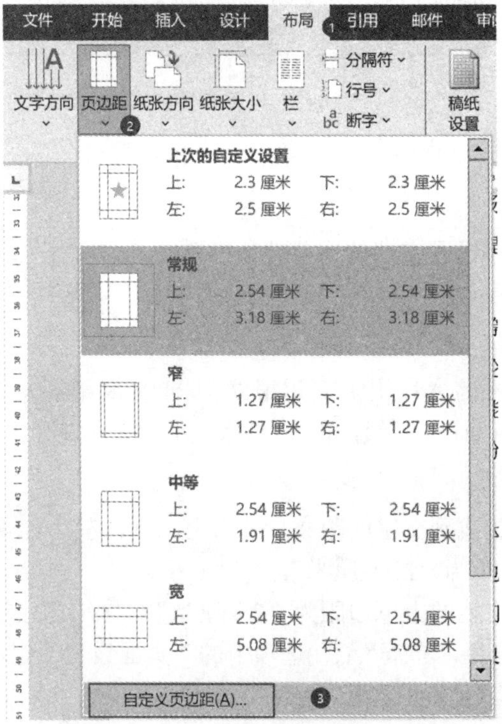

图 3-21　页边距

在弹出的"页面设置"对话框中，如图 3-22 所示，设置"页边距"上、下为"2.3 厘米"(①、②)，左、右为"2.5 厘米"(③、④)，单击"确定"即可完成设置。

图 3-22 设置页边距

3. 页面背景

设置页面背景，如页面背景颜色、边框和水印等，可以使页面更加美观、个性。

为招聘启事文档添加水印。如图 3-23 所示，选择"设计"(①)选项卡页面背景组的"水印"(②)，单击"自定义水印"(③)。

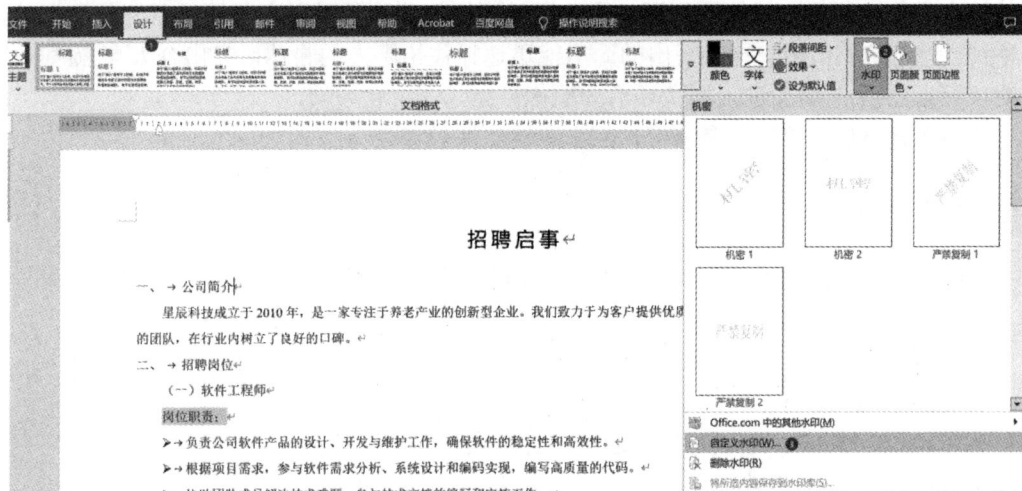

图 3-23 添加水印(一)

在弹出的"水印"对话框中，如图 3-24 所示，选择"文字水印"(①)，文字中输入"星辰科技有限公司"(②)，字体设置为"宋体"(③)，字号设置为"72"(④)，单击"确定"(⑤)，即可完成水印设置。

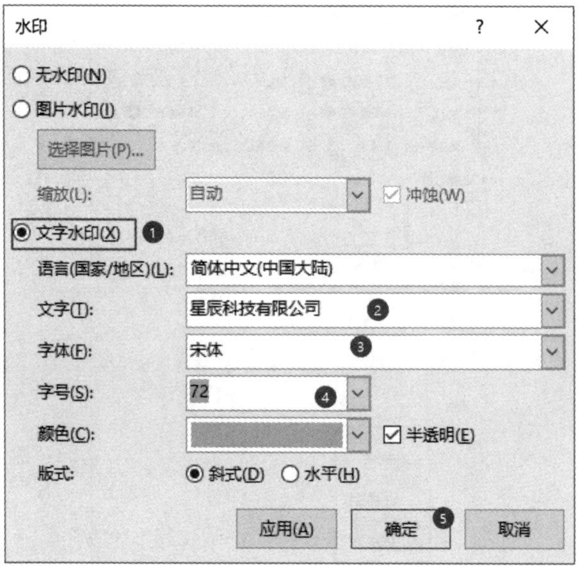

图 3-24   添加水印(二)

3.2 制作图文并茂的文档——制作求职简历

案例介绍

求职简历是求职者向企业展示个人背景、专业技能和工作经验的重要载体，呈现求职者的核心竞争力和与岗位的匹配度。企业通过简历快速判断候选人是否具备岗位所需的基本条件。一份结构清晰、重点突出的简历能迅速抓住招聘方的眼球，突出个人亮点(如关键技能、突出业绩)，增加进入面试环节的概率。

本案例素材位于"第 3 章 word 案例\素材文件\案例 2"。

任务要求

(1) 插入艺术字标题求职简历，字体格式设置为"宋体、一号、加粗"；阴影效果设置为"内部，左上"。

(2) 表格操作：

- 插入一个 10 行 1 列的表格。
- 给第 1、3、5、7、9 行添加底纹，并输入相应的文字。
- 拆分、合并单元格。
- 输入表格内容。

(3) 插入头像并裁剪，高度设置为“3 厘米”。图片样式设置为“柔化边缘椭圆”。

(4) SmartArt 图形：

- 插入垂直图片列表 SmartArt 图形。
- 编辑 SmartArt 图形，输入内容和图片。
- 设置 SmartArt“图形样式”。

完成效果

本案例的完成效果如图 3-25 所示。

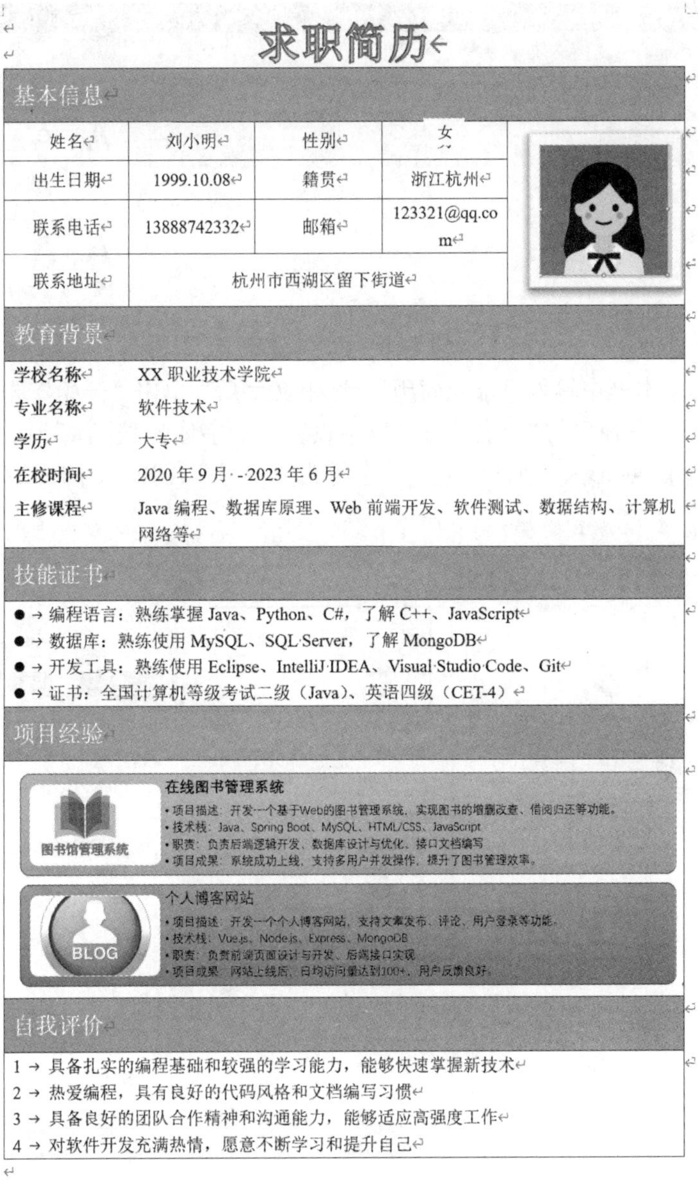

求职简历

基本信息

姓名	刘小明	性别	女	
出生日期	1999.10.08	籍贯	浙江杭州	
联系电话	13888742332	邮箱	123321@qq.com	
联系地址	杭州市西湖区留下街道			

教育背景

学校名称	XX 职业技术学院
专业名称	软件技术
学历	大专
在校时间	2020 年 9 月 - 2023 年 6 月
主修课程	Java 编程、数据库原理、Web 前端开发、软件测试、数据结构、计算机网络等

技能证书

- 编程语言：熟练掌握 Java、Python、C#，了解 C++、JavaScript
- 数据库：熟练使用 MySQL、SQL Server，了解 MongoDB
- 开发工具：熟练使用 Eclipse、IntelliJ IDEA、Visual Studio Code、Git
- 证书：全国计算机等级考试二级（Java）、英语四级（CET-4）

项目经验

图书馆管理系统

在线图书管理系统
- 项目描述：开发一个基于Web的图书管理系统，实现图书的增删改查、借阅归还等功能。
- 技术栈：Java、Spring Boot、MySQL、HTML/CSS、JavaScript
- 职责：负责后端逻辑开发、数据库设计与优化、接口文档编写
- 项目成果：系统成功上线，支持多用户并发操作，提升了图书管理效率。

BLOG

个人博客网站
- 项目描述：开发一个个人博客网站，支持文章发布、评论、用户登录等功能。
- 技术栈：Vue.js、Node.js、Express、MongoDB
- 职责：负责前端页面设计与开发、后端接口实现
- 项目成果：网站上线后，日均访问量达到100+，用户反馈良好。

自我评价

1. 具备扎实的编程基础和较强的学习能力，能够快速掌握新技术
2. 热爱编程，具有良好的代码风格和文档编写习惯
3. 具备良好的团队合作精神和沟通能力，能够适应高强度工作
4. 对软件开发充满热情，愿意不断学习和提升自己

图 3-25 “求职简历”完成效果

3.2.1 插入艺术字

艺术字是一种通过特殊效果使文字突出显示的方法，可以让文档更加美观有特色。

1. 插入艺术字

插入艺术字标题。新建 Word 文档并命名为求职简历。选择"插入"(①)选项卡文本组中的"艺术字"(②)，在展开的下拉列表中选择"渐变填充：青绿，主题色 4；边框：青绿，主题色 4"(③)，如图 3-26 所示。

插入艺术字

图 3-26　插入艺术字

在新插入的文本框中输入"求职简历"，选中文字后，单击"开始"选项卡字体组右下角的"箭头"按钮，在弹出的"字体"对话框中设置中文字体为"宋体"，西文字体为"Times New Roman"(①)，字形为"加粗"(②)，字号为"一号"(③)，如图 3-27 所示。

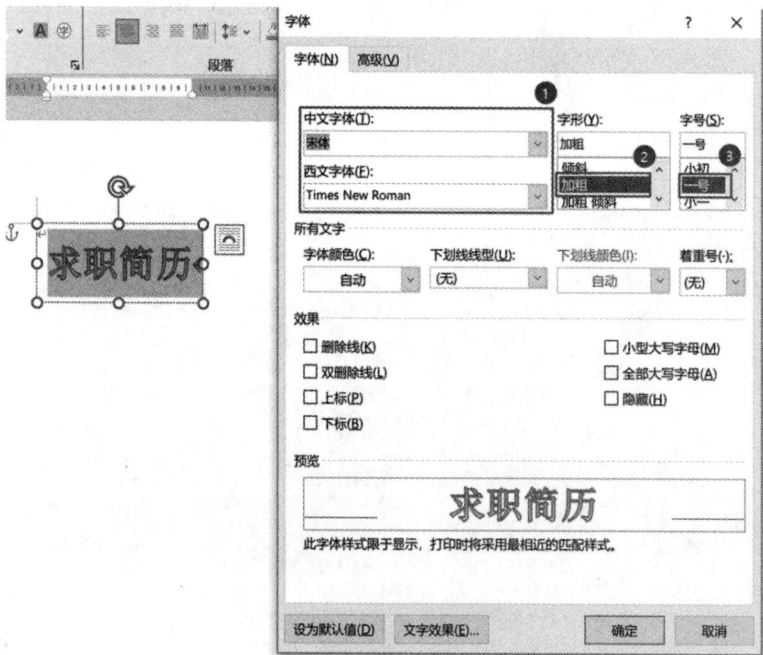

图 3-27　设置艺术字字体

2. 设置艺术字格式

设置艺术字效果。选中插入的文本框，选择"形状格式"选项卡中的"艺术字样式"
→"文字效果"→"阴影"(①)，选择"内部，左上"(②)，如图 3-28 所示。

图 3-28　设置艺术字格式

拖动文本框，使插入的标题居中显示。

3.2.2　使用表格

表格是一种可视化交流模式和组织数据的有效工具。它按项目划
分成格子，分别填写文字或数字等数据，以便于统计和查看。制作简
历时，可以使用表格来管理求职者的信息。

使用表格

1. 插入表格

插入一个 10 行 1 列的表格。如图 3-29 所示，将光标定位于标题行的下方，选择"插
入"选项卡中的"表格"→"插入表格"。

图 3-29　插入表格

如图 3-30 所示，在弹出的"插入表格"对话框中，输入列数为"1"，行数为"10"，选择"根据窗口调整表格"，单击"确定"即可生成 1 个 10 行 1 列的表格。

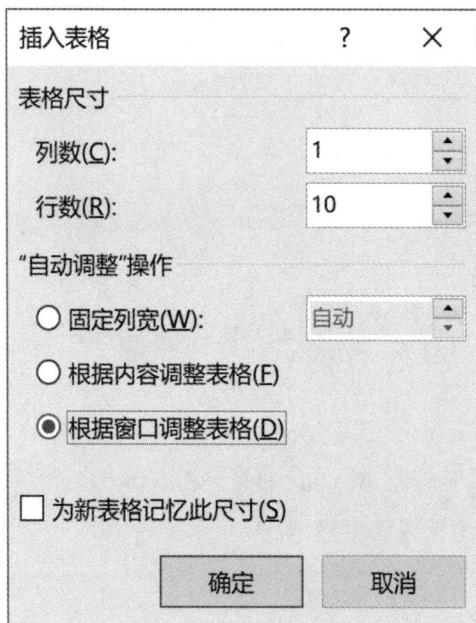

图 3-30　设置表格行列

2. 编辑表格

给第 1、3、5、7、9 行添加底纹，并输入相应的文字。如图 3-31 所示，选中表格第 1 行，选择表格工具的"表设计"→"底纹"(①)，在弹出的对话框中选择"青绿，个性色 4，淡色 40%"(②)，即可为单元格添加底纹。

图 3-31　设置单元格底纹

　　光标定位至表格第 1 行，输入文字"基本信息"，字体格式设置为"宋体，四号，白色"。在第 3 行输入"教育背景"，第 5 行输入"技能证书"，第 7 行输入"项目经验"，第 9 行输入"自我评价"，使用同样方法设置底纹和文字参数，完成后效果如图 3-32 所示。

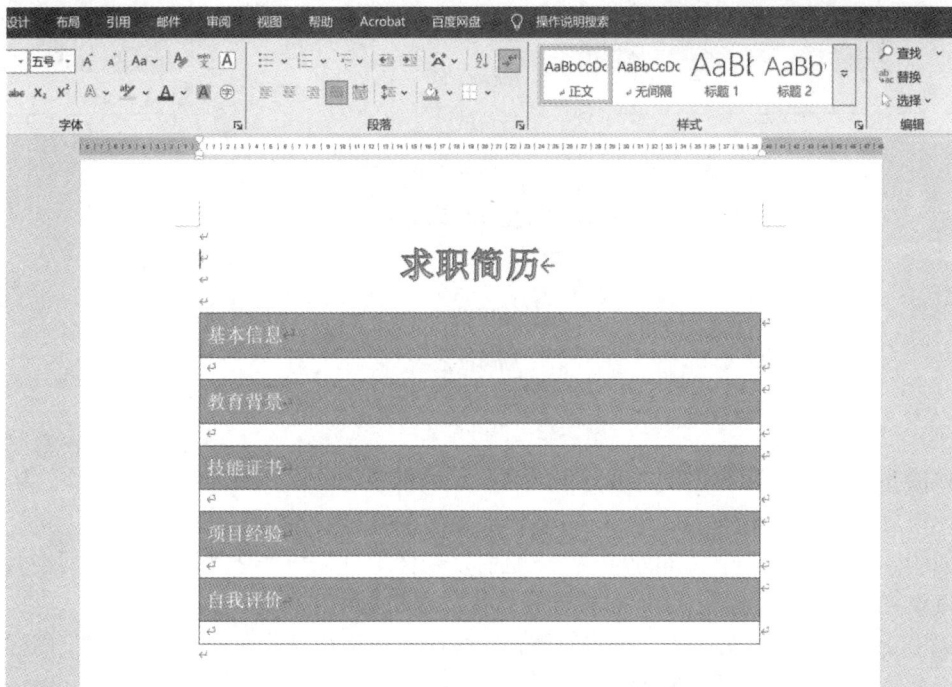

图 3-32　设置底纹后效果

3. 调整表格结构

将表格第 2 行拆分成 4 行 5 列。在第 2 行中输入求职者的个人信息，因涉及的信息较多，用表格更易管理。如图 3-33 所示，将光标定位至第 2 行，单击右键，在弹出的对话框中选择"拆分单元格"。

图 3-33　拆分单元格(一)

如图 3-34 所示，在弹出的"拆分单元格"对话框中，设置列数为"5"，"行数"为"4"，将单元格拆分成 4 行 5 列。

如图 3-35 所示，选中新拆分的表格，选择"表格工具"→"表布局"→"单元格大小"，将高度设置为"0.8 厘米"(①)，对齐方式选择"水平居中"(②)。

选中新拆分表格的第 5 列，单击右键，在弹出对话框中选择"合并单元格"。同样的方法，合并第 4 行的第 2 列到第 4 列。

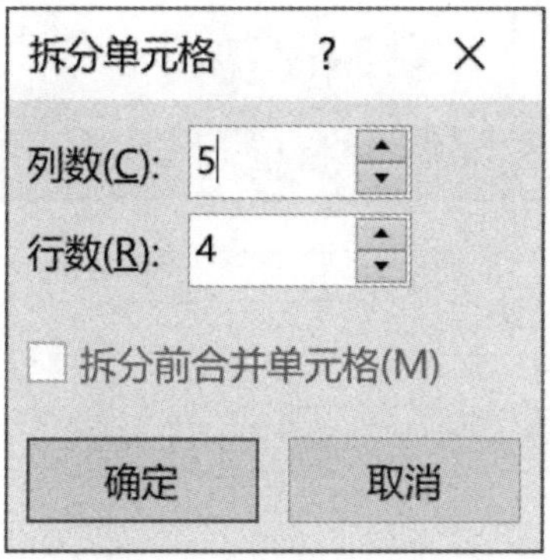

图 3-34　拆分单元格(二)

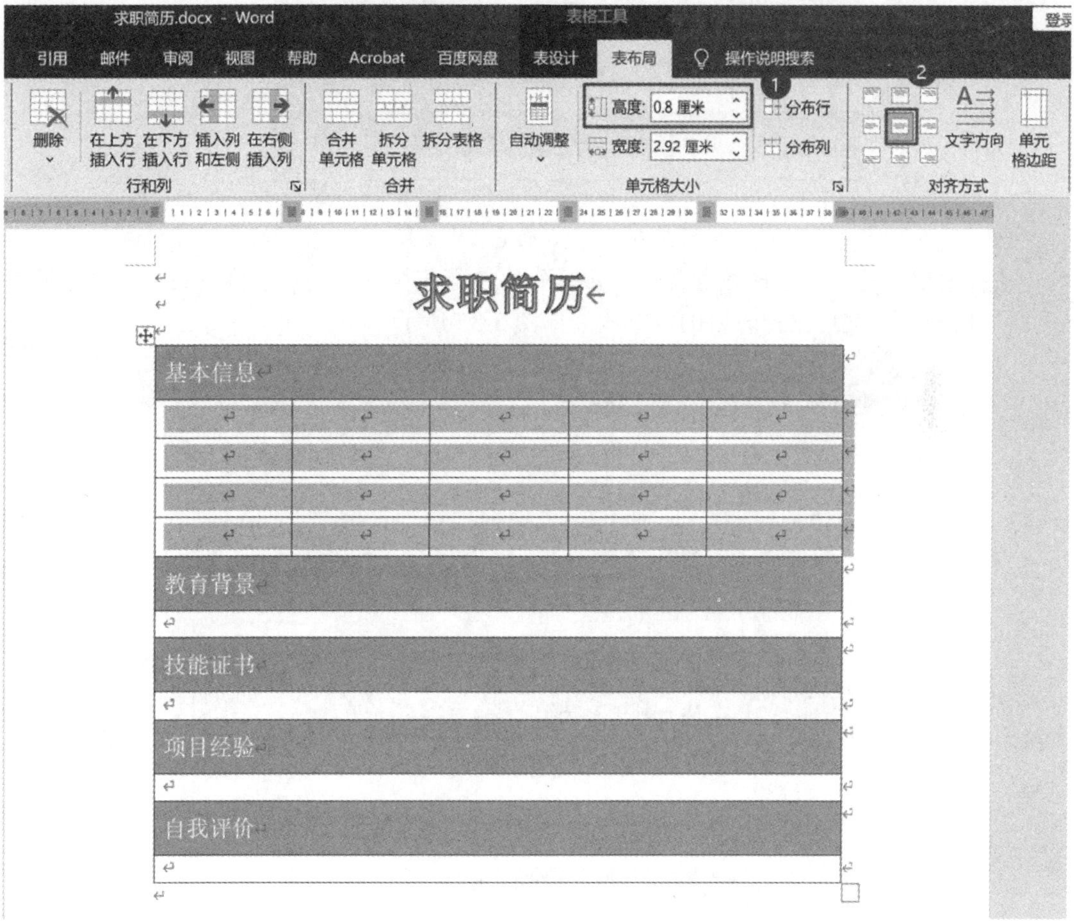

图 3-35　设置表格高度

　　将"教育背景"的下一行，拆分成 5 行 2 列的表格。设置表格高度为"0.7 厘米"。用鼠标拖动表格竖线，使表格呈现出左边窄、右边宽，如图 3-36 所示。

图 3-36　拆分、合并表格后效果

　　去掉表格内框线。选择教育背景下新拆分的 5 行表格，单击"表格工具"→"边框"→"内部框线"，就可去掉表格的内框线，如图 3-37 所示。

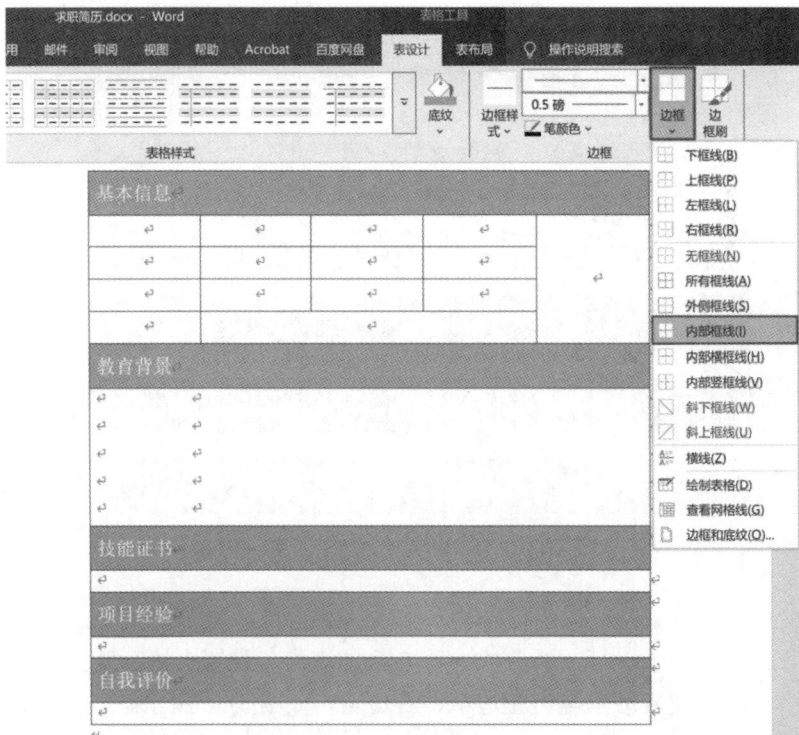

图 3-37　去掉内边框线

　　输入基本信息、教育背景、技能证书和自我评价中的内容，并设置相应的项目符号。同时将整个表格中的文字字体中文设置为"宋体"，西文为"Times New Roman"，效果如图 3-38 所示。

求职简历

基本信息				
姓名	刘小明	性别	女	
出生日期	1999.10.08	籍贯	浙江杭州	
联系电话	13888742332	邮箱	123321@qq.com	
联系地址	杭州市西湖区留下街道			

教育背景

学校名称	XX 职业技术学院
专业名称	软件技术
学历	大专
在校时间	2020 年 9 月 - 2023 年 6 月
主修课程	Java 编程、数据库原理、Web 前端开发、软件测试、数据结构、计算机网络等

技能证书

- 编程语言：熟练掌握 Java、Python、C#，了解 C++、JavaScript
- 数据库：熟练使用 MySQL、SQL Server，了解 MongoDB
- 开发工具：熟练使用 Eclipse、IntelliJ IDEA、Visual Studio Code、Git
- 证书：全国计算机等级考试二级（Java）、英语四级（CET-4）

项目经验

自我评价

1. 具备扎实的编程基础和较强的学习能力，能够快速掌握新技术
2. 热爱编程，具有良好的代码风格和文档编写习惯
3. 具备良好的团队合作精神和沟通能力，能够适应高强度工作
4. 对软件开发充满热情，愿意不断学习和提升自己

图 3-38　输入内容后的效果

3.2.3　编辑图片

　　在文档中插入图片可以更直观地展示内容，增加版面的多样性和美观度。在本文档中插入求职者的照片，有助于给招聘方留下深刻的印象，提高应聘成功率。

编辑图片

1．插入图片

　　将光标定位到"基本信息"栏的空白单元格，选择"插入"选项卡的"图片"→"此设备"，在弹出的对话框中，选择素材文件夹中提供的"头像.jpeg"，单击"插入"即可完成图片的添加，如图 3-39 所示。

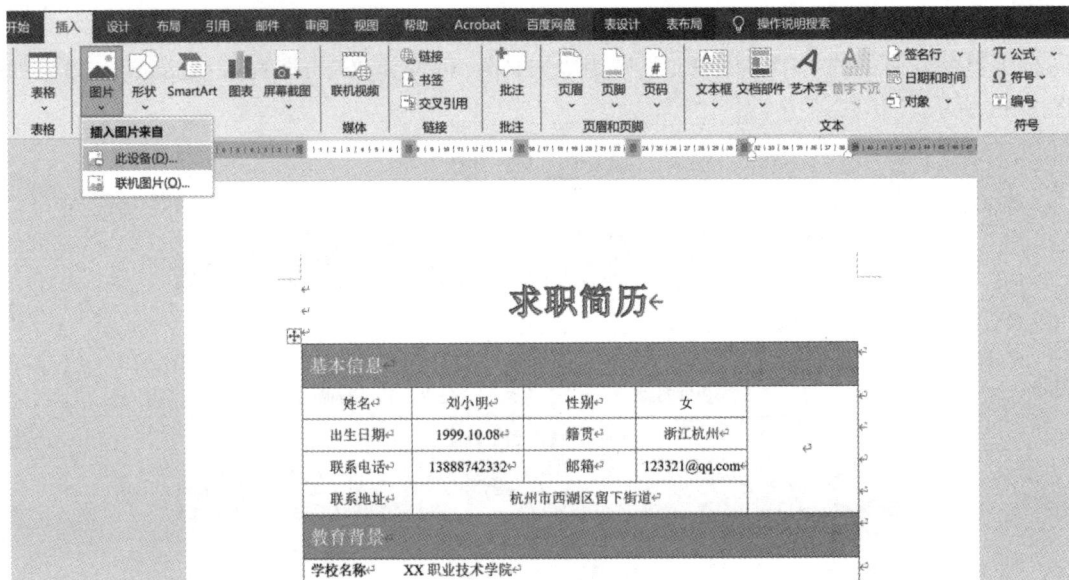

图 3-39　插入图片

2. 裁剪图片

选中已添加的头像，选择"图片工具"→"图片格式"(①)→"大小"，将图片高度裁剪为"3 厘米"(②)，宽度会自动等比调整，如图 3-40 所示。

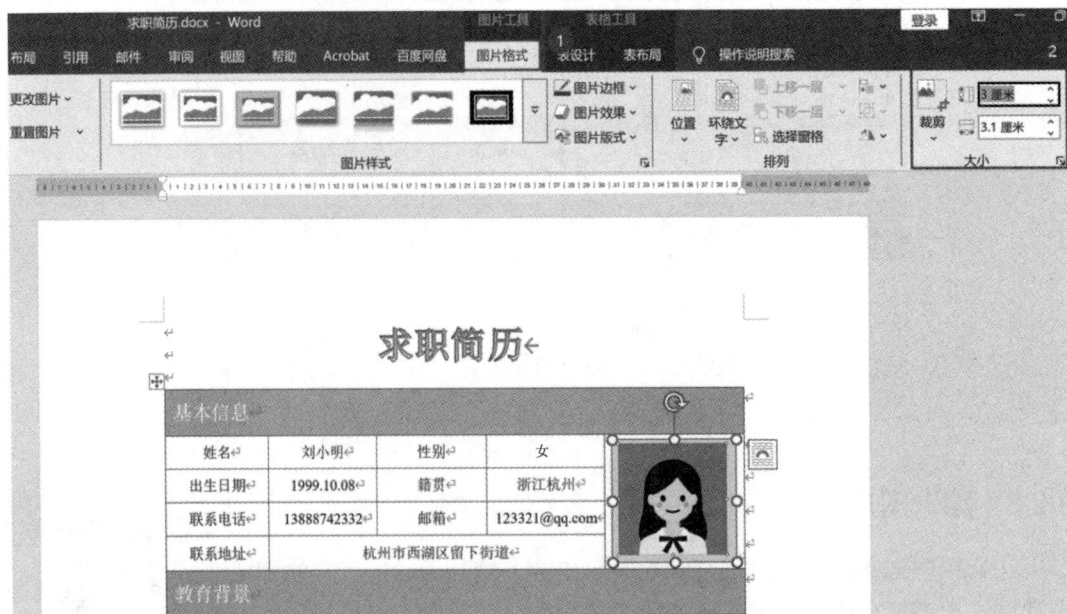

图 3-40　调整图片大小

3. 设置图片样式

选中图片，选择"图片工具"→"图片格式"→"图片样式"，单击下拉按钮，选择"柔化边缘椭圆"效果，如图 3-41 所示。

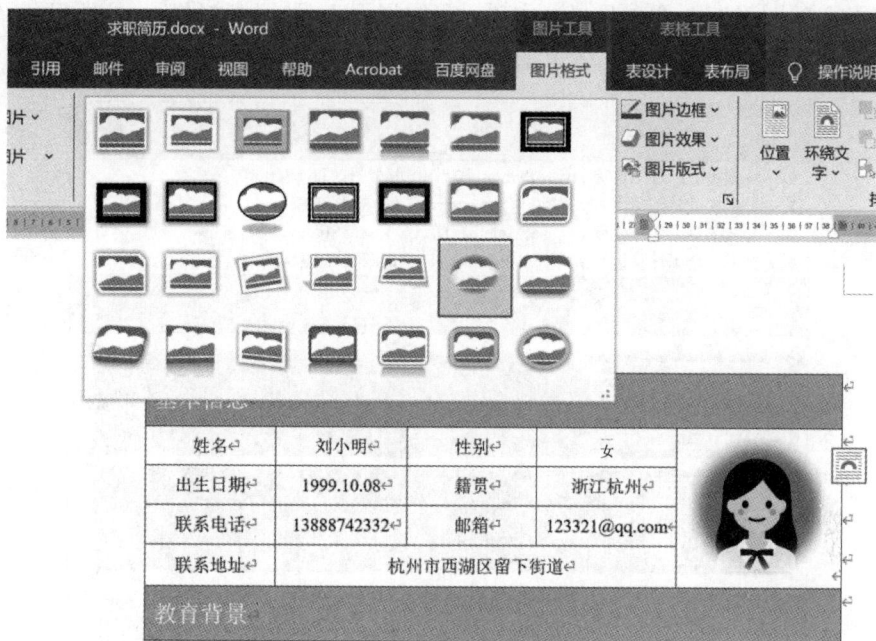

图 3-41　设置图片样式

3.2.4　SmartArt 图形

SmartArt 图形是一种图形工具，能高效传达信息和观点，提高文本可读性，同时节省排版时间。

SmartArt 图形

1. 插入 SmartArt 图形

在项目经验中插入 SmartArt 图形。将光标定位到项目经验的下一行，单击"插入"选项卡，选择"插图"→"SmartArt"。如图 3-42 所示，在弹出的对话框中选择"列表"→"垂直图片列表"，单击"确定"即可插入 SmartArt 图形。

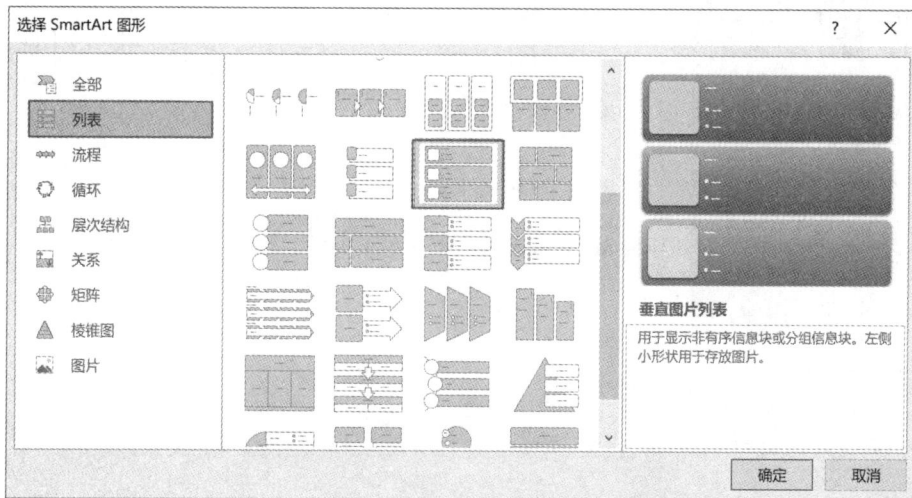

图 3-42　选择 SmartArt 图形

默认插入的图形有 3 个项目栏，本项目只需展示 2 项，删除最后一栏即可。调整整体图形大小以确保文档单页显示，效果如图 3-43 所示。

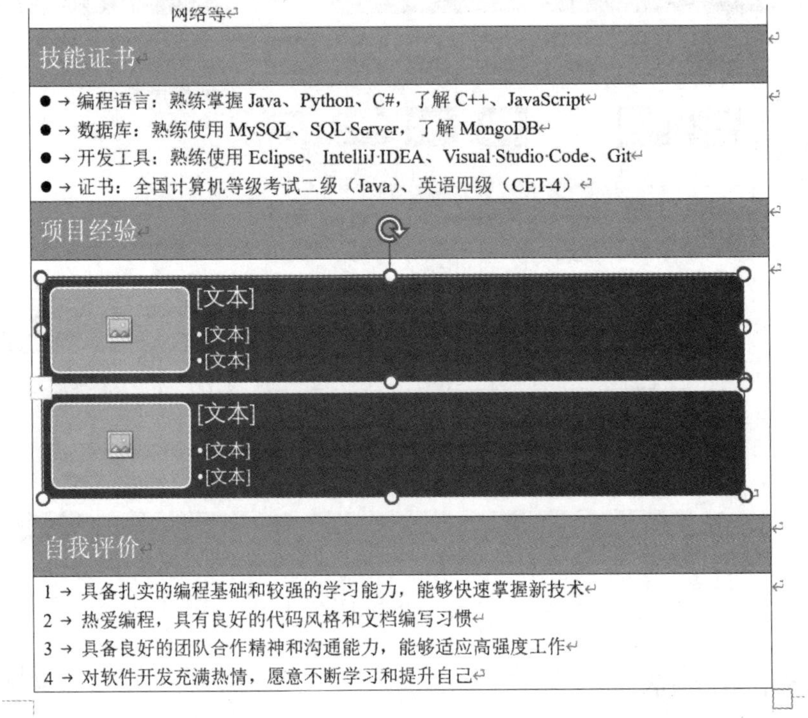

图 3-43　插入 SmartArt 图形后效果

2. 编辑 SmartArt 图形

单击图形第 1 行左侧的图形图标，在弹出的对话框中选择"从文件"→"浏览"，插入素材文件夹中的"图书管理系统.jpg"。在右侧的文本中输入"在线图书管理系统"相关内容。重复上述步骤填充第 2 行内容，如图 3-44 所示。

图 3-44　编辑 SmartArt 图形

编辑完成后，效果如图 3-45 所示。

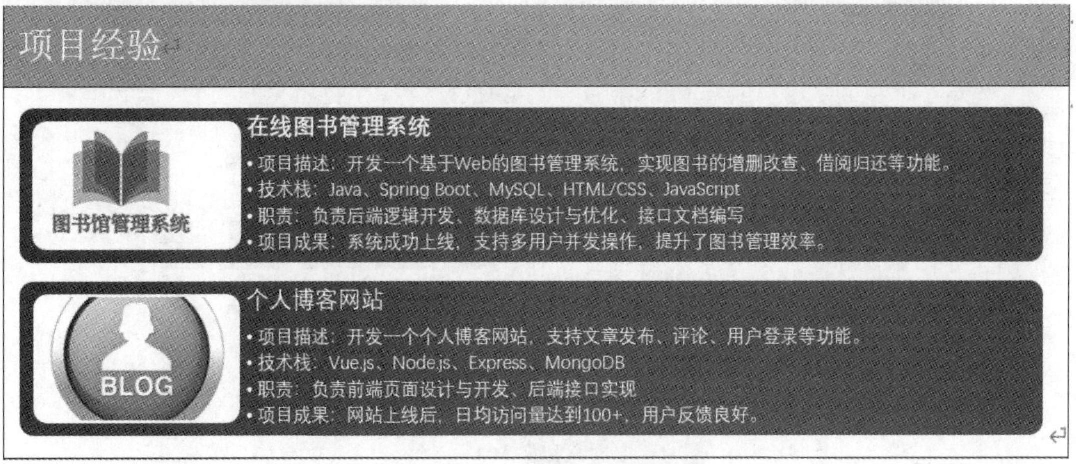

图 3-45　SmartArt 图形的内容

3. 美化 SmartArt 图形

设置 SmartArt 图形样式。选中 SmartArt 图形，选择"SmartArt 工具"→"SmartArt 样式"中的"细微效果"，即可完成图形样式设置，如图 3-46 所示。

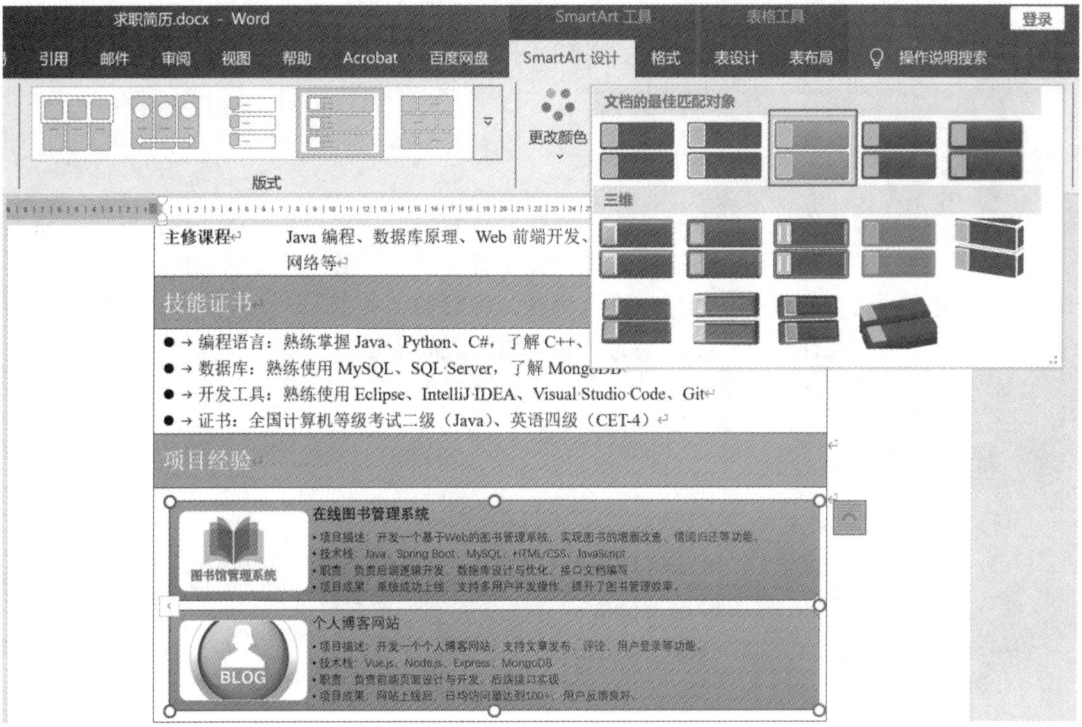

图 3-46　设置 SmartArt 图形样式

选中 SmartArt 图形，选择"SmartArt 工具"→"更改颜色"，选择"彩色"→"个性色"，即可完成颜色设置，如图 3-47 所示。

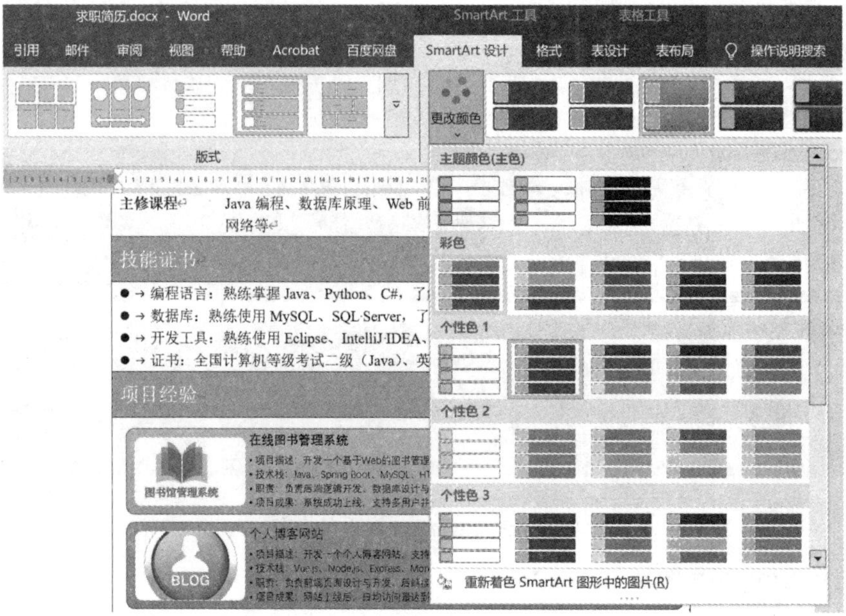

图 3-47　更改 SmartArt 图形颜色

3.3　模板和样式——创建科技论文模板

案例介绍

论文模板是预先设计好的文档格式，能帮助作者快速搭建论文架构。模板统一了格式要求，如字体、字号、行距、页码等，确保论文整体风格一致，符合学术规范。从标题、摘要、各级标题到正文段落，均采用既定格式，保障论文规范性，方便评审人员阅读与审阅，提升论文的专业性与可信度，助力作者高效完成高质量论文创作。

本案例素材位于"第 3 章 word 案例\素材文件\案例 3　科技论文模板.docx"。

任务要求

(1) 使用现有的蓝灰色简历模板。

(2) 修改现有模板样式，例如将标题教育背景、工作经验的字体颜色改为"红色"。

(3) 打开素材文件，修改样式窗格选项，选择显示"所有样式"。

(4) 将序号一、二、三的标题应用"标题 1"样式，序号(一)、(二)、(三)的标题应用"标题 2"样式。

(5) 样式管理：

· 修改标题 1 样式为"宋体，Times New Roman，加粗，四号"，段落左右侧缩进为"0"，无首行缩进，段前 30 磅、段后 20 磅，行距"固定值 20 磅"。

· 修改标题 2 样式为"宋体，Times New Roman，加粗，小四"，段落左右侧缩进为"0"，无首行缩进，段前段后 10 磅，行距"固定值 20 磅"。

• 新建样式，命名为“正文样式”，格式为“宋体，Times New Roman，小四”，首行缩进 2 字符，段前段后 0 行，行距“固定值 20 磅”。

(6) 设置多级列表。章名的自动编号格式为第 x 章(如第 1 章)，其中，x 为自动排序的阿拉伯数字序号，对应级别 1，居中显示。小节名的自动编号格式为 x.y，其中，x 为章数字序号，y 为节数字序号(如 1.1)，x、y 均为阿拉伯数字序号，对应级别 2，左对齐显示。

(7) 将制作完成的论文模板保存为 Word 模板。

完成效果

本案例的完成效果如图 3-48 所示。

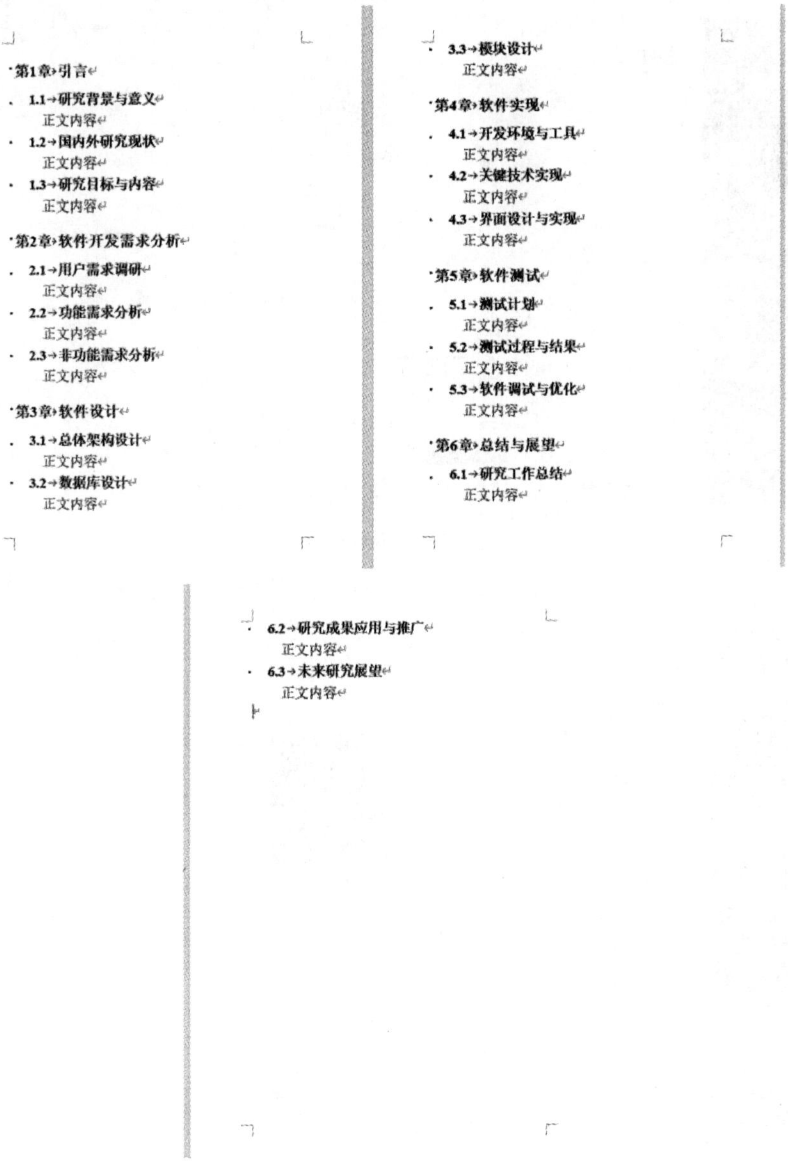
第1章 引言
1.1→研究背景与意义
正文内容
1.2→国内外研究现状
正文内容
1.3→研究目标与内容
正文内容
第2章 软件开发需求分析
2.1→用户需求调研
正文内容
2.2→功能需求分析
正文内容
2.3→非功能需求分析
正文内容
第3章 软件设计
3.1→总体架构设计
正文内容
3.2→数据库设计
正文内容
3.3→模块设计
正文内容
第4章 软件实现
4.1→开发环境与工具
正文内容
4.2→关键技术实现
正文内容
4.3→界面设计与实现
正文内容
第5章 软件测试
5.1→测试计划
正文内容
5.2→测试过程与结果
正文内容
5.3→软件调试与优化
正文内容
第6章 总结与展望
6.1→研究工作总结
正文内容
6.2→研究成果应用与推广
正文内容
6.3→未来研究展望
正文内容

图 3-48　“科技论文”模板完成效果

3.3.1 使用现有模板

Word 模板(.dotx 或 .dotm 文件)是预先设计好的文档框架，包含固定格式、样式、布局和占位内容(如标题、页眉页脚、表格、图片位置等)。使用模板可以快速创建格式统一的文档，避免重复设置格式的烦琐操作。

使用现有模板

1. 打开现有模板

启动 Word，默认打开空白文档，可根据需求选择其他模板。单击"文件"→"新建"，可看到模板库，如报告、简历、信函等分类模板，如图 3-49 所示。

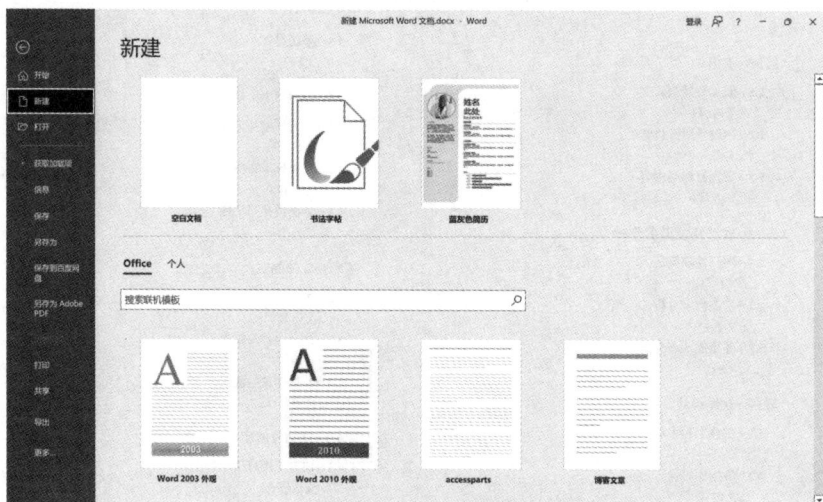

图 3-49 Word 模板

如需特定模板，可在搜索栏中输入关键词(如论文模板)进行搜索，如图 3-50 所示。

图 3-50 搜索论文模板结果

单击图 3-49 中的"蓝灰色简历"模板,即可生成基于该模板的一个简历,如图 3-51 所示。

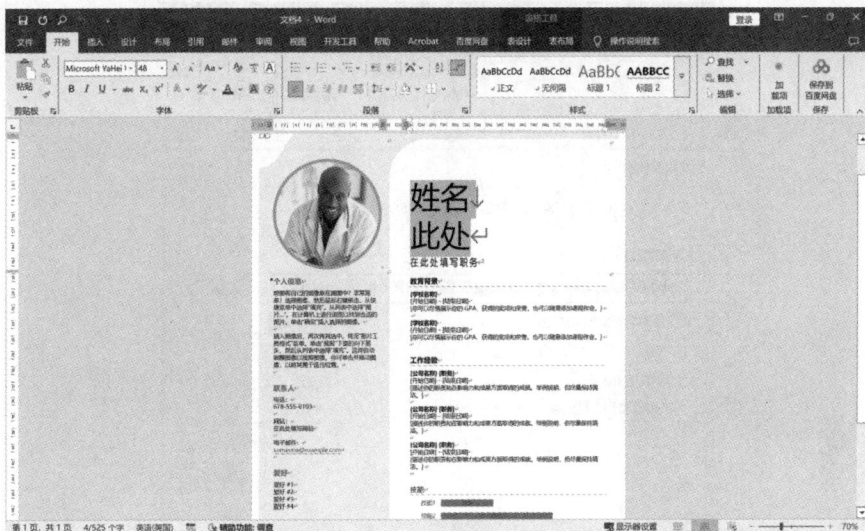

图 3-51 "蓝灰色简历"模板

2. 修改现有模板

修改模板样式,将标题"教育背景""工作经验"的字体颜色改为红色。

打开"开发工具"选项卡,如果没有这个选项,可通过以下方法打开。选择"开始" → "选项",在弹出的对话框中选择"自定义功能区",勾选"开发工具",单击"确定"按钮,即可显示"开发工具"选项卡,如图 3-52 所示。

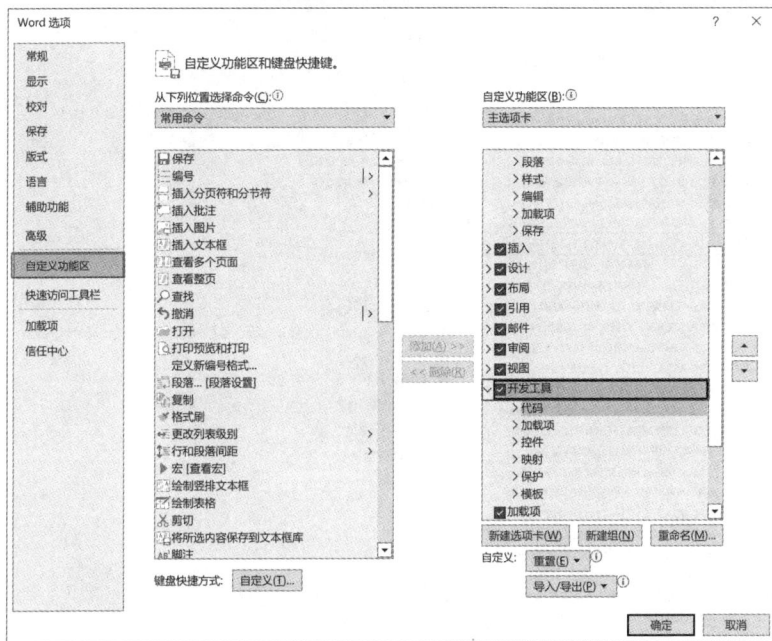

图 3-52 显示"开发工具"选项卡

选择"文档模板",如图 3-53 所示,在弹出的对话框中即可看到当前使用的模板所在文件的位置(①),复制地址(注意:复制时,不需要复制该模板的文件名)。

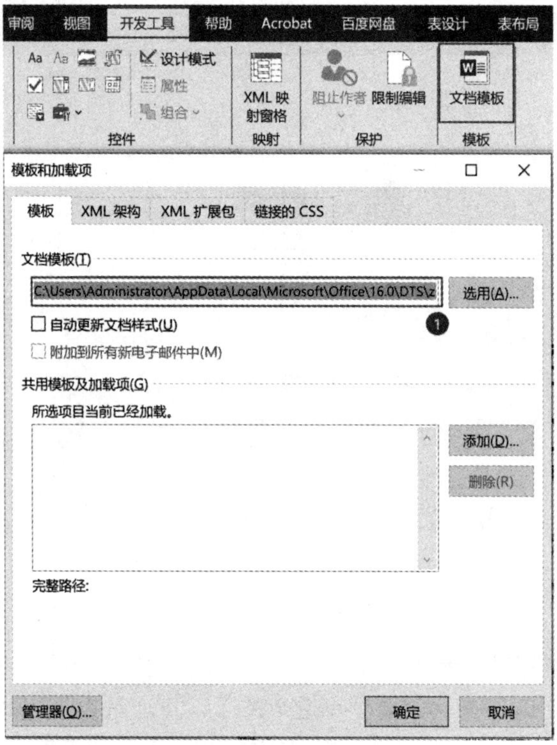

图 3-53　查看模板文件地址

将复制的地址粘贴到资源"管理器"的地址栏,如图 3-54 所示,即可看到模板文件(①),

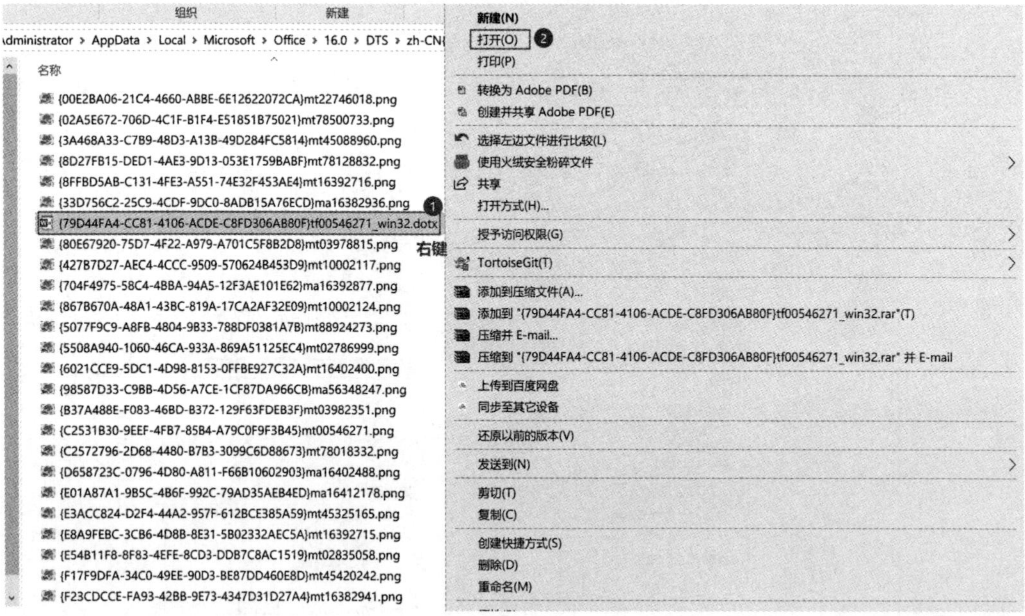

图 3-54　打开模板文件

扩展名为".dotx"，说明这是一个模板文件。单击右键，在弹出的对话框中选择"打开"(②)，此时打开的才是模板文件。

　　查看打开的模板文件，如图 3-55 所示，确保标题栏(①)中文件的扩展名为".dotx"。修改教育背景(②)、工作经验(③)的字体颜色为"红色"，保存后关闭模板文件。

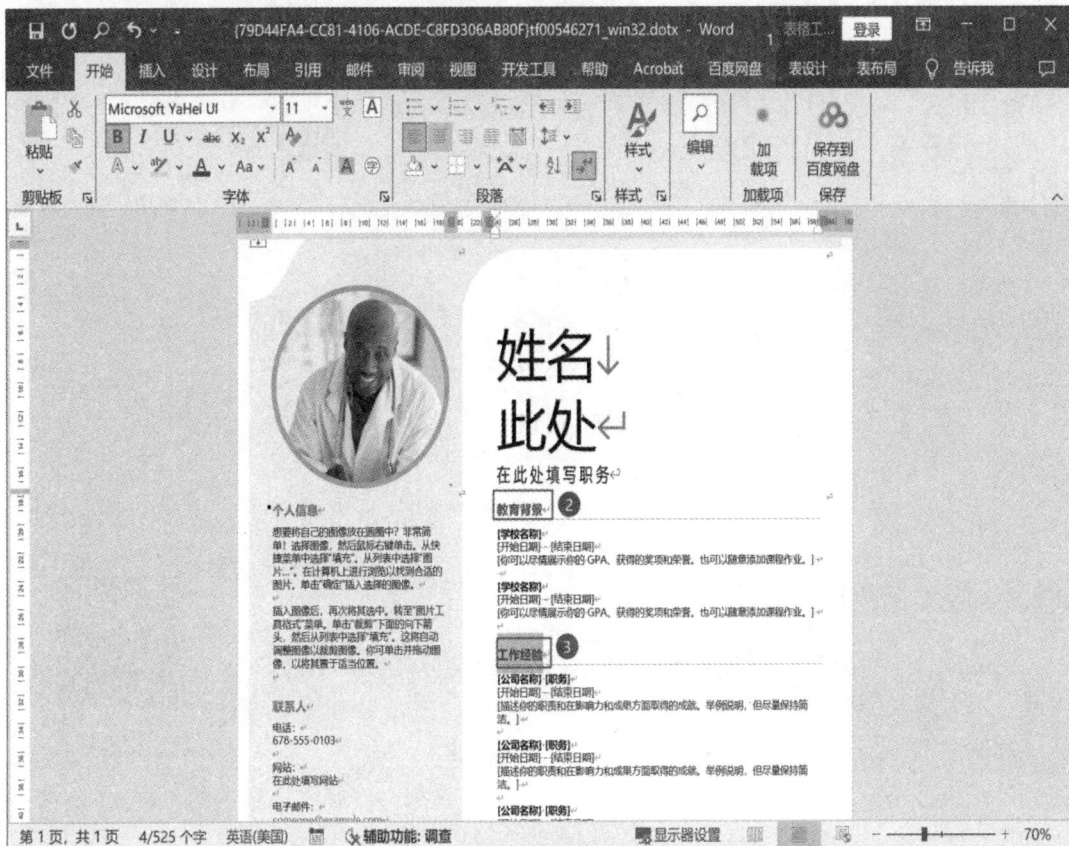

图 3-55　修改模板

　　再次使用该模板创建新的文件，可看到该模板中的修改已经生效。按照上述方法可修改模板的其他内容。

3.3.2　样式窗格

　　默认情况下，样式窗格有很多的样式，可以通过设置选择显示不同的样式。

　　打开科技论文模板.docx 文件，在"开始"选项卡的样式组中单击右下角的"对话框启动器"按钮(①)，在弹出的"样式"对话框中，单击"选项"按钮(②)，在打开的"样式窗格选项"中，选择要显示的样式(③)。如果选择了"所有样式"，即可在样式窗口显示所有样式。也可选择"正在使用的格式"，方便操作和管理，如图 3-56 所示。

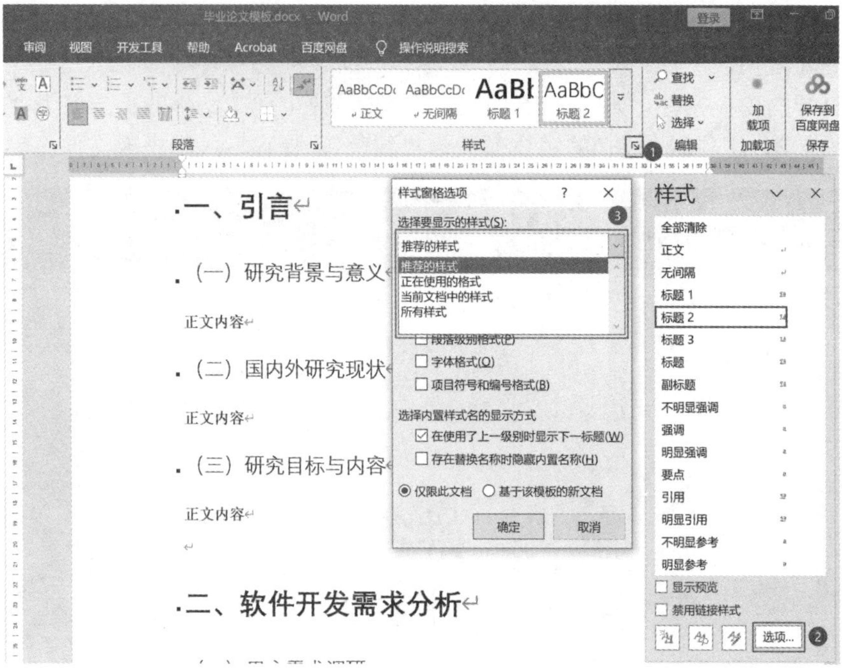

图 3-56　样式窗格

3.3.3　应用标题样式

论文模板中有不同级别的标题，可以为每个级别标题设置不同的样式，同一级别标题应用相同的样式。

如图 3-57 所示，科技论文模板中标题前面带有大写序号一、二、三的是一级标题。选中一级标题"一、引言"(①)，选择"开始"选项卡的"样式"，选择"标题 1"(②)，这样选中的标题就会套用"标题 1"样式。

应用标题样式

图 3-57　应用"标题 1"样式

采用相同的方法为文档中所有的一级标题应用"标题 1"样式。

如图 3-58 所示，标题前面带有括号序号(一)、(二)、(三)的是二级标题，选中"(一)研究背景与意义"(①)，选择"标题 2"(②)，这样二级标题就会套用"标题 2"样式。

图 3-58　应用"标题 2"样式

如图 3-59 所示，选中刚设置好的二级标题，双击"开始"选项卡中的"格式刷"按钮。(提示：单击格式刷按钮时，格式刷只能使用一次。双击格式刷按钮，格式刷可以重复使用，直到再次单击格式刷按钮，取消格式刷。)

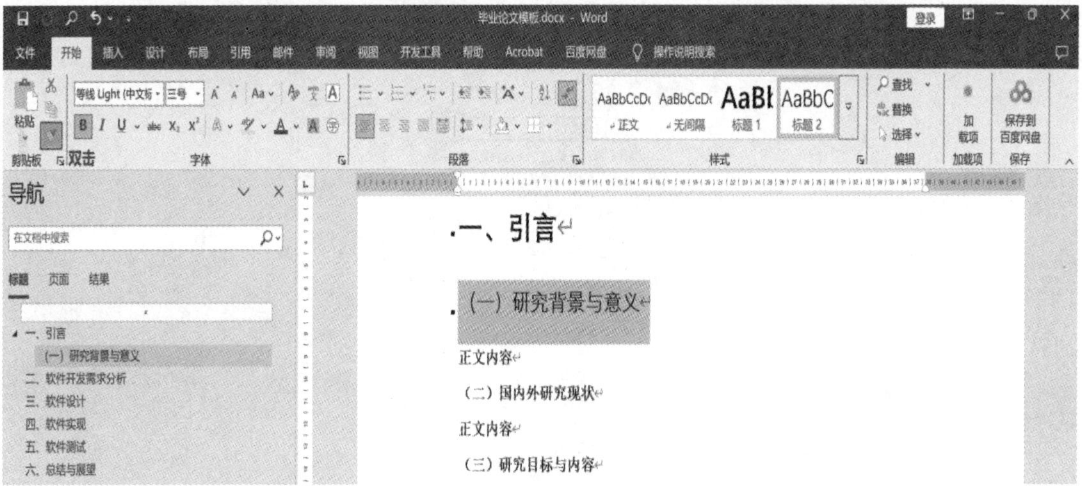

图 3-59　使用格式刷

此时鼠标变成刷子形状，拖动鼠标选中其他的二级标题，就可将所有的二级标题都设置成同样的样式，如图 3-60 所示。完成后，单击"格式刷"按钮即可取消格式刷功能。

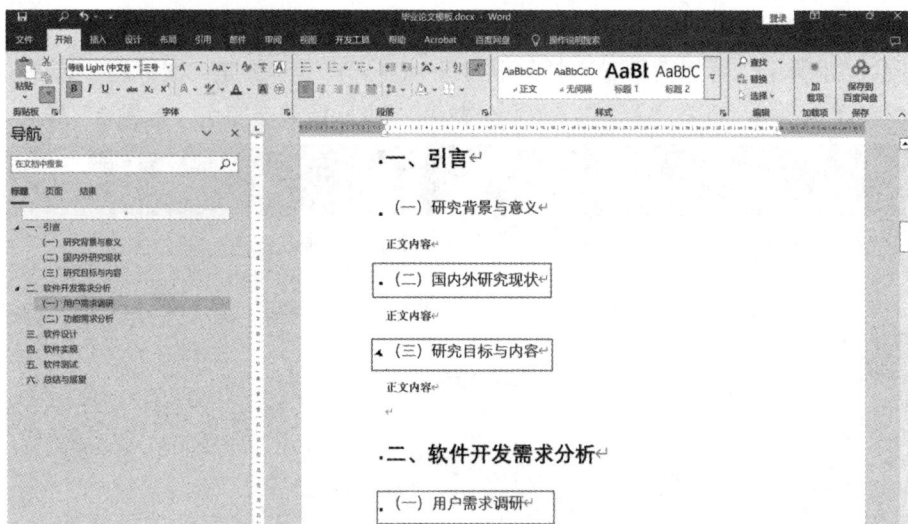

图 3-60　格式刷设置后效果

3.3.4　修改样式

若对已有的样式不满意，可以进行修改。修改后，所有应用该样式的文本都将自动调整。

1. 修改标题 1 样式

修改样式

修改"标题 1"样式。如图 3-61 所示，打开"样式"组中右下角的"对话框启动器"，在弹出的"样式"窗格中，选择"标题 1"右边的下拉列表，单击"修改"。

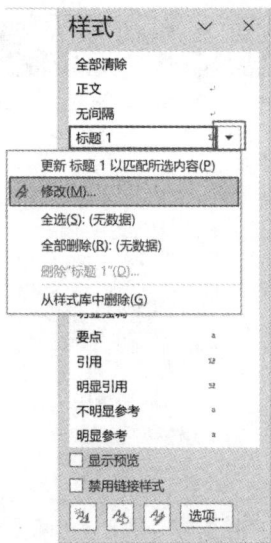

图 3-61　样式窗格

如图 3-62 所示，打开"修改样式"的对话框，选择左下角的"格式"→"字体"(①)，在"字体"对话框中设置中文字体为"宋体"，西文字体为"Times New Roman"(②)，字形"加粗"(③)，字号"四号"(④)，单击"确定"即可完成设置。

图 3-62　修改"标题 1"字体

如图 3-63 所示，在"修改样式"对话框中选择左下角的"格式"→"段落"(①)，在"段落"对话框中设置左侧、右侧缩进为"0"(②)，特殊设置为"无"(③)，段前"30 磅"、段后"20 磅"(④)，行距的固定值为"20 磅"(⑤)。

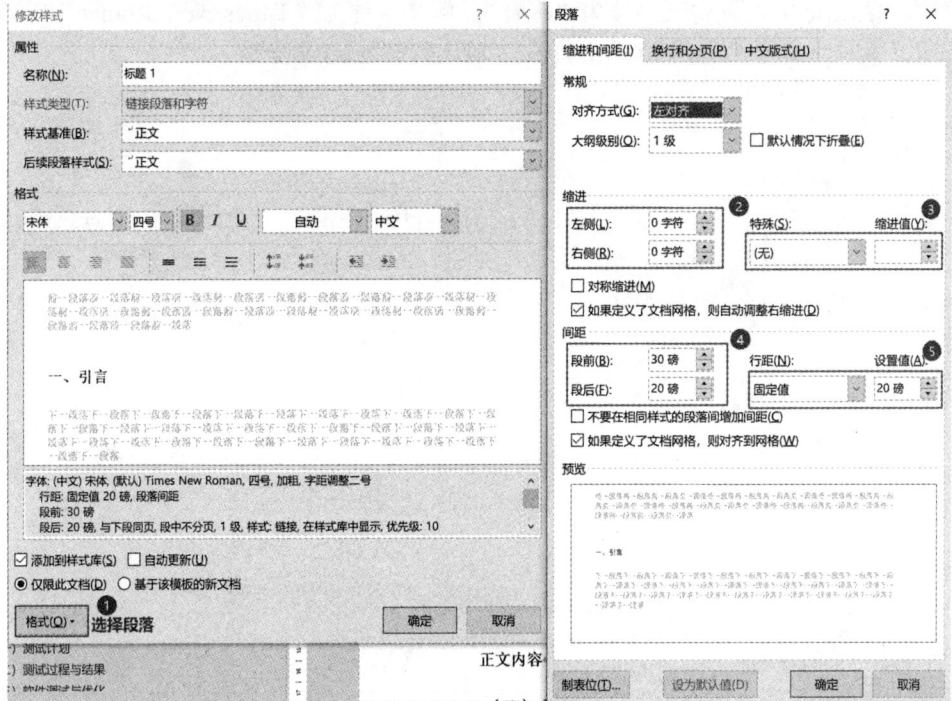

图 3-63　修改"标题 1"段落

2. 修改标题 2 样式

修改"标题 2"样式打开"样式"组中右下角的"对话框启动器",在弹出的"样式"窗格中,选择"标题 2"右边的下拉列表,单击"修改",如图 3-64 所示。

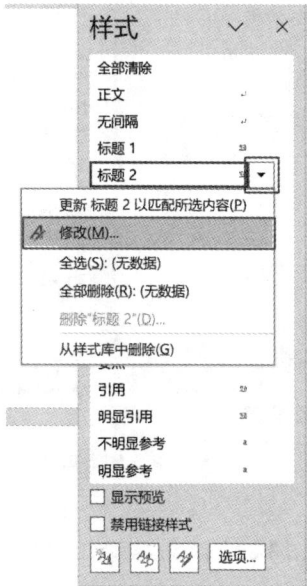

图 3-64　样式窗格

如图 3-65 所示,打开"修改样式"的对话框,选择左下角的"格式"→"字体"(①),在"字体"对话框中设置中文字体为"宋体",西文字体为"Times New Roman"(②),字形"加粗"(③),字号"小四"(④),单击"确定"即可完成设置。

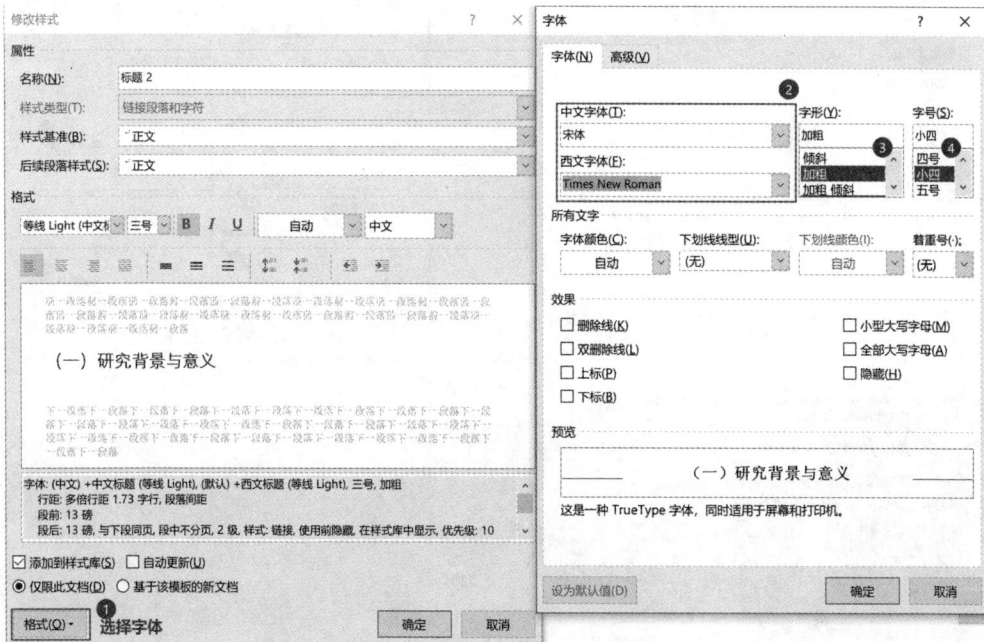

图 3-65　修改"标题 2"字体

如图 3-66 所示，在打开"修改样式"的对话框中选择左下角的"格式"→"段落"(①)，在"段落"对话框中设置左侧、右侧缩进为"0"(②)，特殊设置为"无"(③)，段前"10磅"、段后"10磅"(④)，行距的固定值为"20磅"(⑤)。

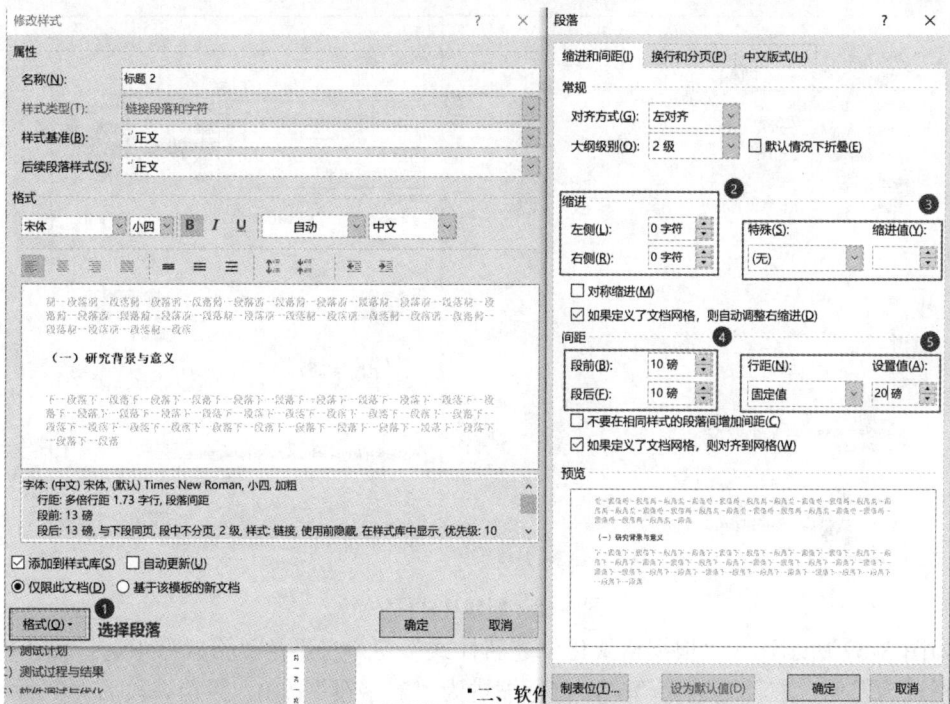

图 3-66　修改"标题 2"段落

3.3.5　新建样式

除了修改已有的样式，也可新建样式。这里将新建一个样式应用于正文文本。

如图 3-67 所示，将光标定位到正文内容位置(①)，打开"样式"窗格，单击"新建样式"(②)，打开"根据格式化创建新样式"窗口。

新建样式

图 3-67　新建样式按钮

如图 3-68 所示，将新样式命名为"正文样式"(①)，单击左下角的"格式"，选择"字体"(②)，在弹出的"字体"对话框中设置中文字体为"宋体"，西文字体为"Times New Roman"(③)，字形"正常"，字号"小四"(④)，单击"确定"。

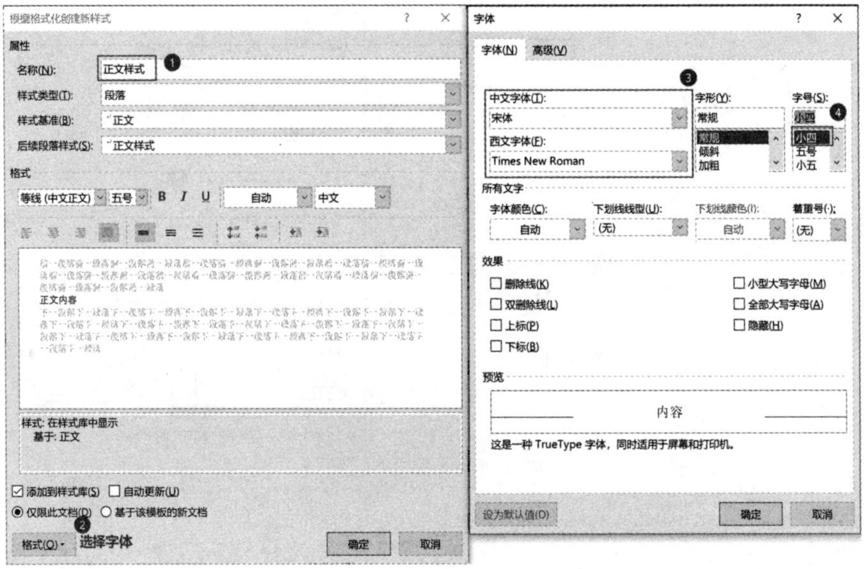

图 3-68　新建样式(字体)

如图 3-69 所示，在"根据格式化创建新样式"窗口左下角"格式"中选择段落(①)，段落格式为左侧、右侧缩进为"0"，首行缩进为"2 字符"(②)，段前、段后"0 行"，行距的固定值为"20 磅"(③)，单击"确定"即可完成新建样式的段落设置。

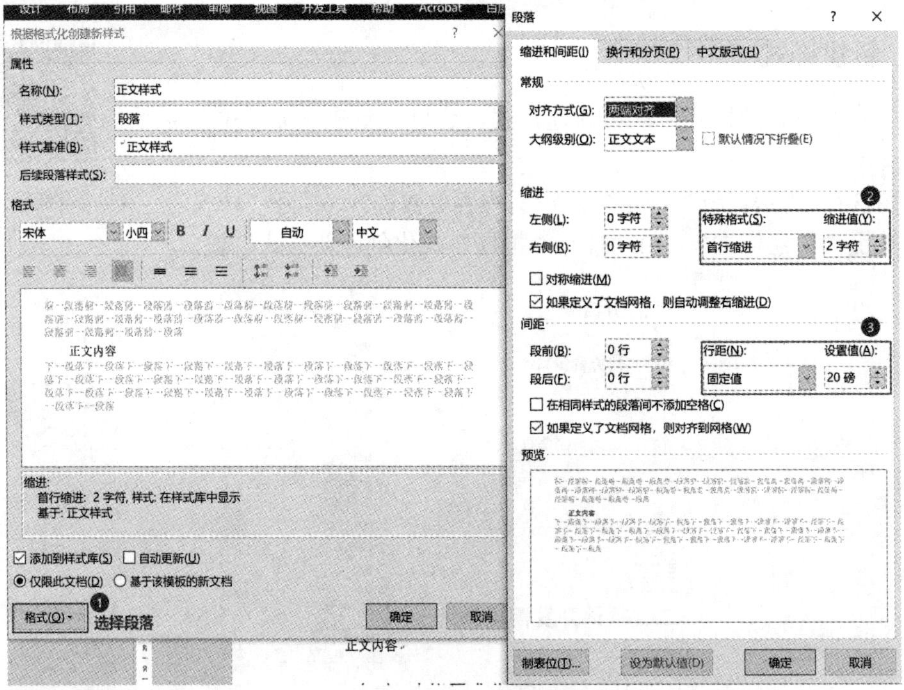

图 3-69　新建样式(段落)

新建样式完成后，全文正文将应用正文样式。

3.3.6　多级列表

为不同级别的标题设置多级列表。章名的自动编号格式为第 x 章(如第 1 章)，其中，x 为自动排序的阿拉伯数字序号，对应级别 1，居中显示。小节名的自动编号格式为 x.y，其中，x 为章数字序号，y 为节数字序号(如 1.1)，x、y 均为阿拉伯数字序号，对应级别 2，左对齐显示。

多级列表

如图 3-70 所示，将光标定位到"一、引言"所在行，单击"开始"选项卡，选择段落中的"多级列表"(①)→"定义新的多级列表"(②)。

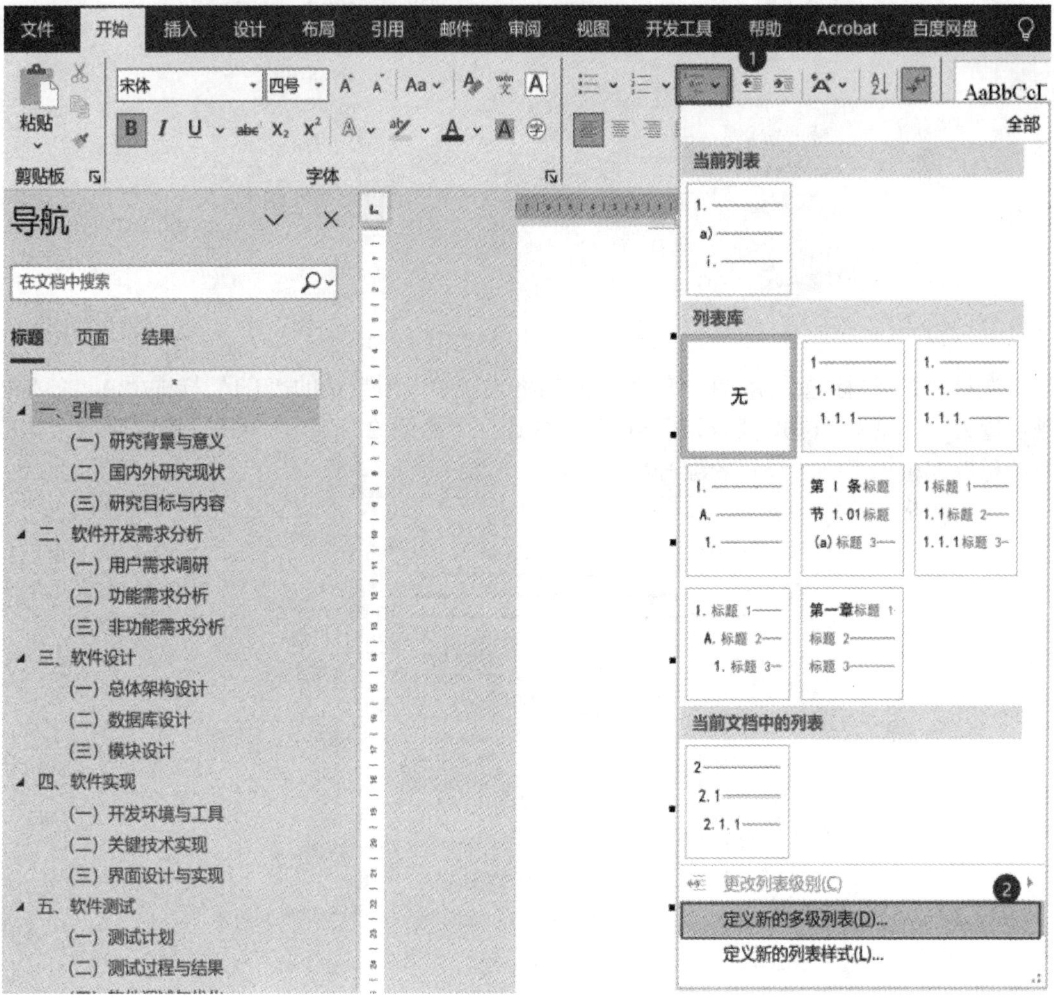

图 3-70　打开多级列表

在弹出的"定义新多级列表"对话框中选择"1"级标题(①)，在"输入编号的格式"中的"1"前面输入"第"字，后面输入"章"字(注意：不要删除原来的编号 1)(②)，文本缩进位置为"0 厘米"(③)，将级别链接到样式选择"标题 1"(④)，如图 3-71 所示。

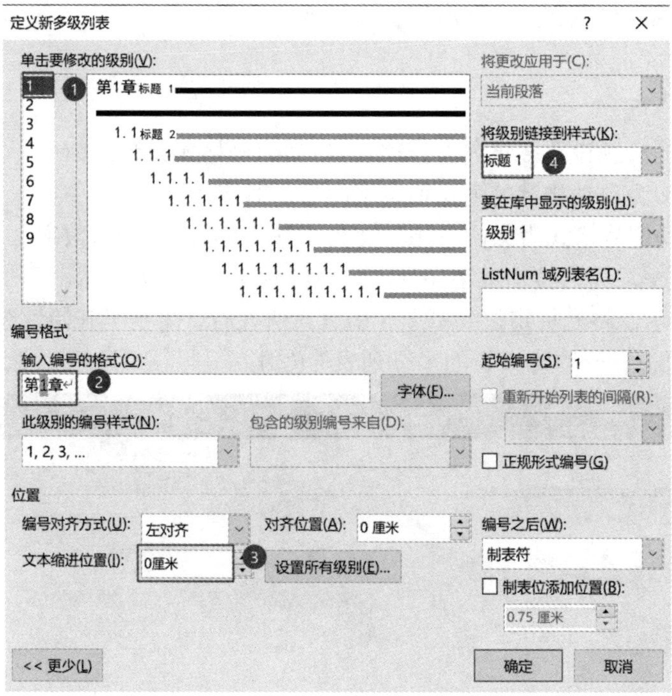

图 3-71　多级列表样式(第 1 级)

　　选择"2"级标题(①)，在"输入编号的格式"中采用默认的"1.1"样式(②)，文本缩进位置为"0 厘米"(③)，将级别链接到样式选择"标题 2"(④)。单击"确定"后，文档中的标题就采用了刚才设置的编号样式，如图 3-72 所示。

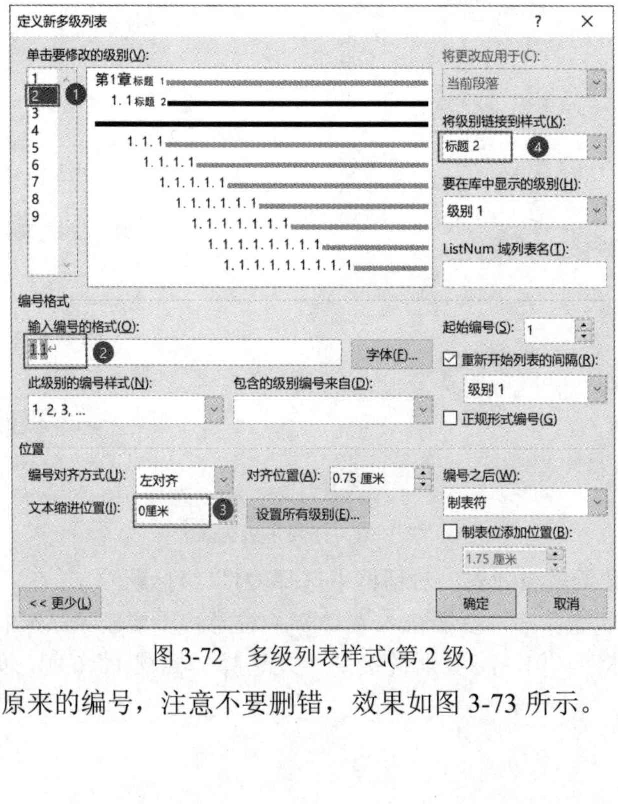

图 3-72　多级列表样式(第 2 级)

此时还需删除原来的编号，注意不要删错，效果如图 3-73 所示。

第1章·引言

　1.1·研究背景与意义

　正文内容

　1.2·国内外研究现状

　正文内容

　1.3·研究目标与内容

　正文内容

第2章·软件开发需求分析

　2.1·用户需求调研

　正文内容

　2.2·功能需求分析

　正文内容

图 3-73　多级列表完成效果

3.3.7　创建新的模板

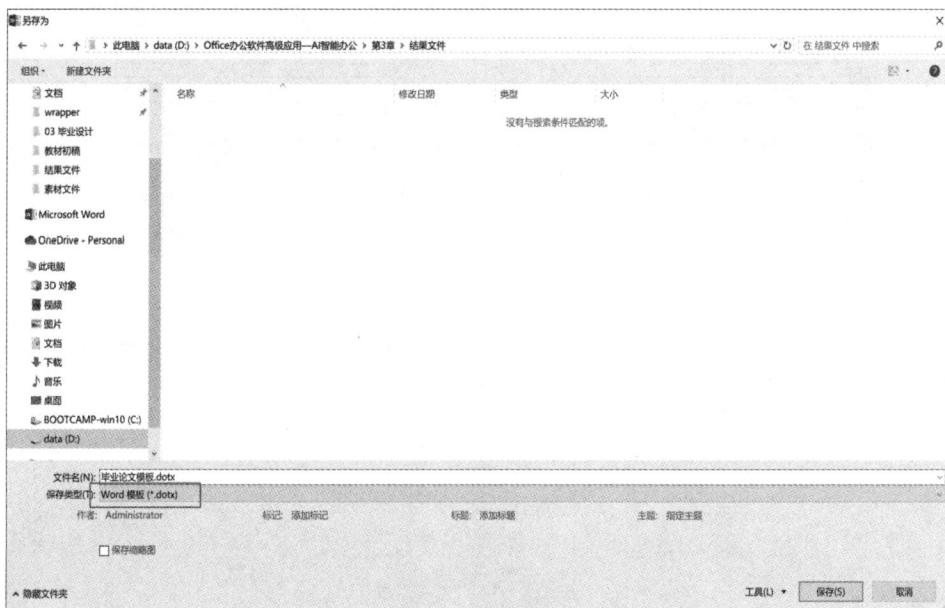

创建新的模板

将已设置好的论文格式(标题样式、正文样式、多级列表等)保存为模板，便于后续重复使用。为避免重复设置，在"另存为"时选择 .dotx 或 .dotm 格式。

在已完成设置的"毕业论文模板"中，选择"文件"→"另存为"，保存类型选择"Word 模板(*.dotx)"，单击"保存"完成模板创建，如图 3-74 所示。双击该模板即可使用，所有预设样式将自动生成。

图 3-74　"另存为"模板

3.4   邮件合并——批量生成学生成绩单

🔊 案例介绍

每逢期末，中小学都要为全校的学生制作个性化成绩单。传统人工录入方式不仅耗时，且易出现信息错位、评语错配等问题。通过 Word 邮件合并技术，将 Excel 成绩数据库与定制化模板智能对接，系统自动完成数据匹配，可以缩短工作时间，提高正确率，显著提升教务工作效率与专业性。

本案例素材位于"第 3 章 word 案例\素材文件\案例 4   学生成绩单数据库.xlsx"。

🔔 任务要求

(1) 新建邮件合并主文档，命名为"学生个人成绩单"。

(2) 制作一个 7 行 2 列的个人成绩单表格。

(3) 将准备好的 Excel 数据源文件链接到 Word 文档中。

(4) 在合并主文档的相应位置插入合并字段，如班级、姓名、成绩等。

(5) 完成邮件合并。

💡 完成效果

本案例的完成效果如图 3-75 所示。

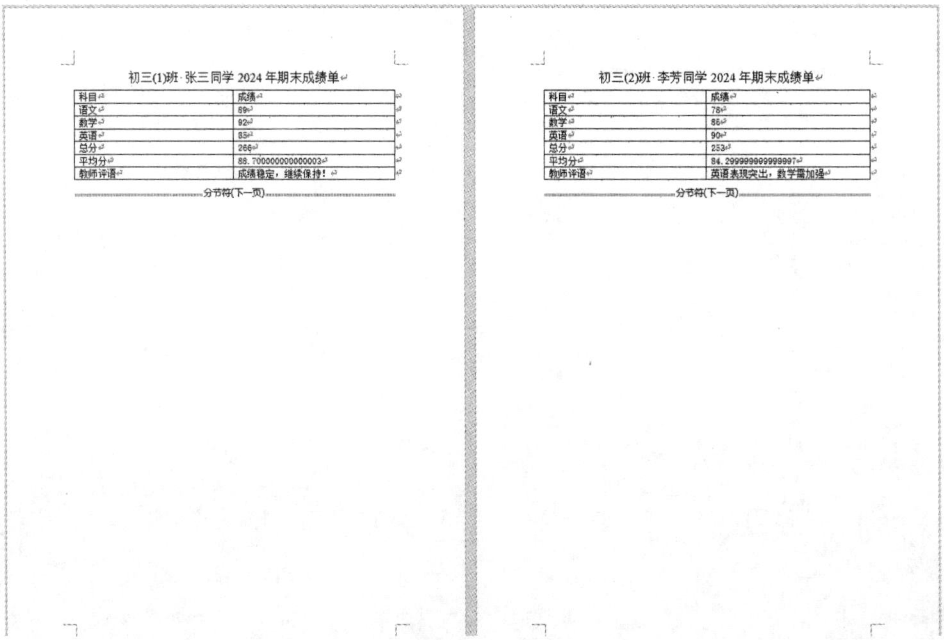

图 3-75   "学生成绩单"完成效果

3.4.1　准备数据源

进行邮件合并之前，需要准备一个数据源，通常是 Excel 表格，且要确保数据源包含生成成绩单的所有相关信息。

3.4.2　创建邮件合并主文档

新建 word 文档，命名为"学生个人成绩单"，打开文档，输入标题"同学 2024 年期末成绩单"。设置标题字体为"宋体，Times New Roman，三号，居中"显示。

创建邮件合并主文档

选择"插入"选项卡(①)，选择"表格"→"插入表格"(②)，在弹出的"插入表格"对话框中设置行数为"7"，列数为"2"，选择"根据窗口调整表格"，单击"确定"，如图3-76 所示。

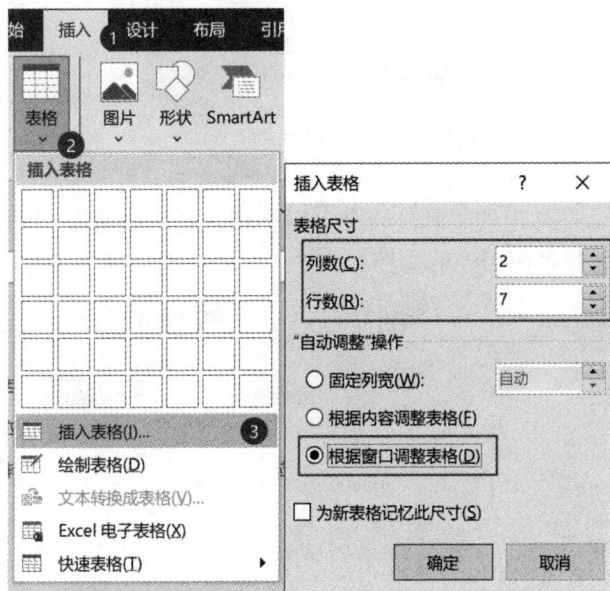

图 3-76　插入表格

表格插入完成后，输入相应的内容，并设置表格中文字格式为"宋体，小四"，效果如图 3-77 所示。

同学 2024 年期末成绩单

科目	成绩
语文	
数学	
英语	
总分	
平均分	
教师评语	

图 3-77　成绩单表格

3.4.3　链接数据源

将准备好的 Excel 数据源文件链接到 Word 文档中。

如图 3-78 所示，选择"邮件"(①)选项卡中的"开始邮件合并"(②)
→"邮件合并分步向导"(③)。

链接数据源

图 3-78　开始邮件合并

如图 3-79 所示，在弹出的"邮件合并"窗格中选择"信函"，单击"下一步，开始文档"，根据向导操作选择"使用当前文档"→"下一步：选择收件人"→"使用现有列表"。

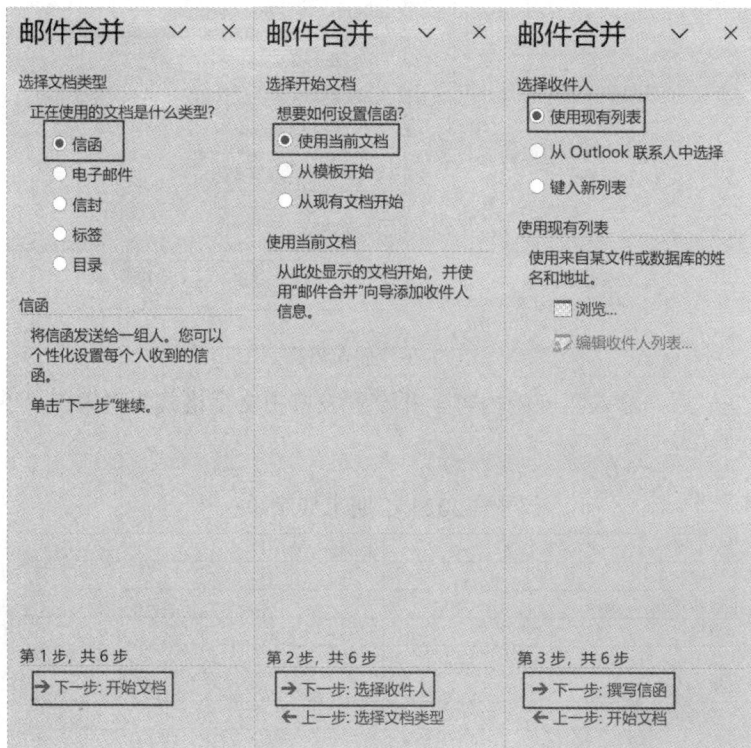

图 3-79　邮件合并

如图 3-80 所示，在弹出的"选择数据源"对话框中选择素材文件夹中的"学生成绩单数据库.xlsx"，单击"打开"后，按默认操作即可完成数据源链接。

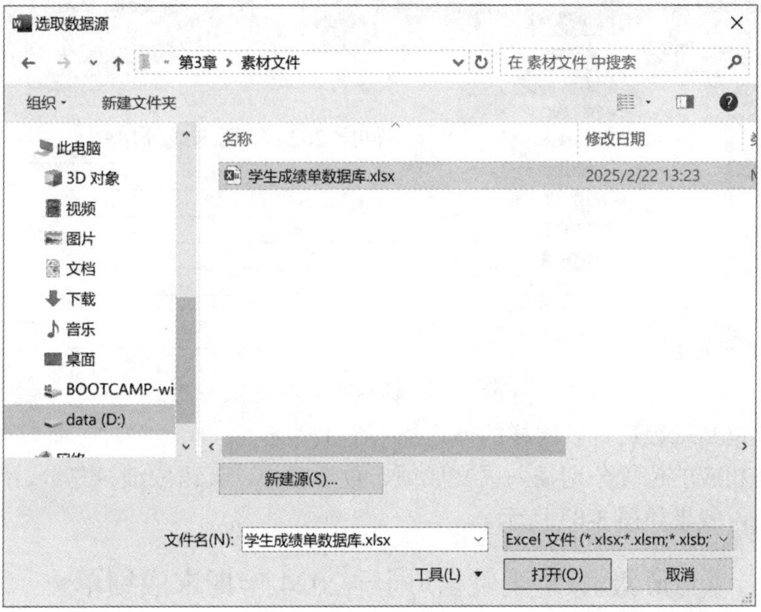

图 3-80　选择数据源

如图 3-81 所示，选择数据"sheet1$"页，再选择数据，单击"确认"即可完成数据选择。

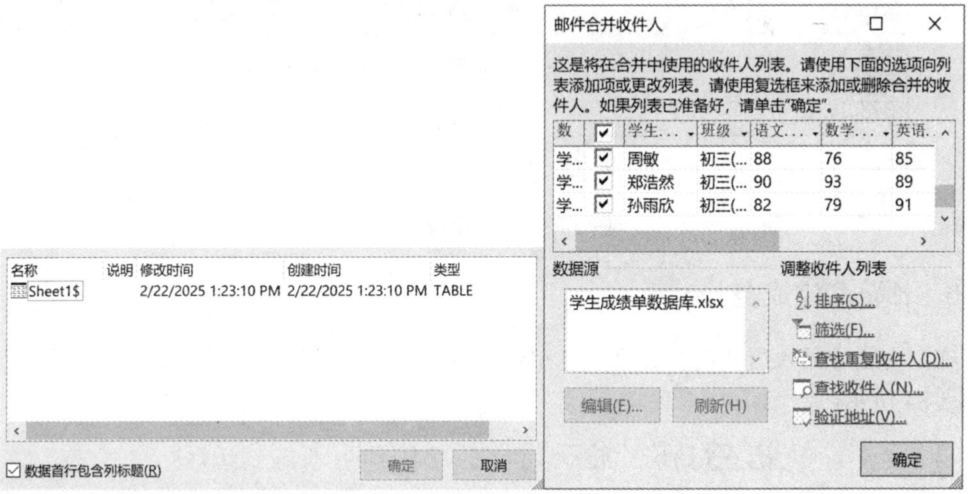

图 3-81　选择数据

3.4.4　插入合并字段

在合并主文档的相应位置插入合并字段。

如图 3-82 所示，在文档的标题位置插入学生姓名和班级。将光标移到标题同学前，选择"邮件"(①)选项卡中的"插入合并域"(②)，选择"班级"(③)，即可插入学生的班级信息。

插入合并字段

图 3-82   插入合并字段

将光标定位到班级后，以同样的方式插入学生姓名。

同理，在相应的位置分别插入语文成绩、数学成绩、英语成绩、总分、平均分和教师评语。完成后，效果如图 3-83 所示。

《班级》·《学生姓名》同学 2024 年期末成绩单

科目	成绩
语文	《语文成绩》
数学	《数学成绩》
英语	《英语成绩》
总分	《总分》
平均分	《平均分》
教师评语	《教师评语》

图 3-83   合并字段后效果

3.4.5   预览和完成合并

在主文档中插入所有的合并字段，单击"邮件"→"预览结果"，可以看到所有信息，如图 3-84 所示。

初三(1)班·张三同学 2024 年期末成绩单

科目	成绩
语文	89
数学	92
英语	85
总分	266
平均分	88.700000000000003
教师评语	成绩稳定，继续保持！

图 3-84   预览合并结果

　　检查每个信息是否正确，确认无误后，单击"邮件"→"完成并合并"→"编辑单个文档"，在弹出的对话框中选择"全部"，即可生成所有学生的成绩信息。保存文档，批量生成学生成绩单完成。

3.5　综合实战——《寒梅傲雪》

案例介绍

　　Word 排版在文档编辑中有着至关重要的作用。它能够规范文本格式，将文字、图片、表格等元素合理布局，使文章层次分明。例如，通过设置标题、正文、段落间距等，让读者迅速抓取关键信息。此外，统一、规范的排版能体现文档的严谨性，适用于论文、报告等正式文件，从而提升文档整体质量与可信度，确保信息有效传递。本节以对《寒梅傲雪》的排版为例，综合介绍文档编辑与排版的方法。

　　本案例素材位于"第 3 章 word 案例\素材文件\案例 5　寒梅傲雪.docx"。

任务要求

　　(1) 设置标题和正文样式：

　　• 文章标题设置为"宋体，Times New Roman，小一，居中对齐"，段前、段后 0.5 行，单倍行距。

　　• 设置序号为"一、二……"的样式为"标题 1"，并修改标题 1 样式为"三号，黑体"，段前、段后 1 行，单倍行距。

　　• 设置序号为"1、2……"的样式为"标题 2"，并修改标题 2 样式为"小三，黑体"，段前、段后 0.5 行，单倍行距。

　　• 新建正文样式命名为"梅花正文"，设置为"宋体，Times New Roman，小四"，首行缩进 2 字符，行距 1.25 倍。

　　(2) 设置多级列表，一级标题样式为"1"、二级标题样式为"1.1"，均采用自动编号，文本缩进 0。

　　(3) 添加图表题注。

　　(4) 为正文中的图表设置交叉引用。

　　(5) 插入分节符、分页符。

　　(6) 自动生成目录。

　　(7) 插入页眉页脚。

完成效果

　　本案例的完成效果如图 3-85 所示。

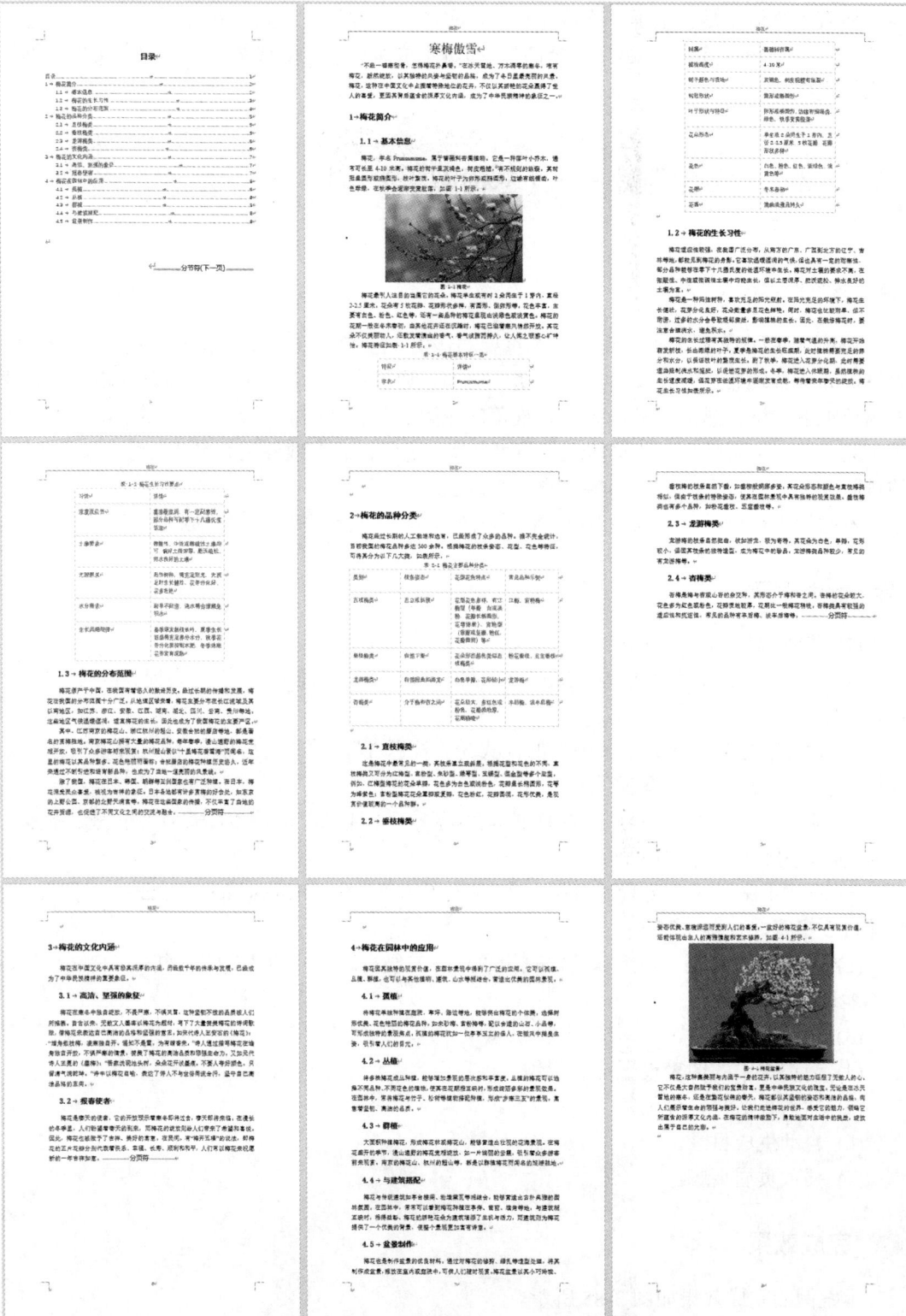

图 3-85　《寒梅傲雪》排版完成效果

3.5.1　标题和正文样式

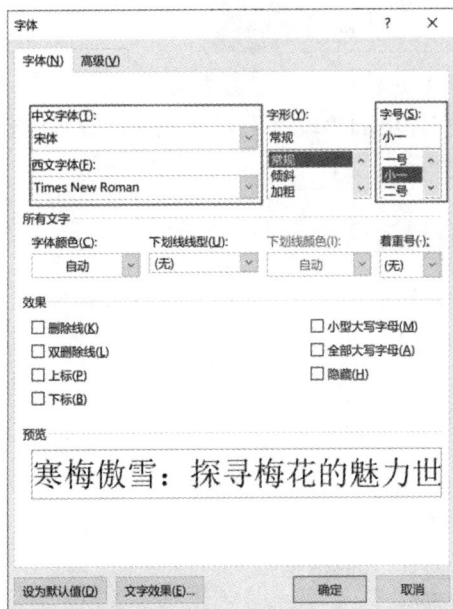

1. 文章标题

(1) 单击"开始"选项卡的字体组右下角的"对话框启动器"，设置字体格式，中文字体为"宋体"，西文字体为"Times New Roman"，字号为"小一"，如图 3-86 所示。

标题和正文样式

(2) 单击"开始"选项卡的段落组右下角的"对话框启动器"，设置段落格式，对齐方式为"居中"，段前、段后为"0.5 行"，行距为"单位行距"，如图 3-87 所示。

图 3-86　设置文章标题字体　　　　　　图 3-87　设置文章标题段落

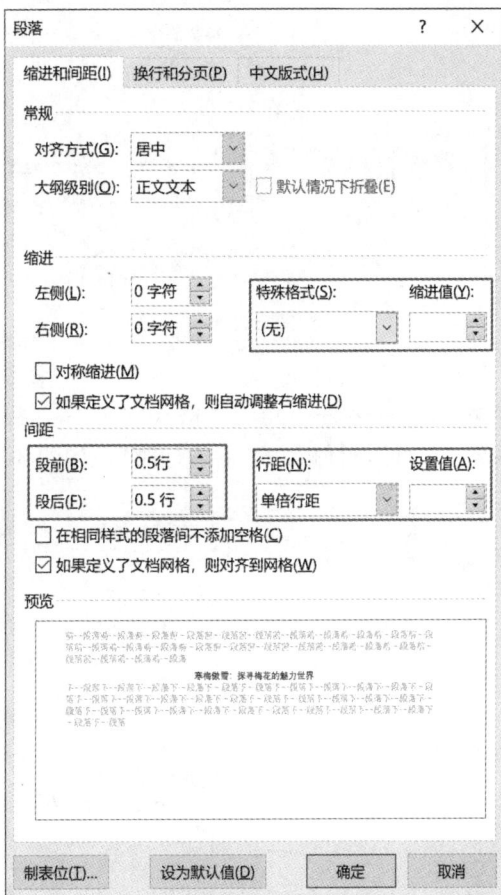

2. 一级标题样式

(1) 文中标题前有序号一、二的为一级标题，如"一、梅花简介"。选中该标题，选择"开始"选项卡中的"样式"组，单击"标题 1"。

(2) 选择"开始"选项卡中的样式组右下角的"对话框启动器"，在弹出的"样式和格式"对话框中选择标题 1 右侧按钮，选择"修改"，在弹出的"修改样式"对话框中修改字体格式为"黑体，三号"，如图 3-88 所示。

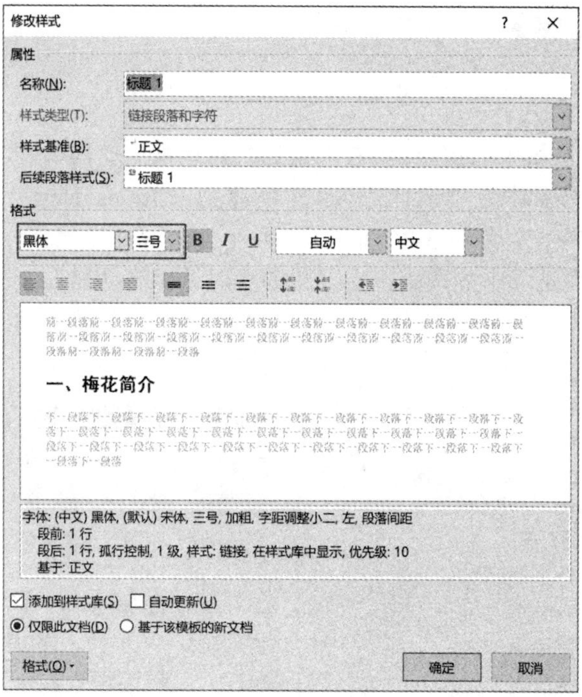

图 3-88　修改标题 1 字体

单击图 3-88 左下角的"格式"→"段落",在弹出的"段落"对话框中,设置段前、段后为"1 行",行距为"单倍行距",如图 3-89 所示。

图 3-89　修改标题 1 段落

(3) 将文中其他的一级标题都应用"标题 1"样式。

3．二级标题

(1) 文中标题前序号为 1、2 的为二级标题，如"1．基本信息"。选中该标题，选择"开始"选项卡中的"样式"组，单击"标题 2"。

(2) 选择"开始"选项卡中的样式组右下角的"对话框启动器"，在弹出的"样式"对话框中选择"标题 2"右侧按钮，选择"修改"，在弹出的"修改样式"对话框中修改字体格式为"黑体，小三"，如图 3-90 所示。

单击图 3-90 左下角的"格式"→"段落"，在如图 3-91 所示的"段落"对话框中设置段前、段后为"0.5 行"，行距为"单倍行距"。

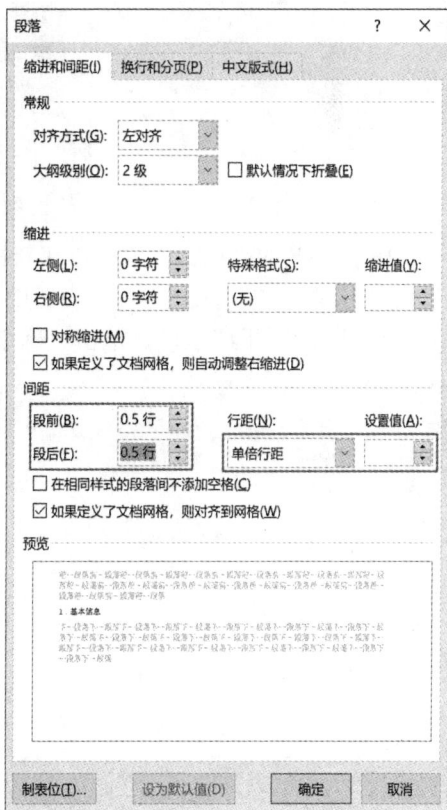

图 3-90　修改标题 2 字体　　　　　　　　图 3-91　修改标题 2 段落

(3) 将文中其他的二级标题都应用标题 2 样式。

4．正文样式

(1) 选择"开始"选项卡中的样式组右下角的"对话框启动器"，在弹出的对话框中选择左下角的"新建样式"按钮，如图 3-92 所示。

图 3-92　新建样式

　　(2) 在打开的"根据格式化创建新样式"窗口中，名称输入"梅花正文"(①)，单击左下角的"格式"→"字体"(②)，设置中文字体为"宋体"，西文字体为"Times New Roman"(③)，字号为"小四"(④)，单击"确定"，如图 3-93 所示。

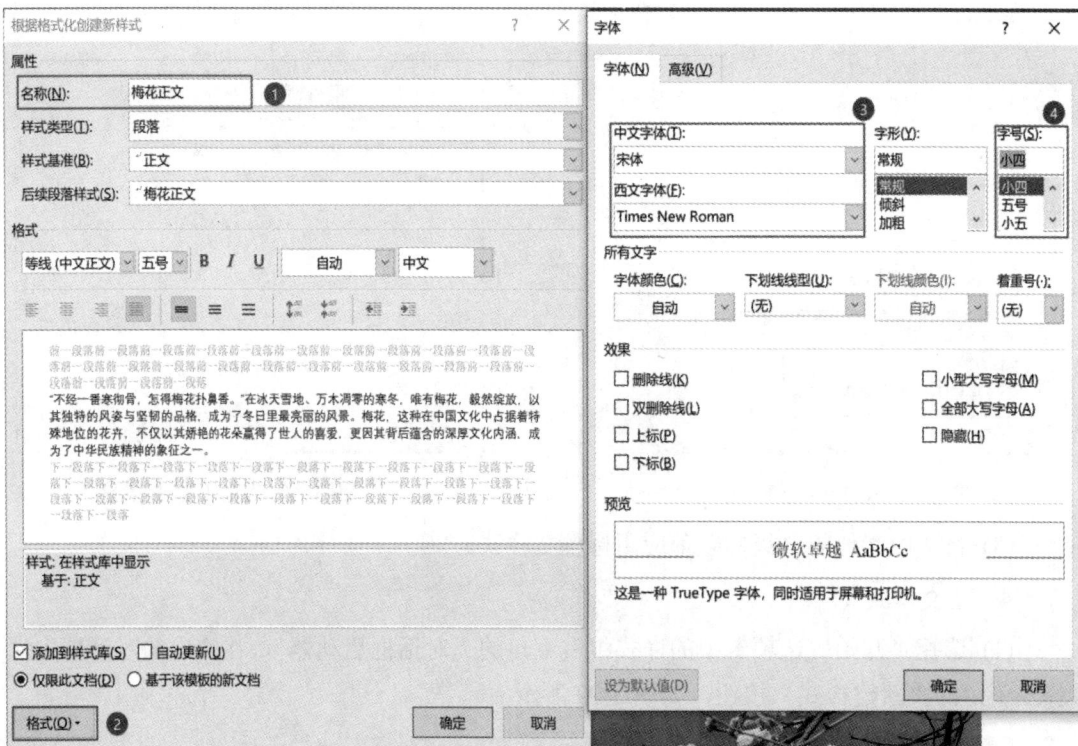

图 3-93　新建样式设置字体

(3) 在打开的"根据格式化创建新样式"窗口中，如图 3-94 所示，单击左下角的"格式"→"段落"(①)，设置首行缩进为"2 字符"(②)、多倍行距为"1.25"(③)，单击"确定"，即可完成设置。

图 3-94　新建样式设置段落

(3) 选中正文第一段，单击"样式"→"梅花正文"，即可将新建的样式应用于正文。同样的方法，将文中所有的正文段落都应用"梅花正文"样式(不包括图、表的题注文字)。

3.5.2　自动编号

(1) 将光标定位到"一、梅花简介"所在行，单击"开始"选项卡，选择段落中的"多级列表"→"定义新的多级列表"。

(2) 在弹出的"定义新多级列表"对话框中，选择"1"级标题(①)，在"输入编号的格式"中编号样式为"1"(注意：原来的 1 不能删除)(②)，文本缩进位置设置为"0 厘米"(③)，将级别链接到样式选择"标题 1"(④)，如图 3-95 所示。

自动编号

(3) 选择"2"级标题(①)，在"输入编号的格式"中采用默认的"1.1"样式(②)，文本缩进位置设置为"0 厘米"(③)，将级别链接到样式选择为"标题 2"(④)，单击"确定"后，文档中的标题就应用了刚才设置的编号样式，如图 3-96 所示。

图 3-95 多级列表样式(第 1 级)

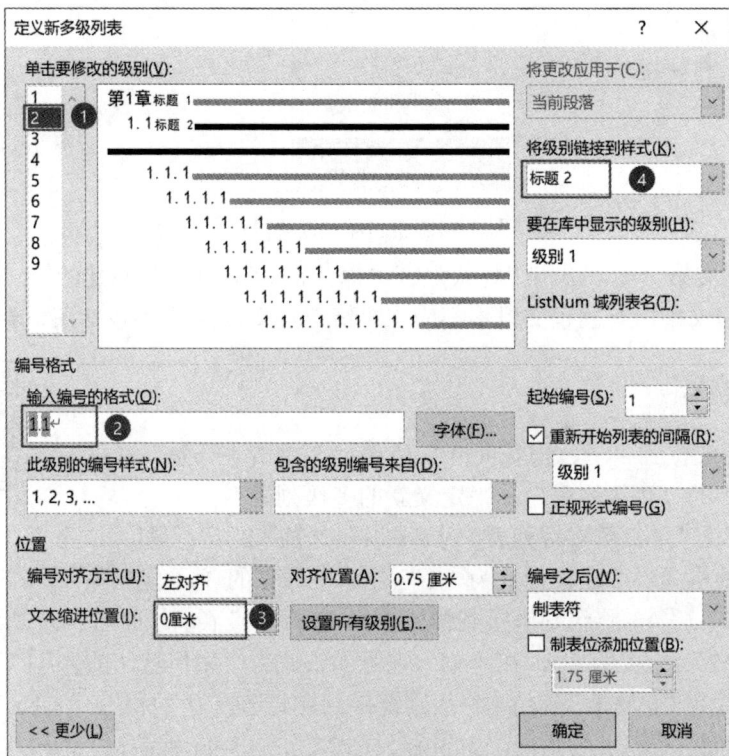

图 3-96 多级列表样式(第 2 级)

(4) 删除原来的编号。

3.5.3　图表题注

1. 图题注

给文中的图片添加题注，步骤如下：

(1) 选中文中的第一张图，单击右键，选择"插入题注"，在弹出的"题注"对话框中选择"新建标签"(①)，标签中输入"图"(②)，单击"确定"，如图 3-97 所示。

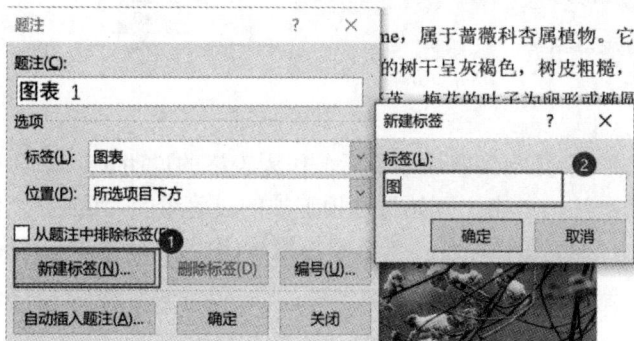

图 3-97　新建标签

(2) 单击"编号"(①)，勾选"包含章节号"(②)，单击"确定"，如图 3-98 所示。

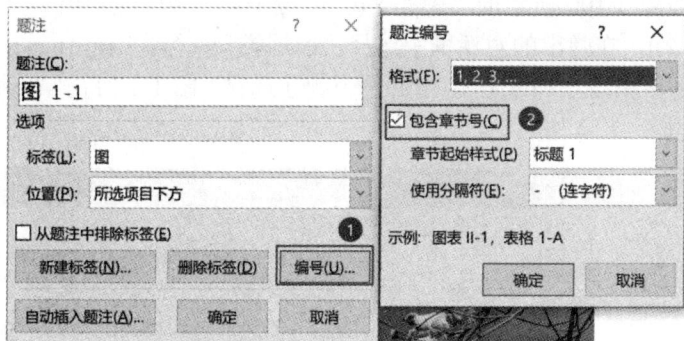

图 3-98　插入图题注

将图片下一行的文字复制到题注编号后，作为图片的说明。

(3) 选中图片和题注，单击"开始"选项卡中的段落组的"居中"，使图片和题注都居中显示。以同样的方法给文中其他的图片添加题注(注意：标签图已经添加了，不用重新添加)。

2. 表题注

给文中的表格添加题注，步骤如下：

(1) 选中文中的第一张表格，单击右键，选择"插入题注"，在弹出的"题注"对话框中选择"新建标签"，在标签中输入"表"，单击"确定"。

(2) 位置选择为"所选项目上方"(①)，单击"编号"(②)，勾选"包含章节号"(③)，单击"确定"完成题注的添加，如图 3-99 所示。

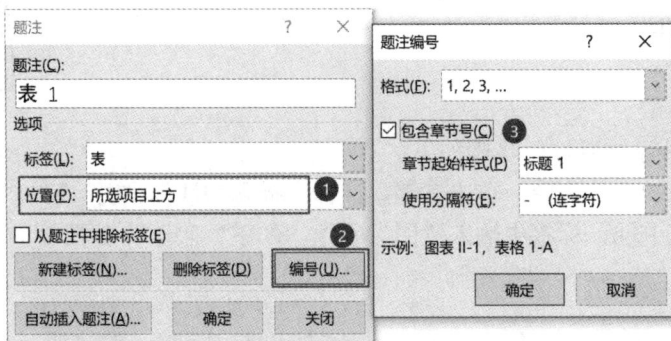

图 3-99　插入表题注

将表格上一行的文字复制到题注编号后，作为表格的说明。

(3) 选中表格和题注，单击"开始"选项卡中的段落组的"居中"，使表格和题注都居中显示。以同样的方法给文中其他的表格添加题注(注意：标签表已经添加了，不用重新添加)。

3.5.4　交叉引用

1. 图的交叉引用

选中正文中如图 3-100 所示的"图"字(①)，选择"引用"选项卡的"交叉引用"(②)，在弹出的对话框中选择"引用类型""图"(③)，引用内容选"仅标签和编号"(④)，引用哪一个题注选择"图 1-1 梅花"(⑤)，单击"插入"，即可完成交叉引用。

交叉引用

图 3-100　图的交叉引用

文中其他的图片也按上述方法完成交叉引用。

2. 表的交叉引用

选中正文中如表所示的"表"字(①)，选择"引用"选项卡的"交叉引用"(②)，在弹出的对话框中引用类型选择"表"(③)，引用内容选"仅标签和编号"(④)，引用哪一个题注选择"表 1-1 梅花基本特征一览"(⑤)，单击"插入"即可完成交叉引用，如图 3-101 所示。

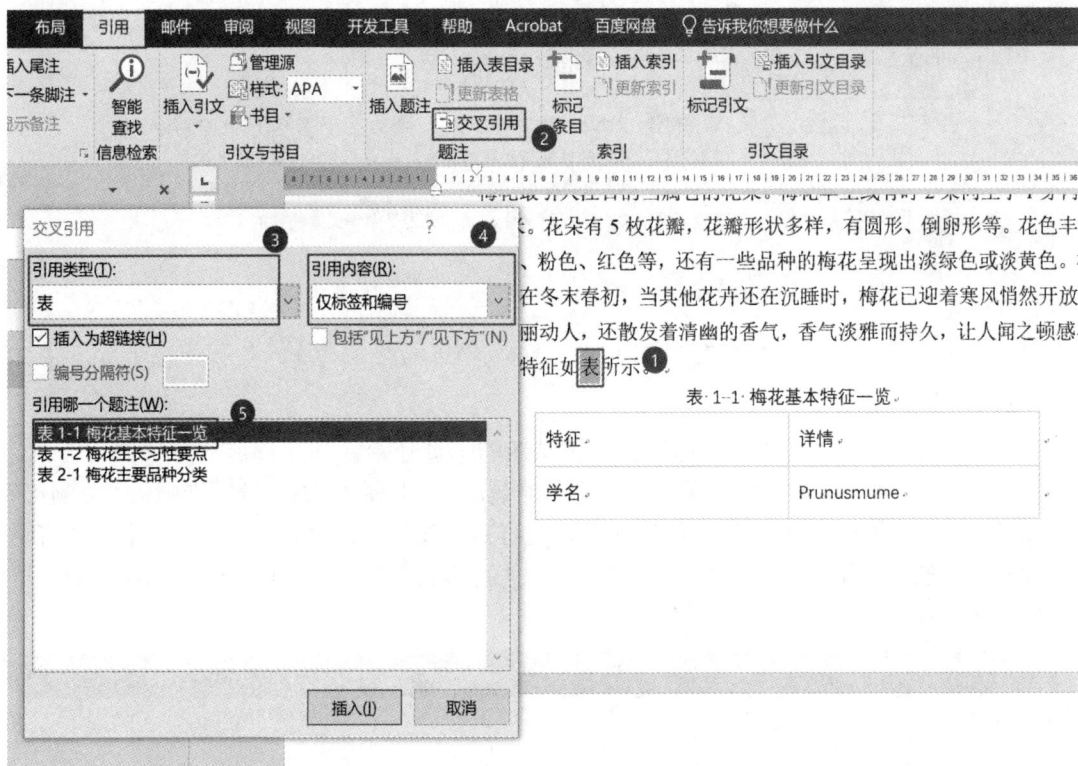

图 3-101　表的交叉引用

3.5.5　插入分隔符

根据排版的需求，可插入分隔符，实现分页、分节。若要在文中显示插入的分隔符，可按照 1.2.3 节中显示所有格式标记的方法打开格式标记。

1. 分节符

在文章标题前插入分节符，使标题前有一页空白页。分节符可以将整篇文章分成多节，为每节设置不同的格式，如页眉页脚、页边距等。

如图 3-102 所示，将光标定位到寒梅傲雪前面(①)，选择"布局"选项卡中的"分隔符"(②)，单击"分节符"中的"下一页"(③)，这样就在寒梅傲雪前插入了一个分节符。

图 3-102   插入分节符

2. 分页符

在每章之间都插入分节符，使每一章都从新的一页开始。

如图 3-103 所示，将光标定位到第 1 章的结尾(①)，选择"布局"选项卡中的"分隔符"(②)，单击"分页符"中的"分页符"(③)，这样就在第 1、2 章之间插入了一个分页符。用同样的方法，在第 2、3 章之间、第 3、4 章之间都插入分页符，使每一章都从新的一页开始。

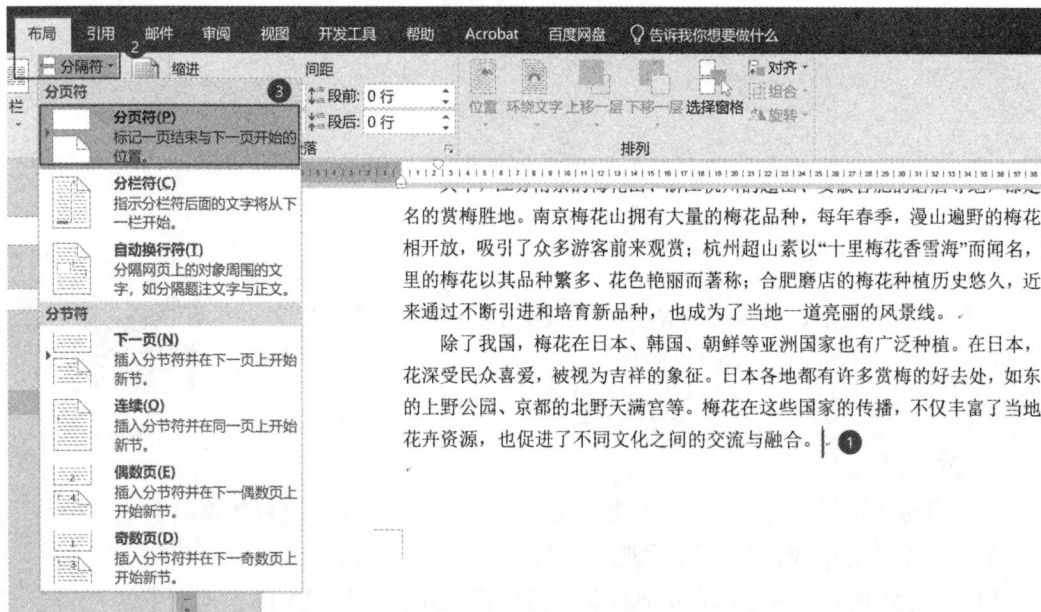

图 3-103   插入分页符

3.5.6　生成目录

生成目录

在第 1 页空白页中插入目录，步骤如下：

(1) 在第 1 页中输入"目录"两个字，设置为"标题 1"样式且居中显示。如果出现序号，直接删除即可。

(2) 如图 3-104 所示，将光标定位到"目录"下一行，选择"引用"选项卡的"目录"→"自定义目录"。在弹出的对话框中按默认设置，单击"确定"即可生成目录。

![图 3-104 生成目录界面截图]

图 3-104　生成目录

3.5.7　插入页眉页脚

插入页眉页脚

页眉页脚位于页面的顶部和底部，用来显示文档的附加信息，如作者信息、文章名、章节名、页码等。

1. 插入页眉

给文章添加页眉"梅花"，居中显示且目录页不显示页眉，步骤如下：

(1) 如图 3-105 所示，单击"插入"选项卡，在"页眉页脚"组中的页眉选择"编辑页眉"，进入页眉的编辑状态。

(2) 因为目录页没有页眉，所以要取消第 1 节与第 2 节的链接。将光标定位到第 2 节的页眉处(②)，单击"页眉和页脚"工具中的"链接到前一条页眉"(①)，即可取消这两节的链接，如图 3-106 所示。在页眉处输入"梅花"，即可完成页眉的插入。

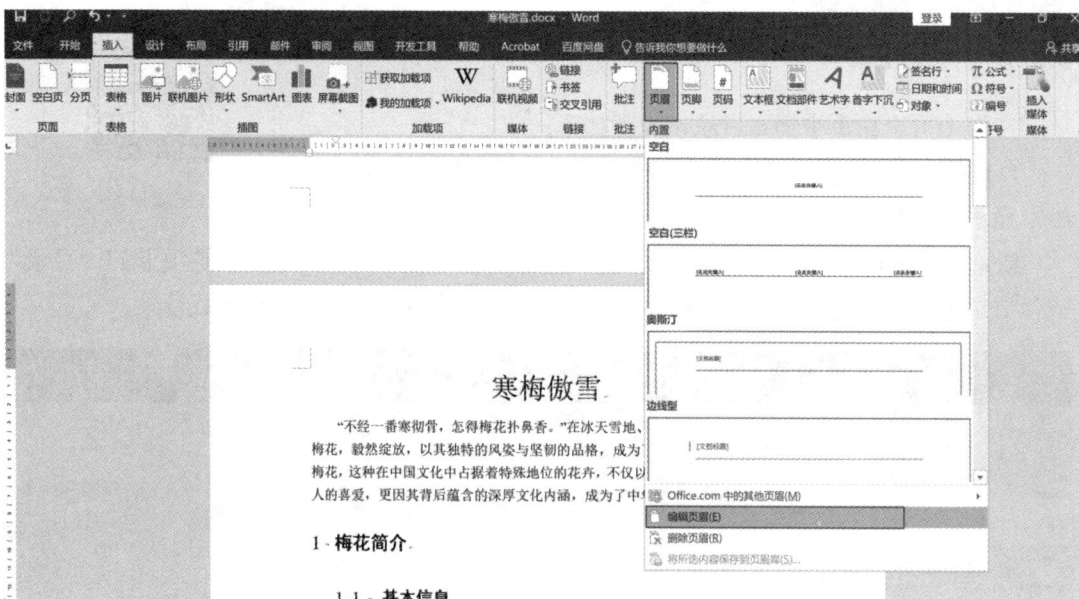

图 3-105　插入页眉

图 3-106　编辑页眉

2. 插入页脚

设置目录页的页码格式为"i，ii，iii……"，正文页的页码格式为"1，2，3……"，页码居中。

(1) 单击"插入"选项卡，选择页眉页脚组中的"页码"，选择"页面底端"→"普通数字2"，即可进入页脚的编辑状态。

(2) 如图 3-107 所示，将光标定位到目录页的页脚处(①)，选择"设计"→"页码"→

"设置页码格式"（②）。

图 3-107　编辑第 1 节页码

在弹出的"页码格式"对话框中，编号格式选择"i，ii，iii……"，起始页码选择"i"，单击"确定"即可完成目录页页码的设置，如图 3-108 所示。

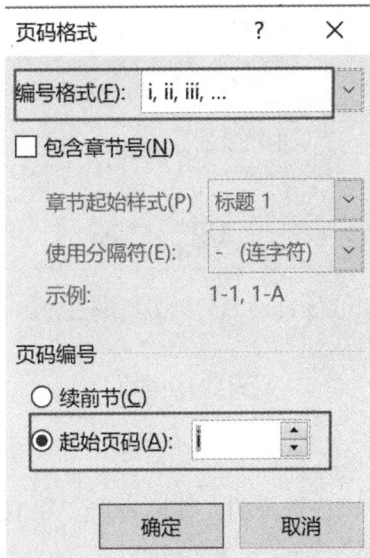

图 3-108　设置第 1 节页码格式

(3) 如图 3-109 所示，将光标定位到第 1 章的页脚处(①)，单击"链接到前一条页眉"，取消第 1 节和第 2 节的链接。

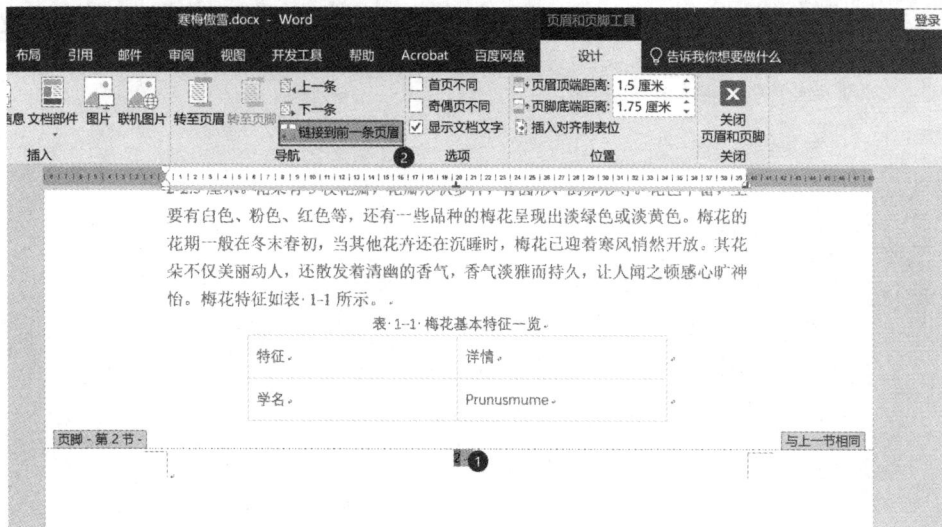

图 3-109　编辑第 2 节页码

选择"设计"→"页码"→"设置页码格式"，在弹出的"页码格式"对话框中，编号格式选择"1，2，3……"，起始页码选择"1"，单击"确定"即可完成正文页码的设置，如图 3-110 所示。

图 3-110　设置第 2 节页码格式

习　题

一、选择题

1. 在 Word 中保存文档时，应选择的文件格式是(　　)。

A．.docx　　　　　B．.pdf　　　　　C．.doc　　　　　D．.dotx

2. 需要单独设置某页纸张方向为横向，应插入的是(　　)。

A. 分页符　　　　B. 分栏符　　　　C. 分节符(下一页)　　D. 自动换行符

3. 设置"第一章→1.1→1.1.1"多级列表时，需通过(　　)。

A. 开始→项目符号　　　　　　　　B. 开始→多级列表→定义新列表样式

C. 布局→排序　　　　　　　　　　D. 引用→目录

4. 自动生成目录的前提是(　　)。

A. 手动输入标题文字　　　　　　　B. 应用了标题样式

C. 插入分节符　　　　　　　　　　D. 添加书签

5. 为图片添加"图 1-1"标签，需通过(　　)。

A. 插入→文本框　　　　　　　　　B. 引用→插入题注

C. 设计→水印　　　　　　　　　　D. 审阅→新建批注

6. 邮件合并时，数据源文件可以是(　　)。

A. Excel 表格　　　B. Access 数据库　　　C. TXT 文本文件　　　D. 以上均可

7. 脚注默认出现在(　　)。

A. 文档结尾　　　B. 页面底部　　　　C. 章节末尾　　　　D. 光标位置右侧

8. 合并多个子文档需通过(　　)。

A. 插入→对象→文件中的文字　　　B. 视图→大纲→创建子文档

C. 审阅→比较文档　　　　　　　　D. 引用→索引

9. 通过导航窗格不能实现(　　)。

A. 快速跳转标题　　　　　　　　　B. 搜索关键词

C. 调整段落顺序　　　　　　　　　D. 查看缩略图

10. 在 SmartArt 图形中添加文本的正确方式是(　　)。

A. 右键→添加形状　　　　　　　　B. 直接在图形中单击输入

C. 插入→文本框　　　　　　　　　D. 布局→文字环绕

二、操作题

习题素材位于"\第 3 章 word 案例\课后习题低碳生活倡议书(素材).docx"。

1. 设置正文所有中文格式为"宋体，小四"，西文为"Times New Roman"，行距为"1.5 倍"。

2. 将低碳生活倡议书应用"标题 1"，并修改标题 1 样式为"黑体，二号，深蓝色"，段前、段后为"1 行"，对齐方式为"居中"。

3. 将正文("为响应……"到"……共建绿色家园")首行缩进 2 字符。

4. 将最后两行右对齐。

5. 设置纸张大小为"A4"，上下页边距"2.5 cm"，左右"3 cm"。

6. 添加"环保"主题水印，字体为"宋体"。

7. 插入页眉"低碳生活倡议书"，页脚插入页码(X/Y 格式)。

8. 在"三、垃圾分类"后插入 3 行 3 列的表格，根据窗口调整表格并输入以下数据：

垃圾类型	占比	处理方式
可回收物	30%	循环利用
有害垃圾	5%	专业处理

第 4 章 Excel 电子表格高级应用

Excel 是一款功能强大的电子表格软件，主要用于数据的存储、计算、分析及可视化。它提供了丰富的数据处理工具，使用户可以轻松地进行数据输入、公式计算、数据排序与筛选，创建图表和透视图表以及应用各种数据格式化选项等。本章通过 4 个案例，从表格基本操作、筛选与成绩格式设置、公式与函数的基本应用、透视表和透视图 4 个方面来阐述 Excel 电子表格的使用。

学习目标

➢ 知识目标

- 掌握数据验证工具的使用方法。
- 掌握表格自动套用格式、条件格式等个性化表格样式的设置。
- 掌握多条件排序与高级筛选的实现逻辑。
- 掌握 VLOOKUP、SUMIFS 等函数的使用及函数嵌套方法。
- 熟悉数据透视图、簇状图、饼状图等数据可视化的设置方法。

➢ 能力目标

- 能够通过数据验证规则减少人工输入错误。
- 能够设置不同的表格样式以满足不同的需求。
- 能够使用函数进行表格数据的统计与分析。
- 能够使用高级筛选、排序等功能实现表格数据的灵活显示。
- 能够实现数据可视化。

➢ 素质目标

- 培养数据校验与备份的习惯。
- 培养标准化工作意识。
- 提升跨部门需求沟通能力。
- 培养处理复杂业务场景的模块化拆解思维。

4.1　表格基本操作——管理学生图书借阅数据

🔊 案例介绍

以学生图书借阅系统为例，进行一系列表格操作。通过重命名工作表、设置页面格式、输入数据、运用公式函数计算等操作，实现对学生图书借阅数据的有序管理。这有助于图书馆工作人员高效管理借阅信息，方便查询和统计，同时能让学校根据数据分析学生借阅习惯，合理优化图书资源配置，从而提升图书馆服务质量。

本案例素材位于"第 4 章　excel 案例\素材文件\案例 1"。

🔔 任务要求

(1) 输入相关内容：

• 创建并重命名工作表：将工作簿保存为"学生图书借阅情况表"，把 sheet1 重命名为首页，sheet2、sheet3、sheet4 依次重命名为借阅人信息表、图书信息表、图书借阅归还一览表。

• 首页工作表内容设置：设置不同区域背景色。插入图片、圆角矩形和文字，并设置字体格式，如将图书借阅系统设置为"白色，微软雅黑，36"。

• 设置工作表标签颜色：首页设置为"红色"，借阅人信息表为"绿色"，图书信息表为"蓝色"，图书借阅归还一览表为"黄色"。

• 设置超链接：在首页选中对应矩形边框，通过"插入"→"超链接"链接到各工作表的 A1 单元格。

(2) 修改借阅人信息表、图书信息表和图书借阅归还一览表：

• 填充单元格内容：对借阅人信息表使用快捷键 Ctrl + E 填充姓名，对图书信息表填充图书编号。

• 合并单元格：合并各表标题单元格，设置字体为"微软雅黑，20 号"，同时合并图书借阅归还一览表部分相关单元格。

(3) 插入或删除行和列及设置行高列宽：

• 行列操作：删除借阅人信息表第 10 行和备注列。

• 行高列宽设置：设置 3 个表第 1 行行高为"25 磅"，图书借阅归还一览表第 7 行为"30 磅"，调整借阅人信息表 D 列列宽，设置图书借阅归还一览表数据对齐方式。

(4) 设置数据有效性和插入批注：

• 手机号设置：对借阅人信息表中的联系电话列设置数据有效性，限定输入为 11 位整数并设置出错警告。

• 性别序列设置：为借阅人信息表的性别列设置自动填充序列(如男、女)。

• 添加批注：给图书信息表的 A1 单元格添加批注。

(5) 设置表格自动套用格式和边框线：

- 自动套用格式：为借阅人信息表和图书信息表设置表格格式并取消"筛选"按钮。

- 底纹和边框设置：设置各表标题单元格底纹和边框，如借阅人信息表标题底纹为"双色角部辐射"。

(6) 公式和函数的简单应用：

- 计算总价：在图书信息表中使用公式计算总价，并设置为货币格式。

- 计算借阅天数：在借阅登记一览表中计算借阅天数。

- 统计数据：在借阅登记一览表中使用函数统计借阅人数量、男女生人数及图书损坏情况。

(7) 保护工作表和工作簿：

- 设置保护工作表：对图书借阅归还一览表设置保护，并设置密码。

- 撤销保护工作表：以图书借阅归还一览表为例，撤销工作表保护。

- 保护工作簿：保护工作簿的结构和窗口，并设置密码。

(8) 隐藏其余单元格及隐藏网格线和标题：

- 隐藏单元格：隐藏首页工作表中的部分行列。

- 隐藏网格线和标题：在"视图"选项卡中取消勾选"网格线"和"标题"。

完成效果

本案例的完成效果如图 4-1、图 4-2、图 4-3 所示。

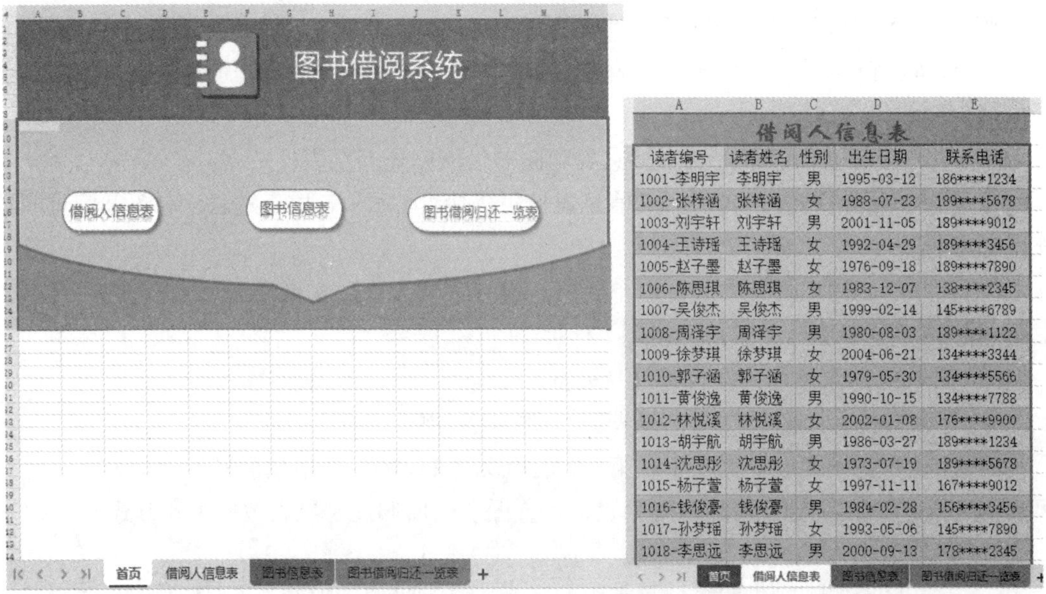

图 4-1 学生图书借阅系统完成效果(一)

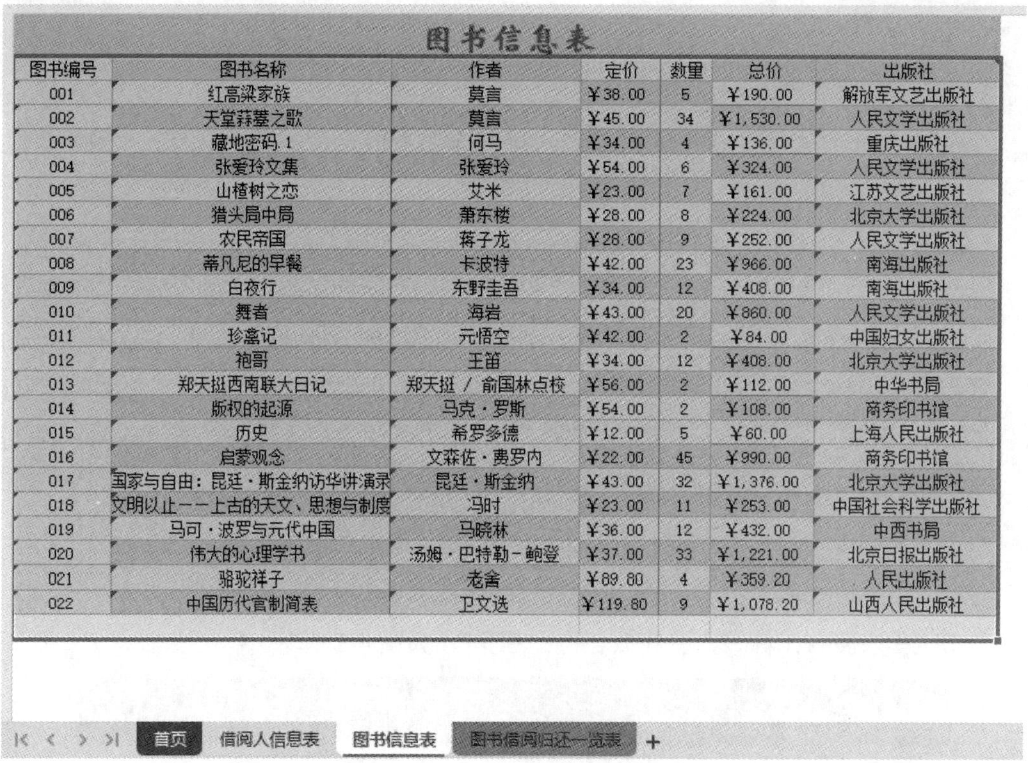

图 4-2 学生图书借阅系统完成效果(二)

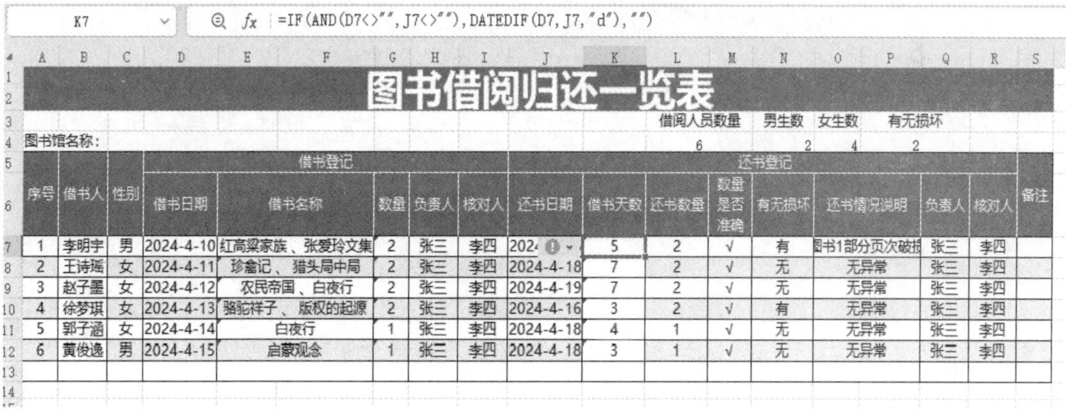

图 4-3 学生图书借阅系统完成效果(三)

4.1.1 输入相关内容

1. 创建并重命名工作表

打开学生图书借阅系统原始数据文件,选择"文件"→"另存为"(①),保存工作簿并命名为"学生图书借阅情况表"(②),如图4-4 所示。

输入相关内容

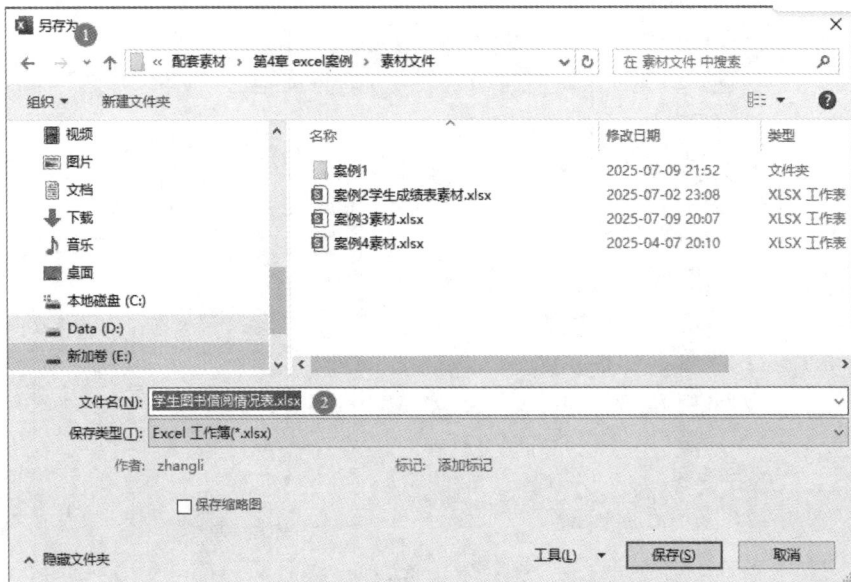

图 4-4　保存工作簿

双击工作表 sheet1 标签，将其命名为"首页"，如图 4-5 所示。

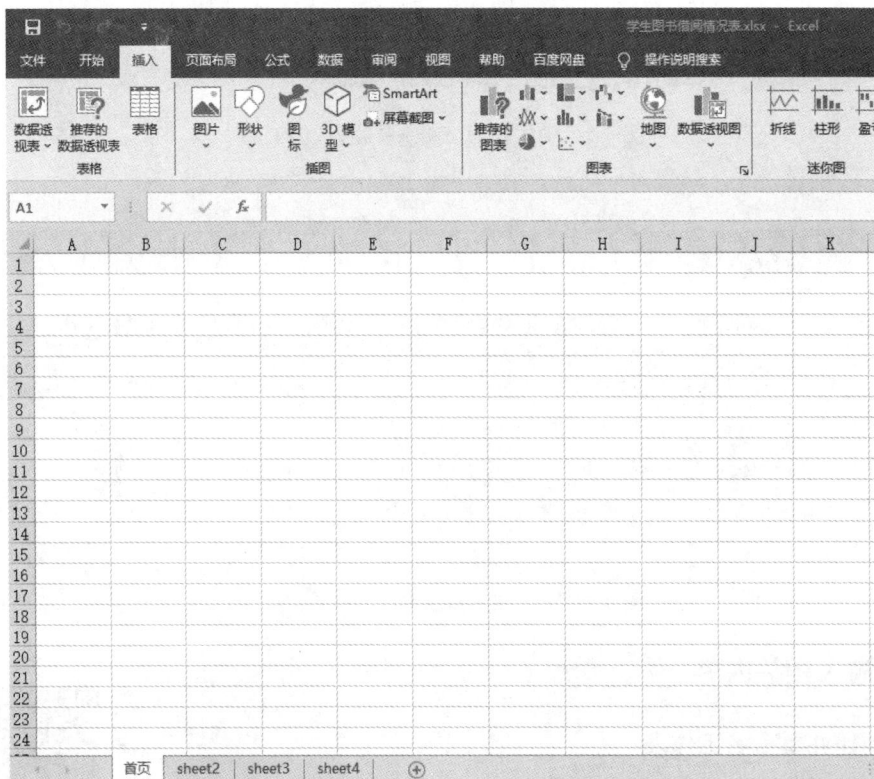

图 4-5　重命名标签

右键分别单击工作表 sheet2、sheet3、sheet4 标签，选择"重命名"，依次重命名为"借阅人信息表"(①)、"图书信息表"(②)、"图书借阅归还一览表"(③)，如图 4-6 所示。

序号	借书人	性别	借书日期	图书名称	数量	负责人	核对人	还书日期	借书天数	还书数量	量是否准	有无损坏	书情况说明	负责人	核对人	备注
1	李明宇	男	45392	家族、张爱玲文集	2	张三	李四	45397	2		√	有	部分页次破损	张三	李四	
2	王诗琁	女	45393	、猎头局中局	2	张三	李四	45400	2		√	无	无异常	张三	李四	
3	赵子墨	女	45394	帝国、白夜行	2	张三	李四	45401	2		√	无	无异常	张三	李四	
4	徐梦琪	女	45395	子、版权的起源	2	张三	李四	45398	2		√	有	无异常	张三	李四	
5	郭子涵	女	45396	白夜行	1	张三	李四	45400	1		√	无	无异常	张三	李四	
6	黄俊逸	男	45397	启蒙观念	1	张三	李四	45400	1		√	无	无异常	张三	李四	

（表头区域：图书借阅归还一览表；借阅人员数量　男生数　女生数　有无损坏；图书馆名称：）

图 4-6　依次重命名标签

2. 首页工作表中输入相关标题、文字和图片

选中 A1:N8 单元格，设置背景颜色的颜色模式为 RGB(红色:192、绿色:80、蓝色:77)。选中 A9:N25 单元格(①)，设置颜色模式为 RGB(红色:252、绿色:221、蓝色:207)(②)，如图 4-7 所示。

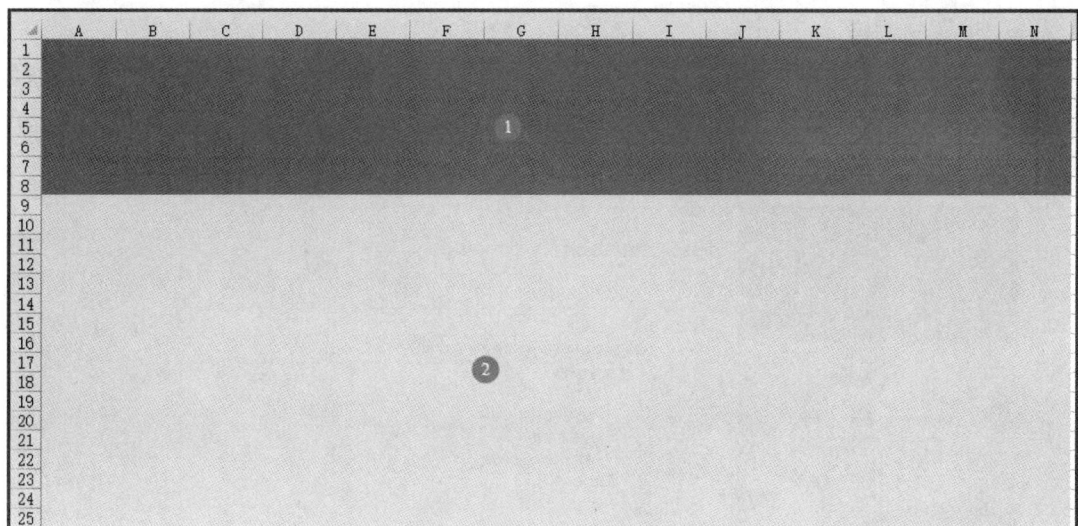

图 4-7　设置背景颜色效果

在合适位置插入图片(①)、圆角矩形文本框和文字，图书借阅系统(②)字体设置为"白色，微软雅黑，36 号"，圆角矩形中的文字为"微软雅黑，18"(③)，"首页"工作表设置效果如图 4-8 所示。

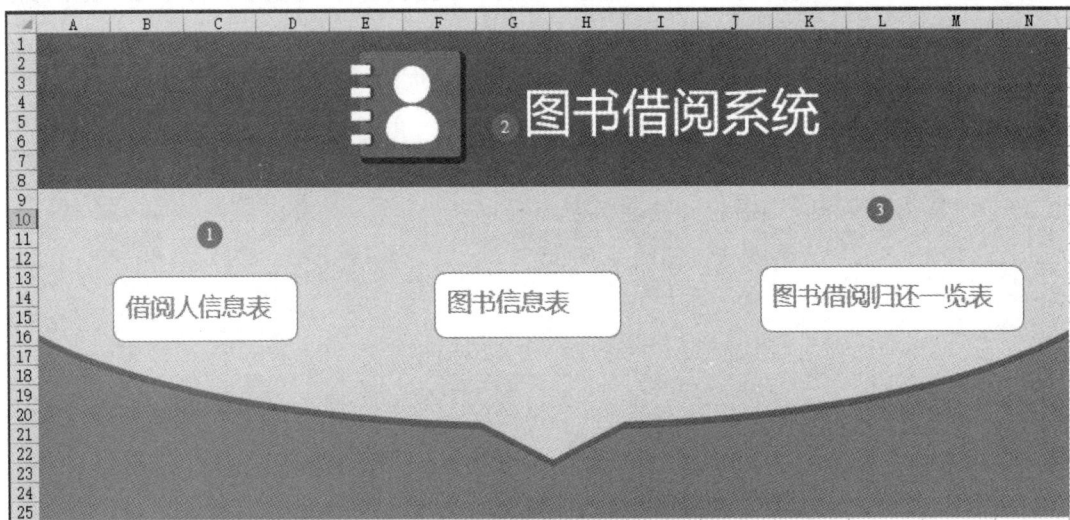

图 4-8　首页工作表设置效果

3. 设置工作表标签颜色

右键单击首页标签，选择工作表标签颜色，设置为"红色"。按照同样的方法，将借阅人信息表标签颜色设置为"绿色"，图书信息表设置为"蓝色"，图书借阅归还一览表设置为"黄色"，如图 4-9 所示。

图 4-9　设置工作表标签颜色

4. 设置超链接

选中首页工作表借阅人信息表的矩形边框(①)，单击"插入"→"超链接"，在弹出的"插入超链接"对话框中选择"本文档中的位置"(②)，然后选择借阅人信息表中的 A1 单元格(③)，单击"确定"，如图 4-10 所示。

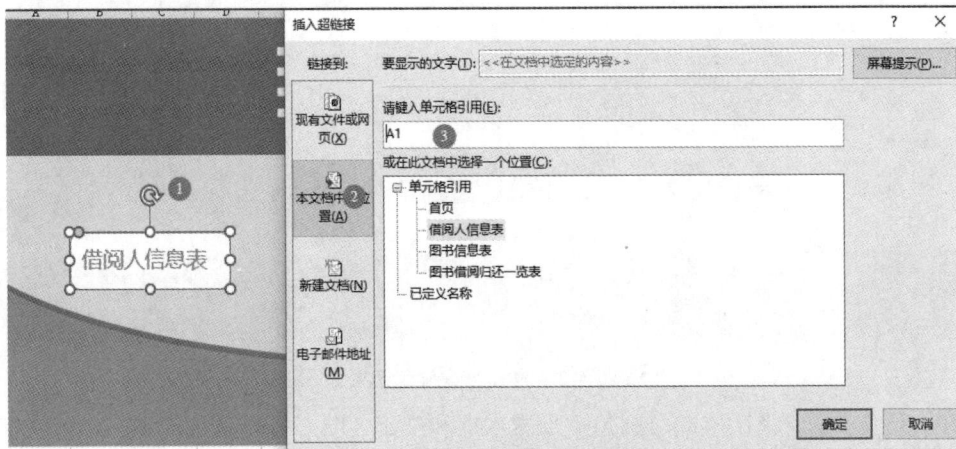

图 4-10　超链接到借阅人信息表

按照相同的方法，设置超链接到图书信息表的 A1 单元格，以及超链接到图书借阅归还一览表的 A1 单元格，如图 4-11 所示。

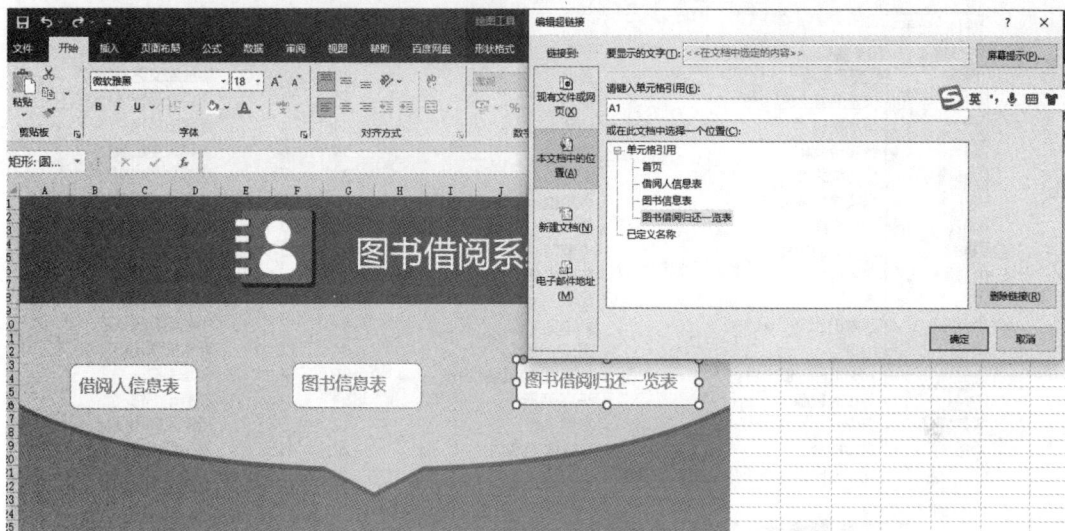

图 4-11　超链接到图书信息表

4.1.2　修改借阅人信息表、图书信息表和图书借阅归还一览表

1. 填充读者姓名、图书编号单元格

在借阅人信息表的 B3 单元格中输入"李明宇"(①)，选中 B4 单元格，使用快捷键 Ctrl + E 自动为 B4:B29 单元格填充其他姓名(②)，如图 4-12 所示。

修改借阅人信息表、
图书信息表、
图书借阅归还一览表

图 4-12　填充姓名

在图书信息表中的 A3 单元格输入 "'001"，鼠标放在 A3 单元格，拖动填充柄(右下角十字)至目标行，自动填充递增编号，如图 4-13 所示。

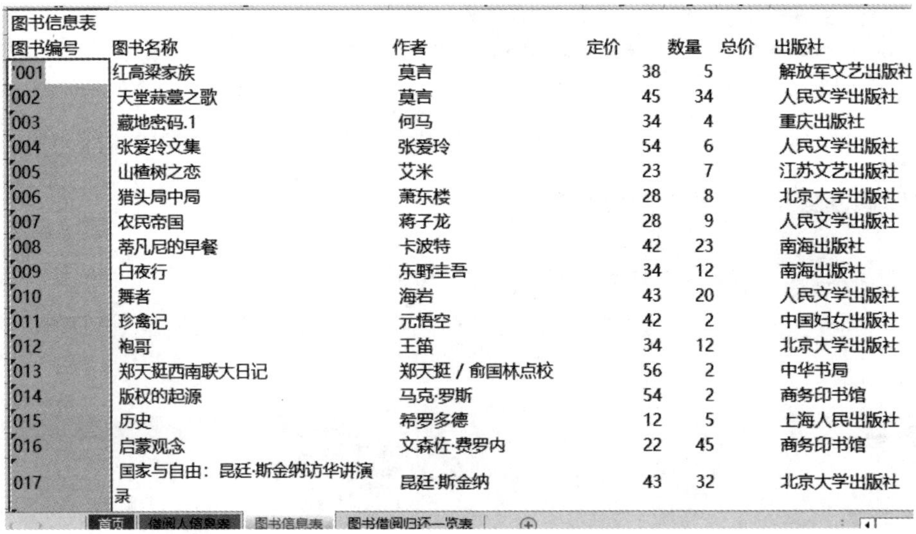

图书信息表						
图书编号	图书名称	作者	定价	数量	总价	出版社
'001	红高粱家族	莫言	38	5		解放军文艺出版社
'002	天堂蒜薹之歌	莫言	45	34		人民文学出版社
'003	藏地密码.1	何马	34	4		重庆出版社
'004	张爱玲文集	张爱玲	54	6		人民文学出版社
'005	山楂树之恋	艾米	23	7		江苏文艺出版社
'006	猎头局中局	萧东楼	28	8		北京大学出版社
'007	农民帝国	蒋子龙	28	9		人民文学出版社
'008	蒂凡尼的早餐	卡波特	42	23		南海出版社
'009	白夜行	东野圭吾	34	12		南海出版社
'010	舞者	海岩	43	20		人民文学出版社
'011	珍禽记	元悟空	42	2		中国妇女出版社
'012	袍哥	王笛	34	12		北京大学出版社
'013	郑天挺西南联大日记	郑天挺 / 俞国林点校	56	2		中华书局
'014	版权的起源	马克·罗斯	54	2		商务印书馆
'015	历史	希罗多德	12	5		上海人民出版社
'016	启蒙观念	文森佐·费罗内	22	45		商务印书馆
'017	国与自由：昆廷·斯金纳访华讲演录	昆廷·斯金纳	43	32		北京大学出版社

图 4-13   填充图书编号

2. 合并单元格

选中借阅人信息表中的 A1:E1 单元格，单击 "开始" → "对齐方式" → "合并后居中"，将这些单元格合并为一个单元格，并设置 "标题" 字体格式为 "微软雅黑，20"，如图 4-14 所示。

图 4-14   借阅人信息表合并标题单元格

用同样的方式设置图书信息表和图书阅览归还一览表的标题字体格式为 "微软雅黑，20"，如图 4-15、图 4-16 所示。

图 4-15   图书信息表合并标题单元格

图 4-16   图书借阅归还一览表合并标题单元格

合并图书借阅归还一览表中借阅人员数量(①)、有无损坏(②)、序号(③)、借书人、性别(④)、借书登记、还书登记(⑤)和备注单元格，如图 4-17 所示。

图 4-17　合并其他单元格

3. 插入或删除行和列

删除借阅人信息表第 10 行信息(①)，即选中要删除的行，右键单击行号，选择"删除"(②)，如图 4-18 所示。

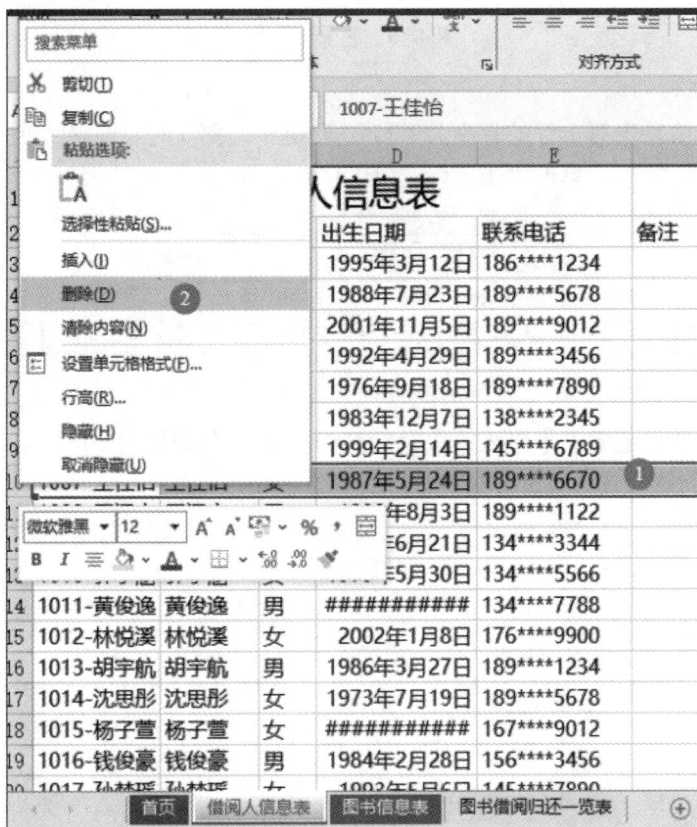

图 4-18　删除行

删除借阅人信息表备注列，即单击"备注"列，选择"删除"，如图 4-19 所示。

图 4-19　删除备注列

4. 设置行高和列宽

设置借阅人信息表第 1 行的行高为"25"。右键单击第 1 行，选择"单元格"→"格式"→"行高"，输入"25"，单击"确定"，如图 4-20 所示。

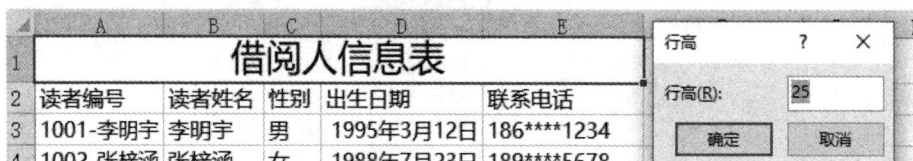

图 4-20　设置行高

用同样的方法设置图书信息表第 1 行行高为"25"。图书借阅归还一览表第 1 行行高为"25"(①)，第 7 行行高为"30"(②)，如图 4-21 所示。

图 4-21　设置其他行高

调整借阅人信息表的 D 列列宽为合适列宽，即右键单击 D 列，选择"格式"→"列宽"，选择"自动调整列宽"，单击"确定"，调整后的列宽可显示出生日期全部信息，如图 4-22 所示。

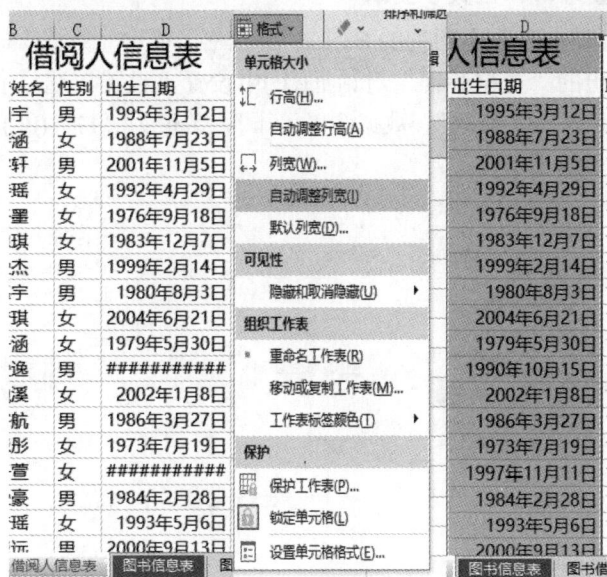

图 4-22　自动调整列宽

选中图书借阅归还一览表中的数据，在"设置单元格格式"对话框中选择"对齐"→"文本对齐方式"，水平对齐、垂直对齐均为"居中"，单击"确定"，如图 4-23 所示。

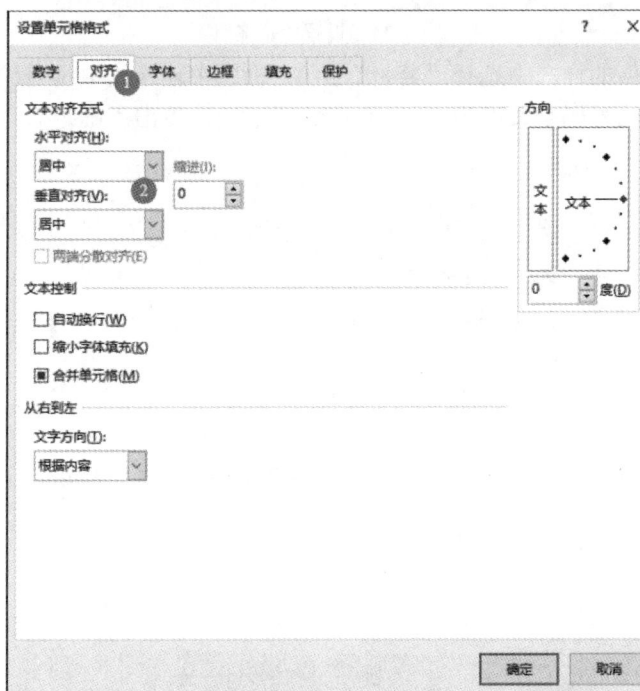

图 4-23　设置单元格格式

4.1.3 设置数据有效性和插入批注

1. 将手机号设置为 11 位数字显示

选中借阅人信息表中联系电话列的 E3:E29 单元格，单击"数据"→"数据验证"，在弹出的"数据验证"对话框(①)中设置"设置"选项卡中的"验证条件"，允许为"整数"，数据为"等于"，数值为"11"(②)，单击"确定"，如图 4-24 所示。

设置数据有效性和
插入批注

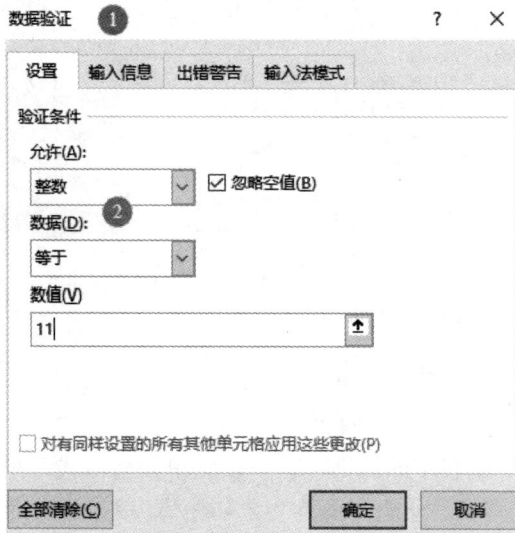

图 4-24　设置验证条件

在"出错警告"的样式中选择"警告"(①)，标题中输入"电话号码输入错误"(②)，错误信息输入"电话号码是长度为 11 位的整数！"(③)，单击"确定"，如图 4-25 所示。

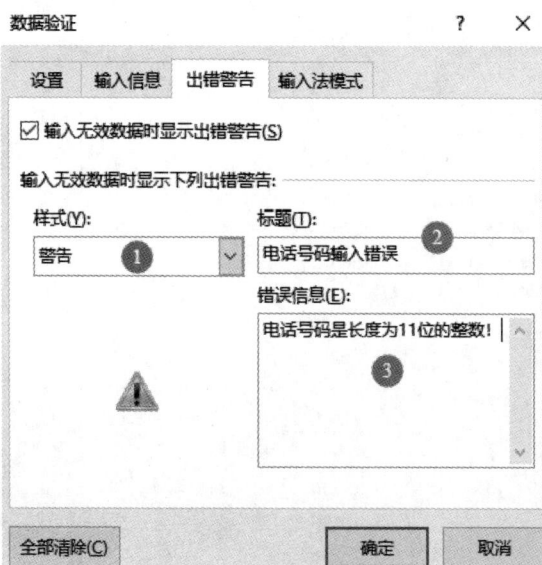

图 4-25　设置出错警告

2. 设置性别自动填充序列

选中借阅人信息表中性别列的数据 C3:C29 单元格，单击"数据"→"数据验证"，在"数据验证"对话框的"设置"选项卡中设置"验证条件"，允许为"序列"(①)，在来源中输入"男,女"(英文逗号分隔)(②)，勾选"提供下拉箭头"(③)，单击"确定"，如图 4-26 所示。

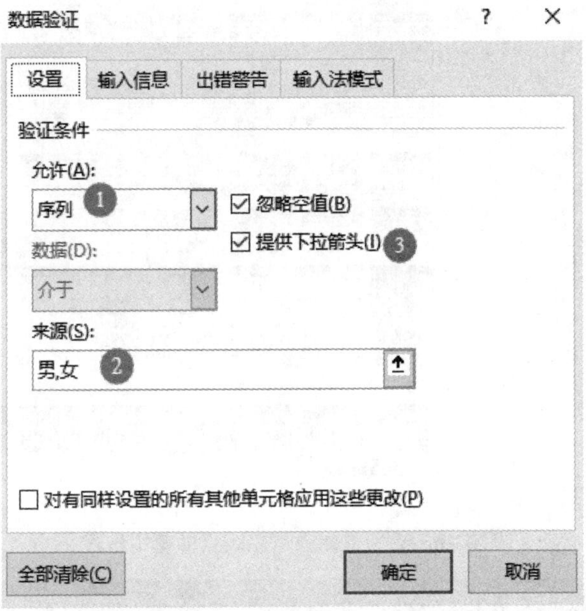

图 4-26　设置性别自动填充

3. 为图书信息表添加批注

选中图书信息表的 A1 单元格，单击"审阅"→"新建批注"，在弹出的"批注"窗口中输入"这里记录图书的详细信息"，作者处输入"图书管理员"，如图 4-27 所示。

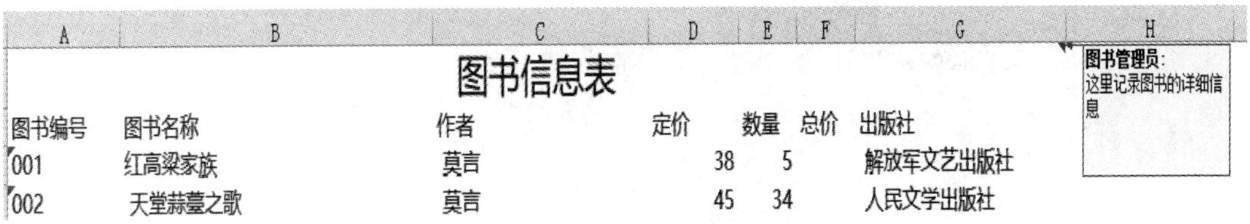

图 4-27　添加批注

4.1.4　设置表格自动套用格式和边框线

1. 设置表格自动套用格式

设置借阅人信息表格式，选择"套用表格样式"下拉菜单(①)，在浅色样式中选择"浅蓝，表样式浅色 16"(②)，如图 4-28 所示。

在表设计选项中，取消勾选"筛选按钮"，如图 4-29 所示。

设置表格自动套用
格式和边框线

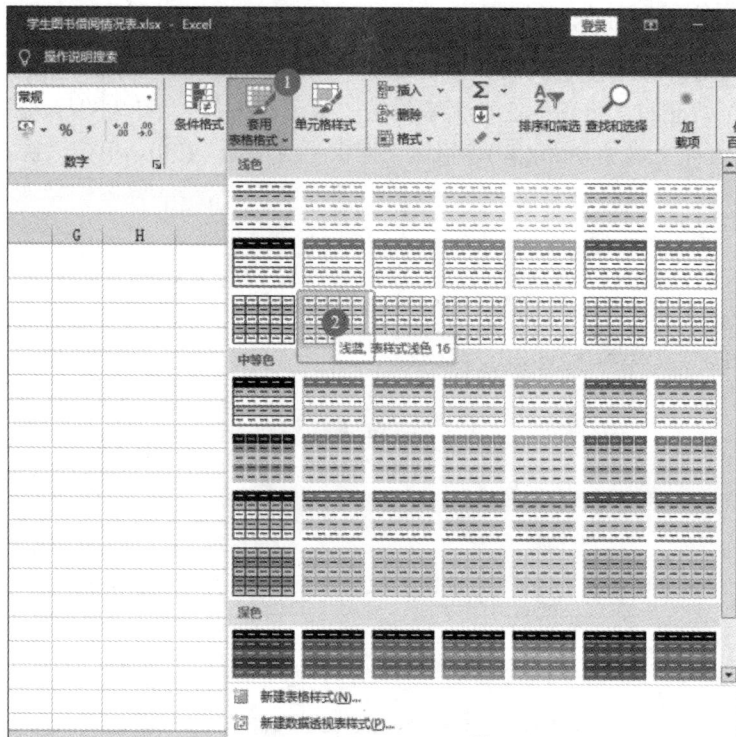

图 4-28　设置借阅人信息表自动套用格式

图 4-29　设置表格样式(一)

设置图书信息表的"表格自动套用格式"为"浅橙色，表样式浅色 17"，取消勾选"筛选按钮"，如图 4-30 所示。

图书编号	图书名称	作者	定价	数量	总价	出版社
001	红高粱家族	莫言	38	5		解放军文艺出版社
002	天堂蒜薹之歌	莫言	45	34		人民文学出版社
003	藏地密码.1	何马	34	4		重庆出版社
004	张爱玲文集	张爱玲	54	6		人民文学出版社
005	山楂树之恋	艾米	23	7		江苏文艺出版社
006	猎头局中局	萧东楼	28	8		北京大学出版社
007	农民帝国	蒋子龙	28	9		人民文学出版社
008	蒂凡尼的早餐	卡波特	42	23		南海出版社
009	白夜行	东野圭吾	34	12		南海出版社
010	舞者	海岩	43	20		人民文学出版社
011	珍禽记	元悟空	42	2		中国妇女出版社
012	枪哥	王笛	34	12		北京大学出版社
013	郑天挺西南联大日记	郑天挺 / 俞国林点校	56	2		中华书局
014	版权的起源	马克·罗斯	54	2		商务印书馆
015	历史	希罗多德	12	5		上海人民出版社
016	启蒙观念	文森佐·费罗内	22	45		商务印书馆
017	国家与自由：昆廷·斯金纳访华讲演录	昆廷·斯金纳	43	32		北京大学出版社
018	文明以止——上古的天文、思想与制度	冯时	23	11		中国社会科学出版社
019	马可·波罗与元代中国	马晓林	36	12		中西书局
020	伟大的心理学书	汤姆·巴特勒-鲍登	37	33		北京日报出版社
021	骆驼祥子	老舍	89.8	4		人民出版社
022	中国历代官制简表	卫文选	119.8	9		山西人民出版社

图 4-30 设置表格样式(二)

2. 设置单元格底纹和边框

设置借阅人信息表的标题单元格底纹"填充效果"为"双色"(①)、"角部辐射"(②)，颜色 2 为"蓝色个性 1"，单击"确定"，如图 4-31 所示。

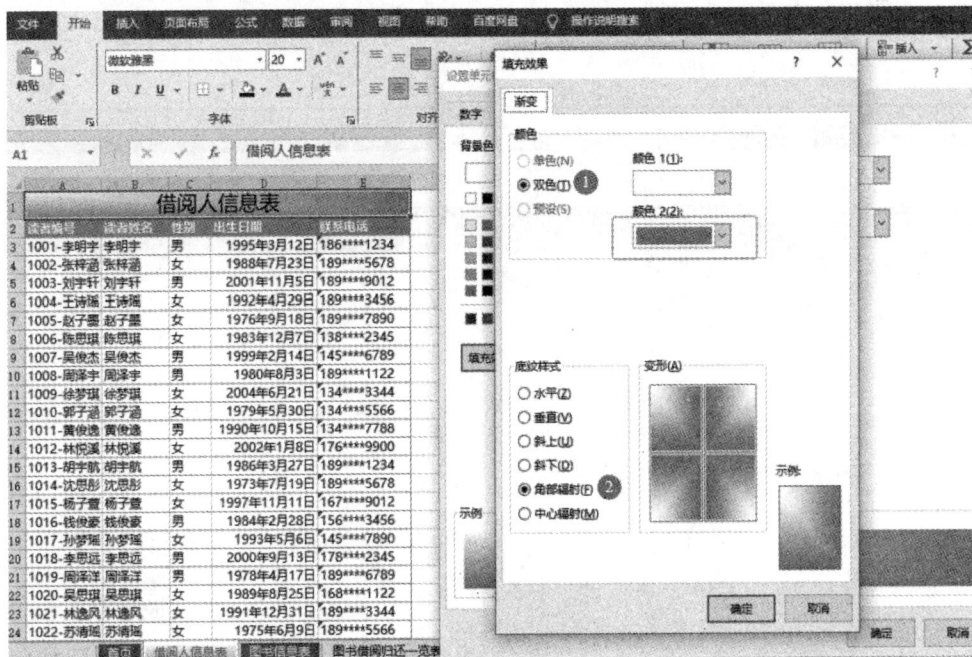

图 4-31 底纹填充效果

设置图书信息表标题单元格底纹为"橙色，个性 2，淡色 60%"，单击"确定"，如图 4-32 所示。

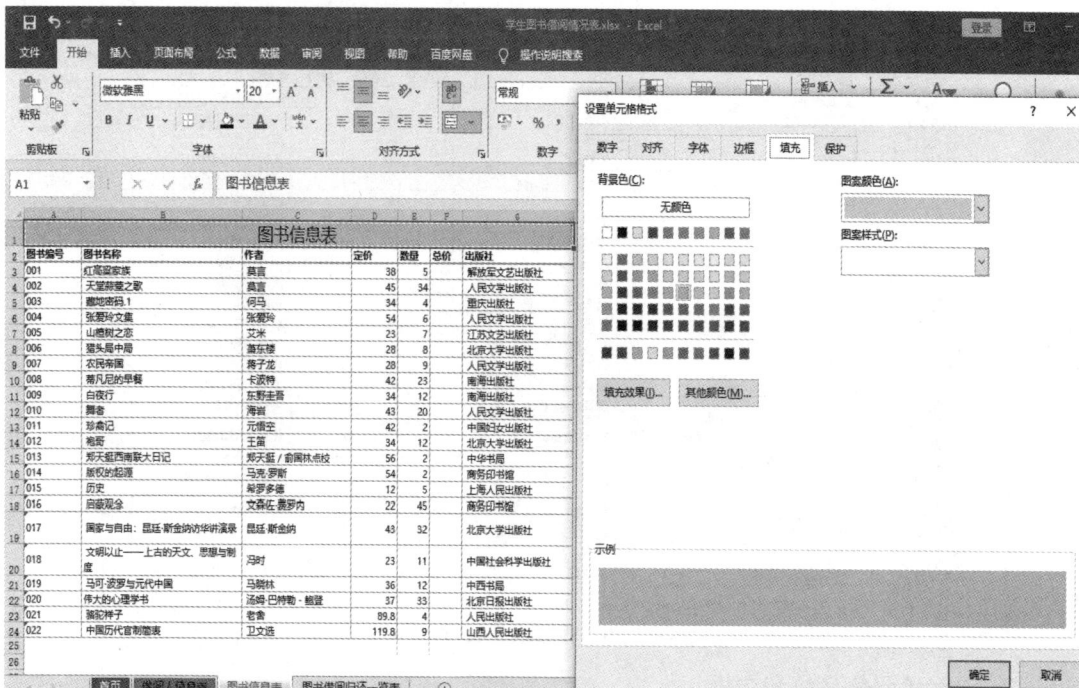

图 4-32　设置单元格底纹

设置图书借阅归还一览表的标题为"深红色底纹"，字体为"白色加粗"(①)，表格内容部分表头为"白色框线"(②)、"深红色底纹"，内容为"黑色框线"(③)，如图 4-33 所示。

图 4-33　设置标题底纹和框线

4.1.5　公式和函数的简单应用

在图书信息表中计算总价，即在 F3 单元格中输入"=D3*E3"，双击填充柄完成填充，设置单价和总价列数据格式为"货币符号"；选中 D 列和 F 列，单击右键选择"设置单元格格式"→"货币"，保留两位小数，如图 4-34 所示。

公式和函数的简单应用

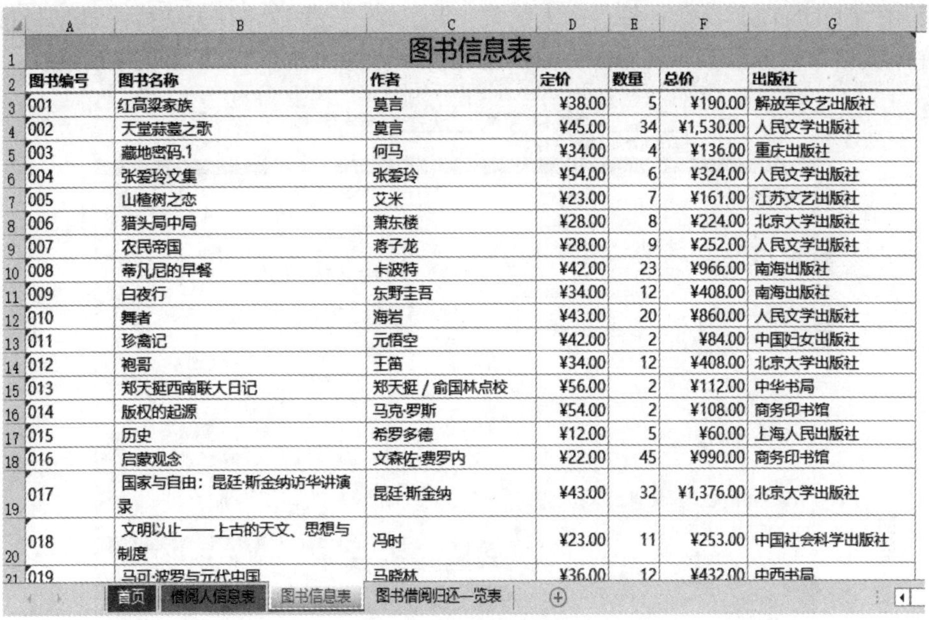

图书信息表						
图书编号	图书名称	作者	定价	数量	总价	出版社
001	红高粱家族	莫言	¥38.00	5	¥190.00	解放军文艺出版社
002	天堂蒜薹之歌	莫言	¥45.00	34	¥1,530.00	人民文学出版社
003	藏地密码.1	何马	¥34.00	4	¥136.00	重庆出版社
004	张爱玲文集	张爱玲	¥54.00	6	¥324.00	人民文学出版社
005	山楂树之恋	艾米	¥23.00	7	¥161.00	江苏文艺出版社
006	猎头局中局	萧东楼	¥28.00	8	¥224.00	北京大学出版社
007	农民帝国	蒋子龙	¥28.00	9	¥252.00	人民文学出版社
008	蒂凡尼的早餐	卡波特	¥42.00	23	¥966.00	南海出版社
009	白夜行	东野圭吾	¥34.00	12	¥408.00	南海出版社
010	舞者	海岩	¥43.00	20	¥860.00	人民文学出版社
011	珍禽记	元悟空	¥42.00	2	¥84.00	中国妇女出版社
012	袍哥	王笛	¥34.00	12	¥408.00	北京大学出版社
013	郑天挺西南联大日记	郑天挺 / 俞国林点校	¥56.00	2	¥112.00	中华书局
014	版权的起源	马克·罗斯	¥54.00	2	¥108.00	商务印书馆
015	历史	希罗多德	¥12.00	5	¥60.00	上海人民出版社
016	启蒙观念	文森佐·费罗内	¥22.00	45	¥990.00	商务印书馆
017	国家与自由：昆廷·斯金纳访华讲演录	昆廷·斯金纳	¥43.00	32	¥1,376.00	北京大学出版社
018	文明以止——上古的天文、思想与制度	冯时	¥23.00	11	¥253.00	中国社会科学出版社
019	马可·波罗与元代中国	马晓林	¥36.00	12	¥432.00	中西书局

图 4-34　设置货币

在借阅登记一览表中通过借书日期和还书日期计算借阅天数，即在 J 列的 J7 单元格中输入公式“=IF(AND(D7<>"",J7<>""),DATEDIF(D7,J7,"d"),"")”。这个公式的意思是，如果还书日期和借书日期都不为空，则计算两者的差值作为借阅天数，否则返回空值，单击“确定”，如图 4-35 所示。

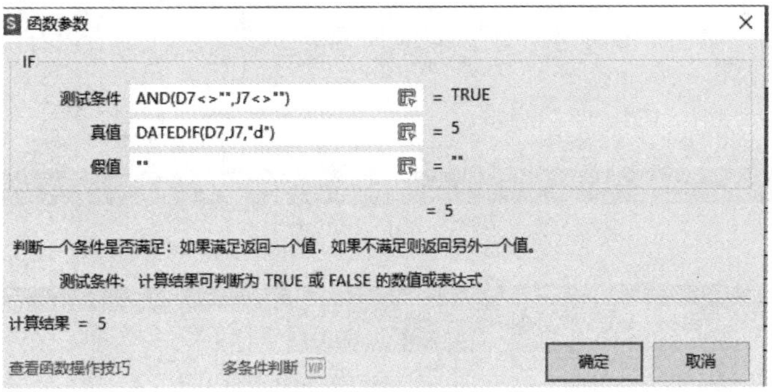

图 4-35　计算借阅天数

输入公式后，按回车键，将鼠标指针移到该单元格右下角，当指针变为黑色十字时，按住鼠标左键向下拖动，将公式应用到其他行，如图 4-36 所示。

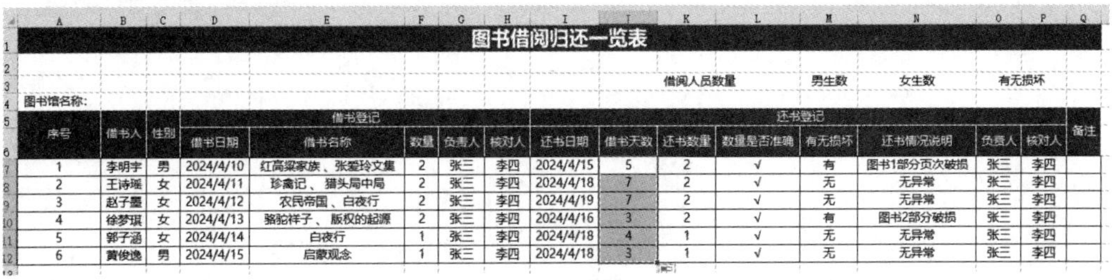

图书借阅归还一览表																
										借阅人员数量		男生数	女生数	有无损坏		
图书馆名称:																
序号	借书人	性别	借书登记					还书登记								备注
			借书日期	借书名称	数量	负责人	核对人	还书日期	借书天数	还书数量	数量是否准确	有无损坏	还书情况说明	负责人	核对人	
1	李明宇	男	2024/4/10	红高粱家族、张爱玲文集	2	张三	李四	2024/4/15	5	2	√	有	图书1部分页次破损	张三	李四	
2	王诗瑶	女	2024/4/11	珍禽记、猎头局中局	2	张三	李四	2024/4/18	7	2	√	无	无异常	张三	李四	
3	赵子墨	女	2024/4/12	农民帝国、白夜行	2	张三	李四	2024/4/19	7	2	√	无	无异常	张三	李四	
4	徐梦琪	女	2024/4/13	骆驼祥子、版权的起源	2	张三	李四	2024/4/16	3	2	√	有	图书2部分破损	张三	李四	
5	郭子涵	女	2024/4/14	白夜行	1	张三	李四	2024/4/18	4	1	√	无	无异常	张三	李四	
6	黄俊逸	男	2024/4/15	启蒙观念	1	张三	李四	2024/4/18	3	1	√	无	无异常	张三	李四	

图 4-36　将公式应用到其他行

使用"COUNTA"函数计算借阅人数量，男生数、女生数和有无破损，即选中 J4 单元格，在单元格中输入函数"=COUNTA(B7:B12)"，单击"确定"，如图 4-37 所示。

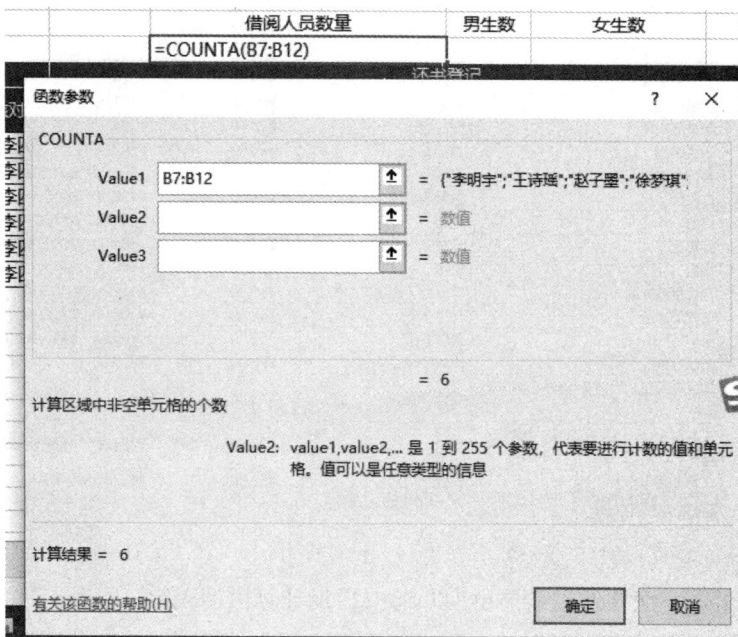

图 4-37 统计人数

选择 M4 单元格，在单元格中输入"COUNIF"函数，范围选择"C7:C12"(①)，条件输入"'男'"(②)，单击"确定"，如图 4-38 所示。

图 4-38 统计男生人数

使用同样的方法计算女生数(①)和书本有无损坏(②)，如图 4-39 所示。

=COUNTIF(M7:M12,"有")　②

D	E	F	G	H	I	J	K	L	M	N	O P	Q
				图书借阅归还一览表								
					借阅人员数量		男生数		女生数		有无损坏	
					6		2		①　4		2	
	借书登记						还书登记					
书日期	借书名称	数量	负责人	核对人	还书日期	借书天数	还书数量	数量是否准确	有无损坏	还书情况说明	负责人 核对人	备注
24/4/10	红高粱家族、张爱玲文集	2	张三	李四	2024/4/15	5	2	√	有	图书1部分页次破损	张三 李四	
24/4/11	珍禽记、猎头局中局	2	张三	李四	2024/4/18	7	2	√	无	无异常	张三 李四	
24/4/12	农民帝国、白夜行	2	张三	李四	2024/4/19	7	2	√	无	无异常	张三 李四	
24/4/13	骆驼祥子、版权的起源	2	张三	李四	2024/4/16	3	2	√	有	图书2部分破损	张三 李四	
24/4/14	白夜行	1	张三	李四	2024/4/18	4	1	√	无	无异常	张三 李四	
24/4/15	启蒙观念	1	张三	李四	2024/4/18	3	1	√	无	无异常	张三 李四	

图 4-39　统计女生数和书本有无损坏

4.1.6　保护工作表和工作簿

1. 设置保护工作表

保护工作表和工作簿

单击"审阅"→"保护工作表",在弹出的"取消工作表保护时使用的密码"对话框中输入密码"123456"(①)(可根据实际需求修改),勾选需要保护的选项(如选定锁定单元格等),单击"确定",如图 4-40 所示。

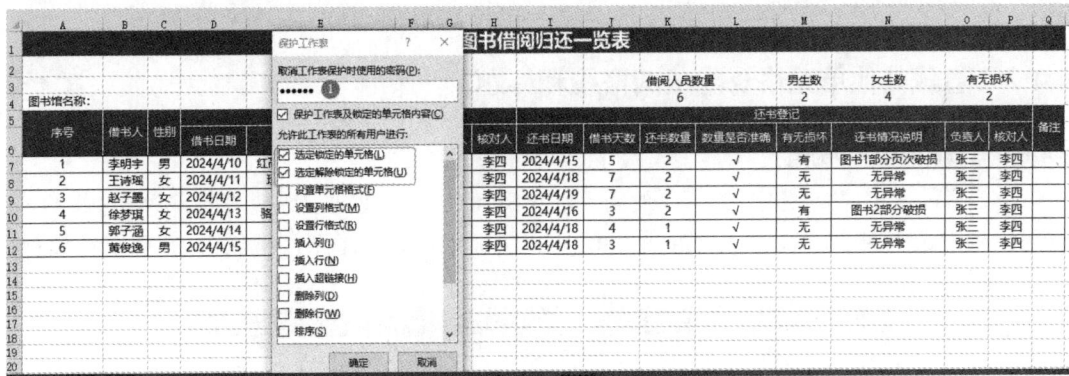

图 4-40　设置保护工作表

在"确认密码"对话框中重新输入密码,单击"确定",如图 4-41 所示。

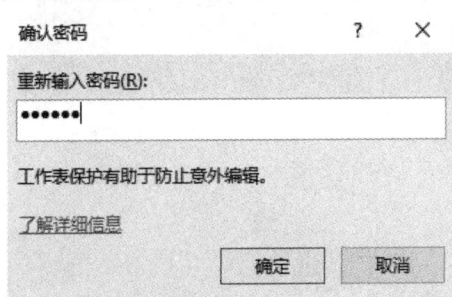

图 4-41　确认密码

2. 撤销保护工作表

以图书借阅归还一览表为例，选择"撤销保护工作表"(界面中"撤消"为错误用词)，输入"密码"，撤销工作表保护，单击"确定"，如图 4-42 所示。

3. 保护工作簿

选择"保护工作簿"，设置"保护结构和窗口"，输入"密码"，勾选"结构"，如图 4-43 所示。

图 4-42　撤销工作表保护

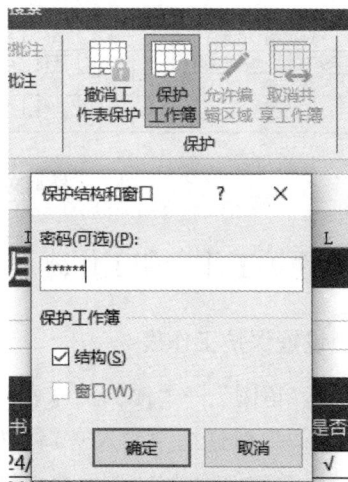

图 4-43　保护结构和窗口

4.1.7　隐藏其他单元格及隐藏网格线和标题

1. 隐藏其他单元格

单击首页工作表，选中 O 列，使用 Ctrl + Shift + → 快捷键，选择"隐藏"，隐藏 O 列及后续列；选中第 26 行，使用 Ctrl + Shift + ↓ 快捷键，选择隐藏，隐藏第 26 行及后续行，如图 4-44 所示。

图 4-44　隐藏其他单元格

2. 隐藏网格线和标题

选择"视图"选项卡，取消勾选"网格线"和"标题"，隐藏网格线和标题，如图 4-45 所示。

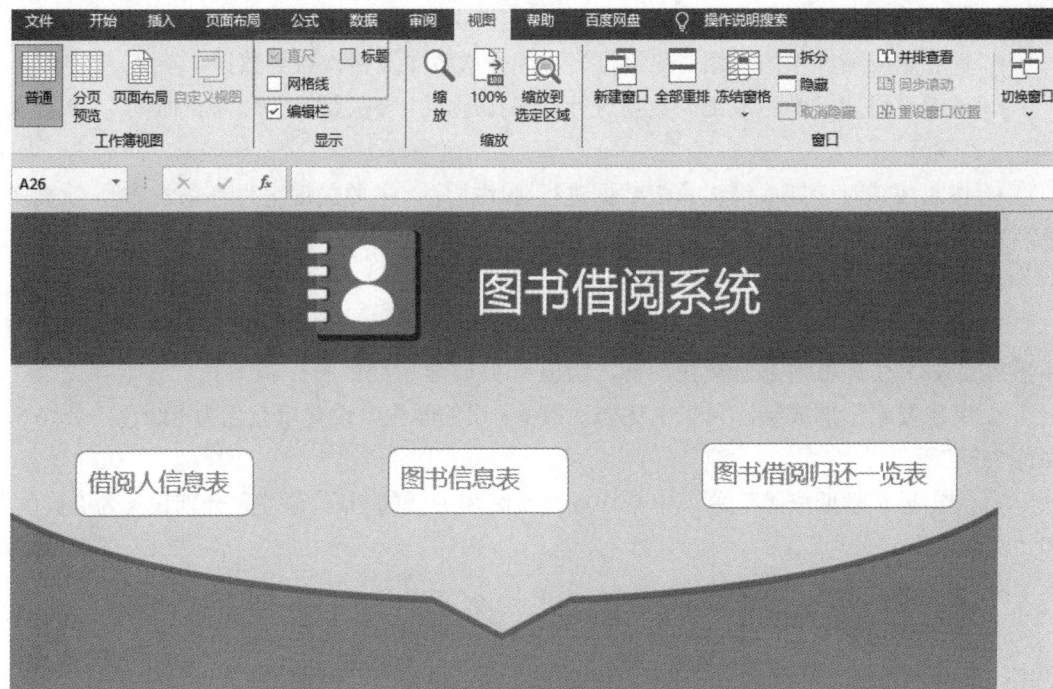

图 4-45　隐藏网格线和标题

4.2　筛选与成绩格式设置——学生成绩表

🔊 案例介绍

针对学生成绩表开展筛选、排序、格式设置及数据验证等操作。通过筛选特定学期成绩记录，能帮助教师聚焦特定阶段教学成果，分析教学效果；设置成绩格式和条件格式可突出成绩差异，方便教师识别成绩异常学生，为个性化教学提供支持；计算各类成绩相关数据以及进行数据验证，能确保成绩数据准确规范，为学校评估教学质量和学生学习情况提供可靠依据。

本案例素材位于"第 4 章　excel 案例\素材文件\案例 2　学生成绩表.xlsx"。

🔔 任务要求

(1) 筛选与排序：

- 筛选出 2024 年第 1 学期的学生成绩记录，将筛选结果复制到新工作表并命名为

"2024 年第 1 学期成绩表",并对该表数据按学号进行升序排列。

- 设置不及格成绩格式为"红色加粗",设置成绩>90 分的单元格填充为"绿填充色深绿色文本"。

(2) 数据准备与多条件学生成绩排序:

- 计算总成绩、平均成绩、班级排名、优秀次数、及格次数等数据。
- 按考试日期对学生成绩表数据进行升序排序,主要关键字为"考试时间",次要关键字为"学号"。
- 按总成绩对学期成绩汇总表数据进行降序排序,主要关键字为"总成绩",次要关键字为"优秀次数"。

(3) 条件格式在成绩数据中的应用:

- 为 2024 第 1 学期成绩表的综合成绩列套用交通灯格式,即当值≥85 时显示绿色图标,当值<85 且≥70 时显示黄色图标,当值<70 时显示红色图标。
- 突出显示学期成绩汇总表中优秀次数≥3 次的学生,设置填充色为"绿色,个性 6,深色 35%"。
- 突出显示学期成绩汇总表中平均成绩最高和最低的 10 位学生,分别设置为"黄色"和"深红色"。

(4) 学生成绩数据的验证与检验:

- 对学生成绩表和学期成绩汇总表中的学生学号列进行数据验证,确保学号为 10 位数字,设置出错警告样式为"警告",标题为"输入错误",错误信息为"学生学号必须为 10 位数字!"。
- 对学生成绩表中的考试科目列进行数据验证,设置允许为"序列",来源为"网页设计,Linux 平台及应用,数据库原理与应用,Java 程序设计",设置出错警告样式为"警告",标题为"科目输入有误!",错误信息为"请重新输入"。
- 对学生成绩表中的平时成绩、末考成绩、综合成绩列进行数据验证,确保成绩介于 0～100 之间,设置出错警告样式为"警告",并对不符合规则的数据进行修正。

(5) 学生成绩数据分类汇总与统计:

- 对学生成绩表数据进行分类汇总,分别以考试科目为分类字段,汇总方式为"平均值""最大值""最小值",选定汇总项为"综合成绩",并通过 3 级菜单显示汇总结果。
- 在 2024 年第 1 学期成绩表中使用"COUNTIF"函数计算班级及格、中等、良好和优秀的人数,并算出占总人数的百分比。
- 在学期成绩汇总表右侧插入新的工作表,命名为"科目平均成绩统计表",使用"AVERAGEIF"函数计算每门科目的平均成绩。

🔅 完成效果

本案例的完成效果如图 4-46～图 4-49 所示。

	A	B	C	D	E	F	G	H
1	学号	姓名	性别	考试科目	考试时间	平时成绩	末考成绩	综合成绩
2	2301010101	陈梦	女	网页设计	2023/6/12	99.00	96.00	97.20
3	2301010102	陈丽丽	女	网页设计	2023/6/12	80.00	94.00	88.40
4	2301010103	陶维娜	女	网页设计	2023/6/12	98.00	96.00	96.80
5	2301010104	雷飞菲	女	网页设计	2023/6/12	80.00	94.00	88.40
6	2301010106	吴芬芬	女	网页设计	2023/6/12	93.00	95.00	94.20
7	2301010107	林丽娜	女	网页设计	2023/6/12	90.00	93.00	91.80
8	2301010109	陈彦蓉	女	网页设计	2023/6/12	89.00	94.00	92.00
9	2301010110	金啦啦	女	网页设计	2023/6/12	84.00	92.00	88.80
10	2301010111	蓝江瑜	女	网页设计	2023/6/12	84.00	96.00	91.20
11	2301010112	顾晓琴	女	网页设计	2023/6/12	90.00	96.00	93.60
12	2301010113	叶圣周	男	网页设计	2023/6/12	88.00	90.00	89.20
13	2301010114	周斌辉	男	网页设计	2023/6/12	88.00	81.00	83.80
14	2301010115	李栋	男	网页设计	2023/6/12	85.00	87.00	86.20
15	2301010116	蔡瑞	男	网页设计	2023/6/12	55.00	72.00	65.20

学生成绩表　学期成绩汇总表　2024年第1学期成绩表　科目平均成绩统计表

图 4-46　"学生成绩表"完成效果(一)

	A	B	C	D	E	F	G
1	学号	姓名	总成绩	平均成绩	班级排名	优秀次数	及格次数
2	2301010101	陈梦	386	97	1	4	4
3	2301010103	陶维娜	373	93	2	3	4
4	2301010111	蓝江瑜	369	92	3	3	4
5	2301010112	顾晓琴	363	91	4	3	4
6	2301010129	张驰超	357	89	5	3	4
7	2301010107	林丽娜	352	88	6	2	4
8	2301010102	陈丽丽	349	87	7	2	4
9	2301010113	叶圣周	346	87	8	2	4
10	2301010106	吴芬芬	346	87	9	3	4
11	2301010127	施小军	346	86	10	1	4
12	2301010120	赵知渊	342	85	11	1	4
13	2301010121	谢敏	336	84	12	1	4
14	2301010151	金程成	331	83	13	1	4
15	2301010104	雷飞菲	329	82	14	2	4
16	2301010118	胡佳伟	328	82	15	1	4
17	2301010128	涂武涛	324	81	16	0	4
18	2301010153	姜建特	322	81	17	1	4
19	2301010147	项方敏	322	80	18	2	4
20	2301010137	施乐乐	321	80	19	1	4
21	2301010149	黄佳益	320	80	20	0	4
22	2301010122	林刻	319	80	21	1	4
23	2301010125	徐如峰	317	79	22	1	4
24	2301010150	谈晓华	316	79	23	1	4
25	2301010116	蔡瑞	315	79	24	0	4
26	2301010110	金啦啦	314	79	25	0	4
27	2301010123	万文舟	314	79	26	0	4

学生成绩表　学期成绩汇总表　2024年第1学期成绩表　科目平均成绩统计表

图 4-47　"学生成绩表"完成效果(二)

	学号	姓名	性别	考试科目	考试时间	平时成绩	末考成绩	综合成绩			分数段	[100-90]	(90-80]	(80-70]	(70-60]	(60-0]
1	学号	姓名	性别	考试科目	考试时间	平时成绩	末考成绩	综合成绩			分数段	[100-90]	(90-80]	(80-70]	(70-60]	(60-0]
2	2301010101	陈梦	女	Java程序设计	2024/6/23	99.00	99.00	● 99.00			(等级)	(优秀)	(良好)	(中等)	(及格)	(不及格)
3	2301010102	陈丽丽	女	Java程序设计	2024/6/23	80.00	98.00	● 90.80			类别	综合成绩	综合成绩	综合成绩	综合成绩	综合成绩
4	2301010103	陶维娜	女	Java程序设计	2024/6/23	98.00	94.00	● 95.60			人数(50)	10	10	16	14	0
5	2301010104	雷飞菲	女	Java程序设计	2024/6/23	87.00	93.00	● 90.60			百分比	20%	20%	32%	28%	0
6	2301010106	吴芬芬	女	Java程序设计	2024/6/23	91.00	98.00	● 95.20								
7	2301010107	林丽娜	女	Java程序设计	2024/6/23	70.00	94.00	● 84.40								
8	2301010109	陈彦蓉	女	Java程序设计	2024/6/23	50.00	89.00	● 73.40								
9	2301010110	金啦啦	女	Java程序设计	2024/6/23	59.00	82.00	● 72.80								
10	2301010111	蓝江瑜	女	Java程序设计	2024/6/23	91.00	94.00	● 92.80								
11	2301010112	顾晓琴	女	Java程序设计	2024/6/23	71.00	91.00	● 83.00								
12	2301010113	叶圣周	男	Java程序设计	2024/6/23	64.00	75.00	● 70.60								
13	2301010114	周斌辉	男	Java程序设计	2024/6/23	76.00	71.00	● 73.00								
14	2301010115	李栋	男	Java程序设计	2024/6/23	80.00	98.00	● 90.80								
15	2301010116	蔡瑞	男	Java程序设计	2024/6/23	74.00	81.00	● 78.20								

学生成绩表　学期成绩汇总表　2024年第1学期成绩表　科目平均成绩统计表

图 4-48　"学生成绩表"完成效果(三)

	A	B
1	考试科目	平均成绩
2	网页设计	71.92
3	数据库原理与应用	77.36
4	Java程序设计	66.28
5	Linux平台及应用	74.61

学生成绩表　学期成绩汇总表　2024年第1学期成绩表　科目平均成绩统计表

图 4-49　"学生成绩表"完成效果(四)

4.2.1　筛选与排序

1. 筛选出 2024 年第 1 学期的学生成绩记录

选中学生成绩表数据区域,单击"编辑"选项卡中的"排序和筛选"按钮(①),然后单击"考试时间"列筛选箭头,选择"日期筛选"选项的"2024""六月"(②),最后单击"确定",如图 4-50 所示。

筛选与排序

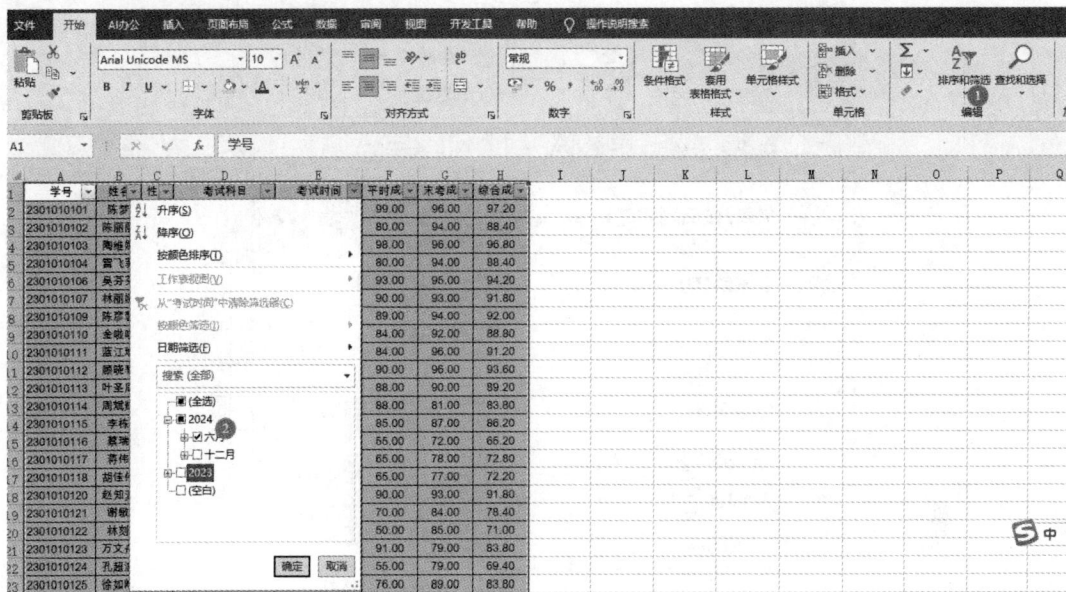

图 4-50　筛选

　　复制筛选的数据到新工作表中，重命名工作表名称为"2024 年第 1 学期成绩表"(①)，单击"排序和筛选"(②)，在弹出的"排序"对话框中设置排序依据为"学号"，次序为"升序"(③)，如图 4-51 所示。

图 4-51　升序排序

2. 设置不及格成绩格式为红色加粗显示

　　选中 F2:H51 单元格，选择"条件格式"(①)下的"突出显示单元格规则"→"小于"(②)，如图 4-52 所示。

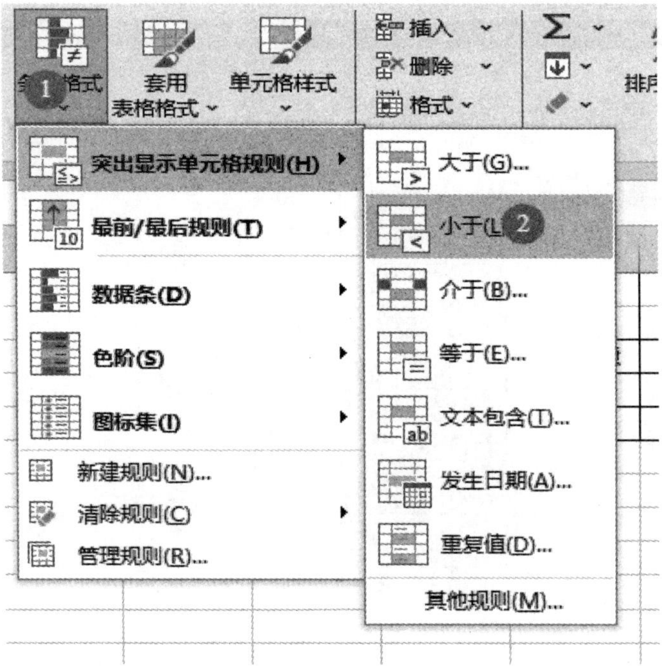

图 4-52　条件格式

在为小于以下值的单元格设置格式中输入"60"(①)，设置设置为为"自定义格式"(②)。选择"设置单元格格式"对话框中的"字体"，设置字形为"加粗"(③)，颜色为"红色"(④)，单击"确定"，如图 4-53 所示。

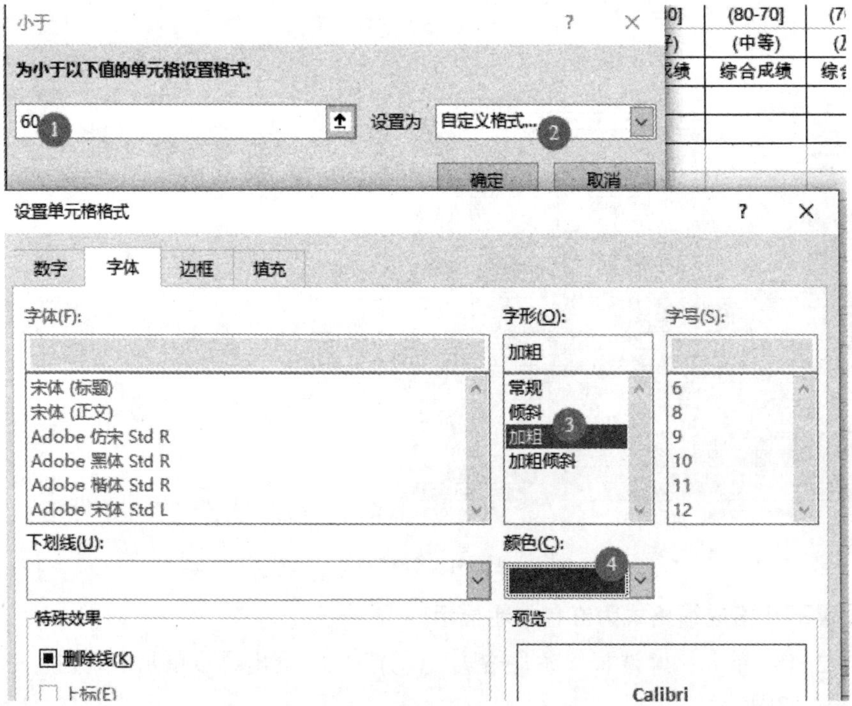

图 4-53　单元格格式设计

设置完成后的条件格式规则管理器如图 4-54 所示。

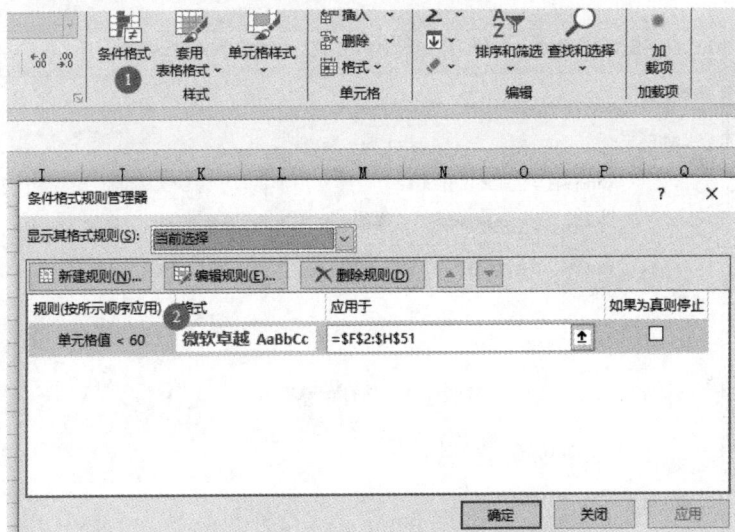

图 4-54　条件格式规则管理器

3. 设置成绩大于 90 分的单元格填充为绿填充色深绿色文本

选择"条件格式"(①)，突出显示单元格规则，选择"大于"选项，在为大于以下值的单元格设置格式中输入"90"(②)，设置设置为为"绿填充色深绿色文本"(③)，单击"确定"，如图 4-55 所示。

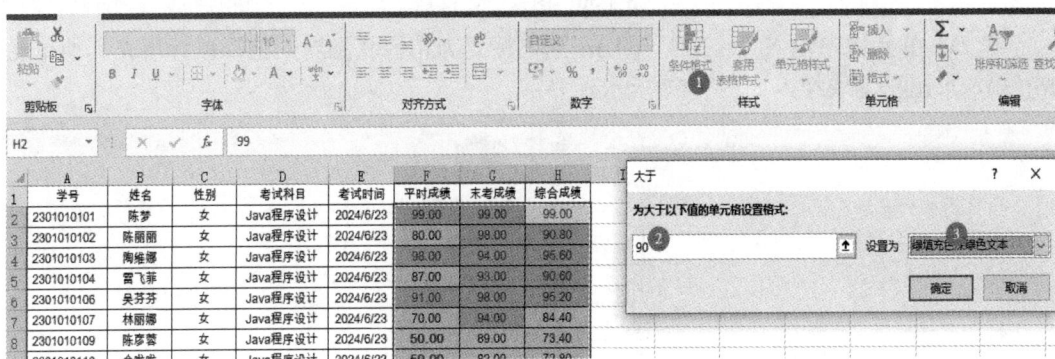

图 4-55　条件格式设置

4.2.2　数据准备与多条件学生成绩排序

1. 数据准备：求总成绩、平均成绩、班级排名、优秀次数和及格次数

在学生成绩汇总表的 C2 单元格中输入"=SUMIF(学生成绩表!B2:B\$201，学生成绩表!B2,学生成绩表!H\$2:H\$201)"，其中 Range 为"学生成绩表!B2:B\$201"(①)，Criteria 为"学生成绩表!B2"(②)，Sum_range 为"学生成绩表!H\$2:H\$201"(③)，其中在 B2:B201 和 H2:H201 单元格数字前设置"\$"符号，固定

数据准备与多条件
学生成绩排序

单元格数据，完成后填充其他单元格数据(④)，单击"确定"，如图 4-56 所示。

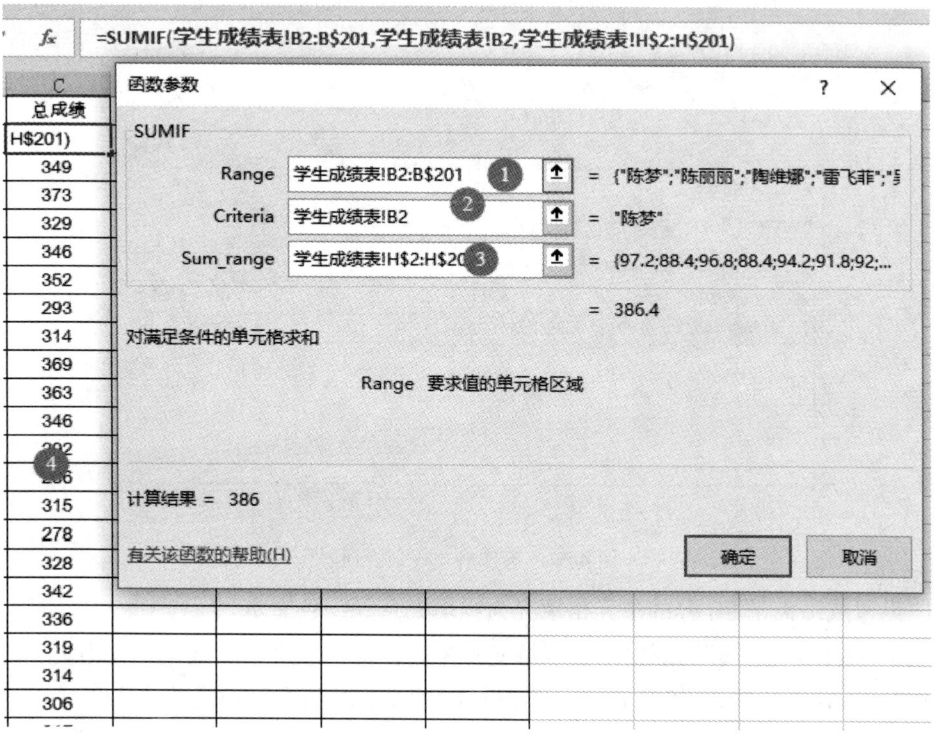

图 4-56   函数参数设置

在 D2 单元格中输入"=C2/4"(①)，当鼠标变为指针状态时，拖动鼠标填充其他单元格(②)，求出平均成绩，如图 4-57 所示。

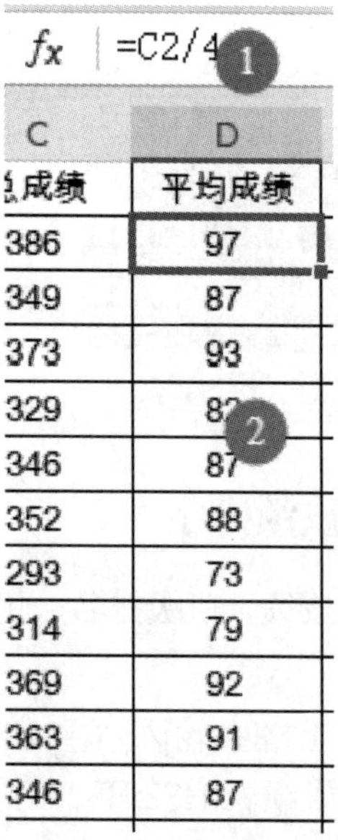

图 4-57   平均成绩

在 E2 单元格中输入"=RANK(C2,C$2:C$51,0)"，RANK 函数参数的 Number 选择"C2"

（①），Ref 选择"C\$2:C\$51"（②），Order 选择"0"（③），按降序排列名次，单击"确定"，如图 4-58 所示。

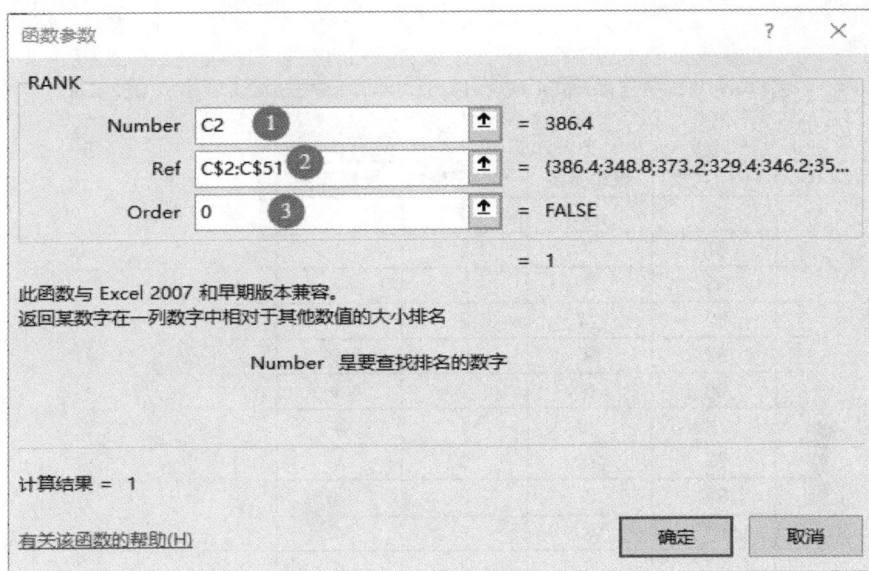

图 4-58　设置函数参数 RANK

在 F2 单元格中输入"=COUNTIFS(学生成绩表!H\$2:H\$201,">=90",学生成绩表!B\$2:B\$201,B2)"，求第 1 行学生综合成绩>=90 的次数，拖动鼠标填充其他单元格，如图 4-59 所示。

D	E	F	G	H	I
平均成绩	班级排名	优秀次数	及格次数		
97	1	4			
87	7	2			
93	2	2			
82	14	2			
87	9	3			
88	6	2			
73	38	1			
79	25	0			
92	3	3			
91	4	3			
87	8	2			
73	39	0			
71	44	1			
79	24	0			
70	47	0			
82	15	1			
85	11	1			

=COUNTIFS(学生成绩表!H\$2:H\$201,">=90",学生成绩表!B\$2:B\$201,B2)

图 4-59　COUNTIFS 方法统计优秀次数

在 G2 单元格中输入 "=COUNTIFS(学生成绩表!H2:H201,">=60",学生成绩表!B2:B201,B2)",求第 1 行学生综合成绩>=60 的次数,拖动鼠标填充其他单元格,如图 4-60 所示。

	D 平均成绩	E 班级排名	F 优秀次数	G 及格次数	H	I
	97	1	4	4		
	87	7	2	4		
	93	2	3	4		
	82	14	2	4		
	87	9	3	4		
	88	6	2	4		
	73	38	1	4		
	79	25	0	4		
	92	3	3	4		
	91	4	3	4		
	87	8	2	4		

=COUNTIFS(学生成绩表!H$2:H$201,">=60",学生成绩表!B$2:B$201,B

图 4-60　COUNTIFS 方法统计及格次数

2. 按考试日期排序

选中学生成绩表数据区域,单击"编辑"选项卡中的"排序和筛选"。在"排序"对话框中,列的排序依据选择"考试时间"(①),排序依据选择"单元格值",次序选择"升序",单击"添加条件",次要关键字选择"学号"(②),排序依据选择"单元格值",次序选择"升序",单击"确定",如图 4-61 所示。

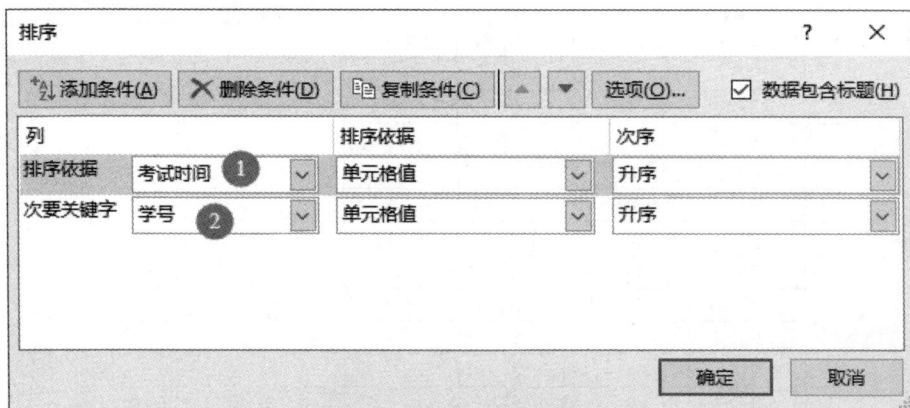

排序		? ×
添加条件(A)　删除条件(D)　复制条件(C)　▲ ▼　选项(O)... ☑ 数据包含标题(H)		
列	排序依据	次序
排序依据　考试时间①	单元格值	升序
次要关键字　学号②	单元格值	升序
		确定　取消

图 4-61　考试时间排序

3. 按总成绩排序

选中"学期成绩汇总表"数据区域,单击"数据"选项卡中的"排序"。在"排序"对话框中,列的排序依据选择"总成绩"(①),排序依据选择"单元格值",次序选择"降序";单击"添加条件",次要关键字选择"优秀次数"(②),排序依据选择"单元格值",次序选择"降序"，单击"确定"，如图 4-62 所示。

图 4-62　总成绩排序

4.2.3　条件格式在成绩数据中的应用

1. 成绩列套用交通灯格式

选中 2024 第 1 学期成绩表的综合成绩列数据区域，单击"开始"
选项卡中的 "条件格式"→"图标集"(①)→"三色交通灯"(②)，
如图 4-63 所示。

条件格式在成绩
数据中的应用

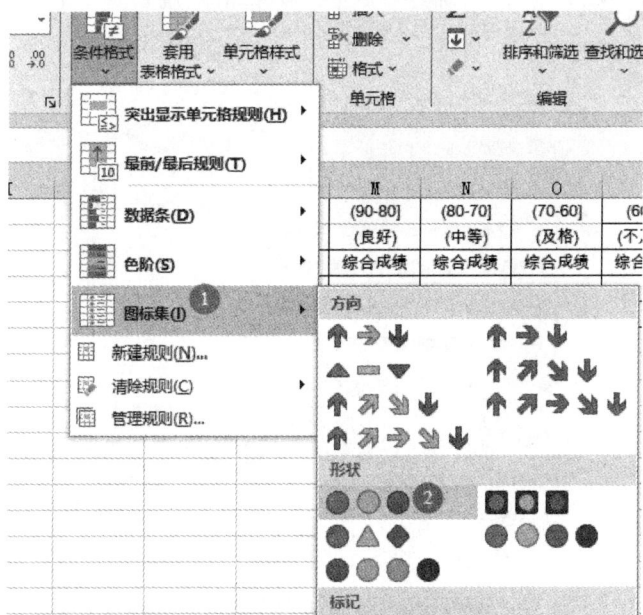

图 4-63　图标集

"当值是>=85"时用绿色图标显示(①)，"当值是<85 且>=70"时用黄色图标显示(②)，
"当值是<70 时"用红色图标显示(③)，单击"确定"，如图 4-64 所示。

图 4-64　设置交通灯格式显示

2. 突出显示优秀次数大于等于 3 次的学生

选中学期成绩汇总表数据区域，单击"开始"选项卡中的"条件格式"→"新建规则"。在"编辑格式规则"对话框中选择"使用公式确定要设置格式的单元格"，在为符合此公式的值设置格式中输入"=$F2>=3"（①），单击"格式"，在"填充"选项卡中选择"绿色，个性色，深色 35%"（②），单击"确定"返回"编辑格式规则"对话框，再单击"确定"，如图 4-65 所示。

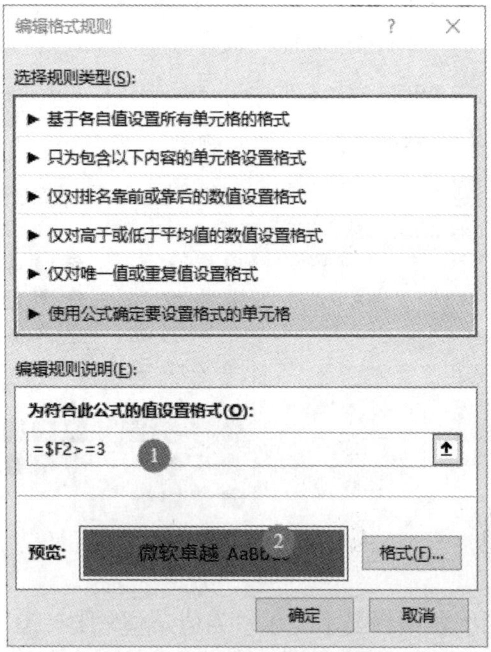

图 4-65　突出显示优秀次数大于等于 3 次的学生

3. 突出显示平均成绩最高和最低的 10 位学生

选中学期成绩汇总表的平均成绩列数据区域，单击"开始"选项卡中的"条件格式"→"最前/最后规则"(①)→"前 10 项"(②)，如图 4-66 所示。

在"新建格式规则"对话框中选择"仅对排名靠前或靠后的数值设置格式"，在对以下排列的数值设置格式中将"最高"改为"10"，设置"格式"为"黄色"，单击"确定"，如图 4-67 所示。

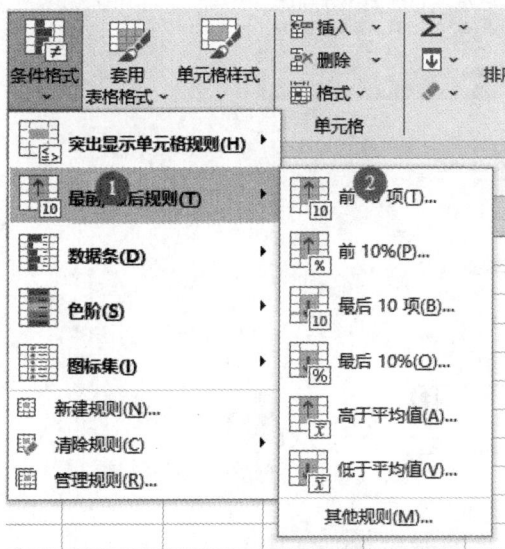

图 4-66　突出显示平均成绩最高和最低的 10 位学生

图 4-67　新建格式规则

单击"开始"选项卡中的"条件格式"→"最前/最后规则"→"最后 10 项"，用同样的方法设置格式为"深红"，单击"确定"，如图 4-68 所示。

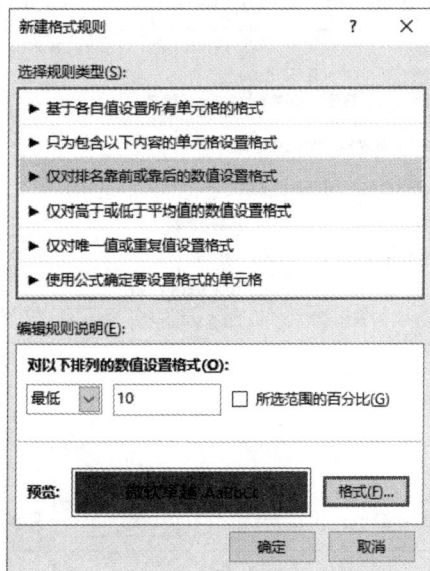

图 4-68　规则设置

4.2.4　学生成绩表数据验证

1. 学号数据验证

选中学生成绩表中的学生学号列数据区域，单击"数据工具"选项卡中的"数据验证"(①)。在"设置"选项卡中，允许选择"文本长度"(②)，数据选择"等于"(③)，长度输入"10"(④)，单击"确定"，如图 4-69 所示。

学生成绩表数据验证

图 4-69　数据检验

在"出错警告"选项卡中，设置样式为"警告"(①)，标题输入"输入错误!"，错误信息输入"学生学号必须为 10 位数字!"(②)，单击"确定"，如图 4-70 所示。

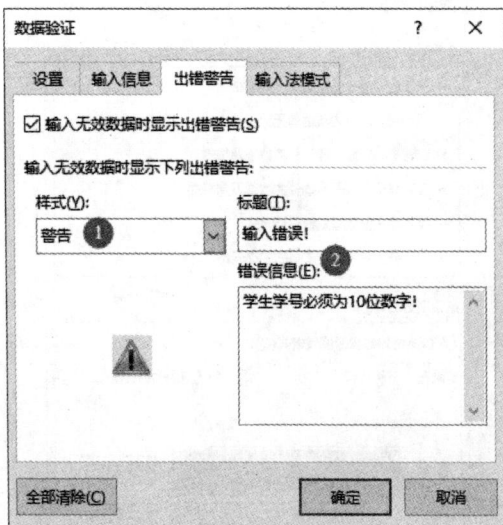

图 4-70　设置出错警告

2. 班级数据验证

选中学生成绩表中的考试科目列数据区域，单击"数据"选项卡中的"数据验证"，在"设置"选项卡中，允许选择"序列"(①)，来源输入"网页设计,Linux 平台及应用,数据库原理与应用,Java 程序设计"(中间用英文逗号隔开)(②)，如图 4-71 所示。

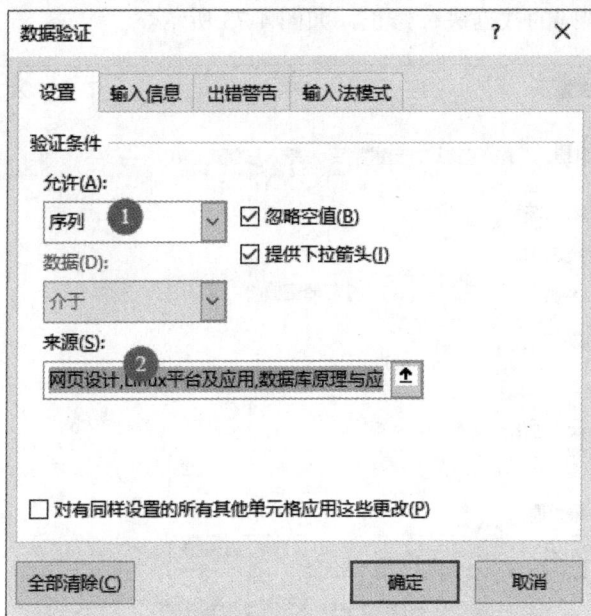

图 4-71 验证条件设置

在"出错警告"选项卡中设置如图 4-72 所示的相应提示信息，单击"确定"，对不符合规则的数据进行修正。

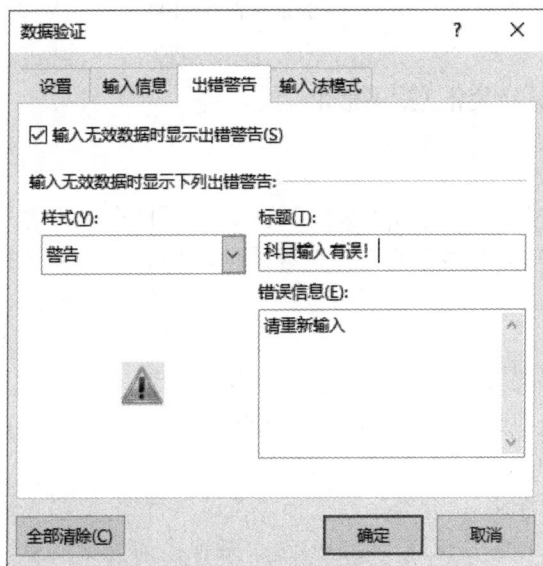

图 4-70 出错警告提示信息设置

3. 成绩数据验证

选中学生成绩表中的平时成绩、模考成绩、综合成绩列数据区域,单击"数据工具"选项卡中的"数据验证",在"设置"选项卡中,允许选择"整数",数据选择"介于"(①),最小值为"0",最大值为"100"(②)。在"出错警告"选项卡中设置相应提示信息,单击"确定",对不符合规则的数据进行修正,如图 4-73 所示。

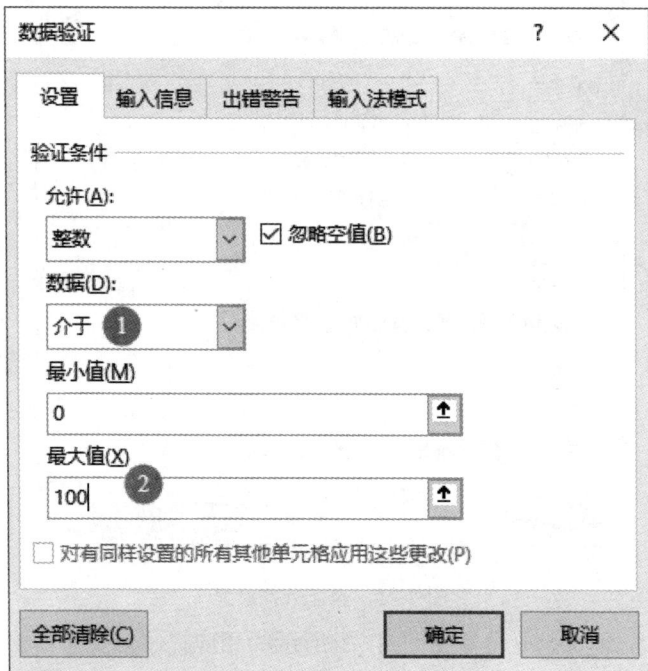

图 4-73　验证条件 0～100

4.2.5　学生成绩数据分类汇总与统计

1. 分类汇总成绩

选中学生成绩表数据区域,单击"数据"选项卡中的"分类汇总"。在"分类汇总"对话框中,分类字段选择"考试科目",汇总方式选择"平均值"(①),选定汇总项选择"综合成绩"(①),单击"确定",如图 4-74 所示。

学生成绩数据分类汇总与统计

再次单击"分类汇总",分类字段选择"考试科目",汇总方式选择"最大值"(①),选定汇总项选择"综合成绩",取消勾选"替换当前分类汇总"(②),单击"确定",如图 4-75 所示。

第三次单击"分类汇总",分类字段选择"考试科目",汇总方式选择"最小值"(①),选定汇总项选择"综合成绩"(②),取消勾选"替换当前分类汇总",单击"确定",如图 4-76 所示。

图 4-74　分类汇总平均值

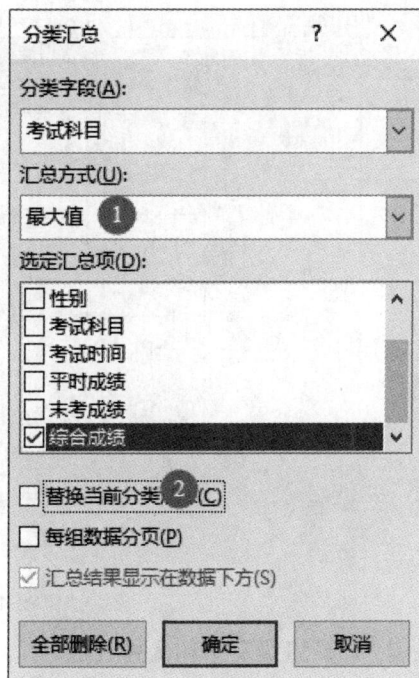

图 4-75　分类汇总最大值

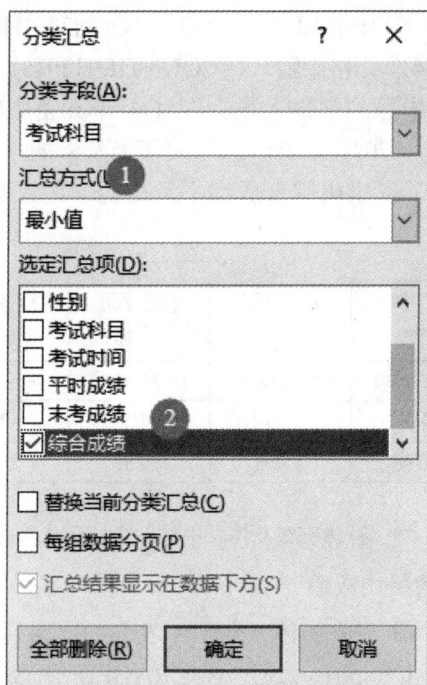

图 4-76　分类汇总最小值

单击"3 级"菜单显示(①)，求出平均值、最大值和最小值(②)，如图 4-77 所示。

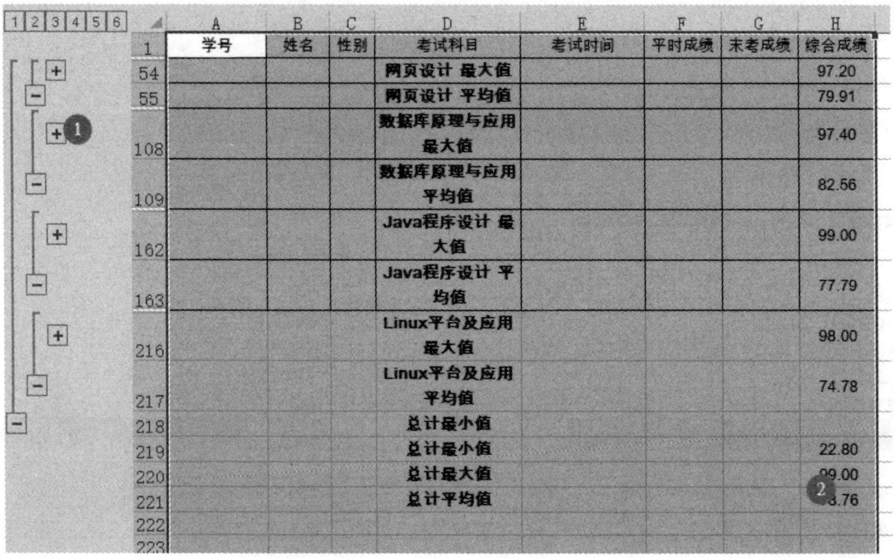

	A	B	C	D	E	F	G	H
1	学号	姓名	性别	考试科目	考试时间	平时成绩	末考成绩	综合成绩
54				网页设计 最大值				97.20
55				网页设计 平均值				79.91
108				数据库原理与应用 最大值				97.40
109				数据库原理与应用 平均值				82.56
162				Java程序设计 最大值				99.00
163				Java程序设计 平均值				77.79
216				Linux平台及应用 最大值				98.00
217				Linux平台及应用 平均值				74.78
218				总计最小值				
219				总计最小值				22.80
220				总计最大值				99.00
221				总计平均值				78.76
222								
223								

图 4-77　3 级菜单显示

2. 计算班级及格和优秀人数

在 2024 年第 1 学期成绩表中通过 COUNTIF 函数计算班级及格、中等、良好和优秀的人数，在 L4 单元格中输入“=COUNTIF(H2:H51,">=90")”，求出综合成绩为优秀的学生人数；在 M4 单元格中输入“=COUNTIF(H2:H51,">=80")-COUNTIF(H2:H51, ">=90")”，求出综合成绩为良好的学生人数；在 N4 单元格中输入“=COUNTIF(H2:H51, ">=70")- COUNTIF(H2:H51, ">=80")”，求出综合成绩为中等的学生人数；在 O4 单元格中输入“=COUNTIF(H2:H51, ">=60")-COUNTIF(H2:H51,">=70")”，求出综合成绩为及格的学生人数；在 P4 单元格输入“=COUNTIF(H2:H51,"<60")”，求出综合成绩不及格的学生人数，并算出占总人数的百分比，如图 4-78 所示。

分数段	[100-90]	(90-80]	(80-70]	(70-60]	(60-0]
(等级)	(优秀)	(良好)	(中等)	(及格)	(不及格)
类别	综合成绩	综合成绩	综合成绩	综合成绩	综合成绩
人数(50)	10	10	16	14	0
百分比	20%	20%	32%	28%	0

图 4-78　计算班级及格、中等、良好和优秀人数

3. 计算科目平时成绩的平均成绩

在 2024 年第 1 学期成绩表右侧新建一个工作表名为“科目平均成绩统计表”(①)，用于统计科目平均成绩。在新工作表中，通过 AVERAGEIF 函数计算每门科目的平均成绩。在新工作表 A1 单元格中输入“考试科目”，B1 单元格中输入“平均成绩”，在 A2 单元格中输入“网页设计”(②)，在 B2 单元格中输入“=AVERAGEIF(学生成绩表!D$2:D$213,"网页设计",学生成绩表!F$2:F$213)”(③)，使用同样的方法算出剩余科目的平均成绩，如图 4-79 所示。

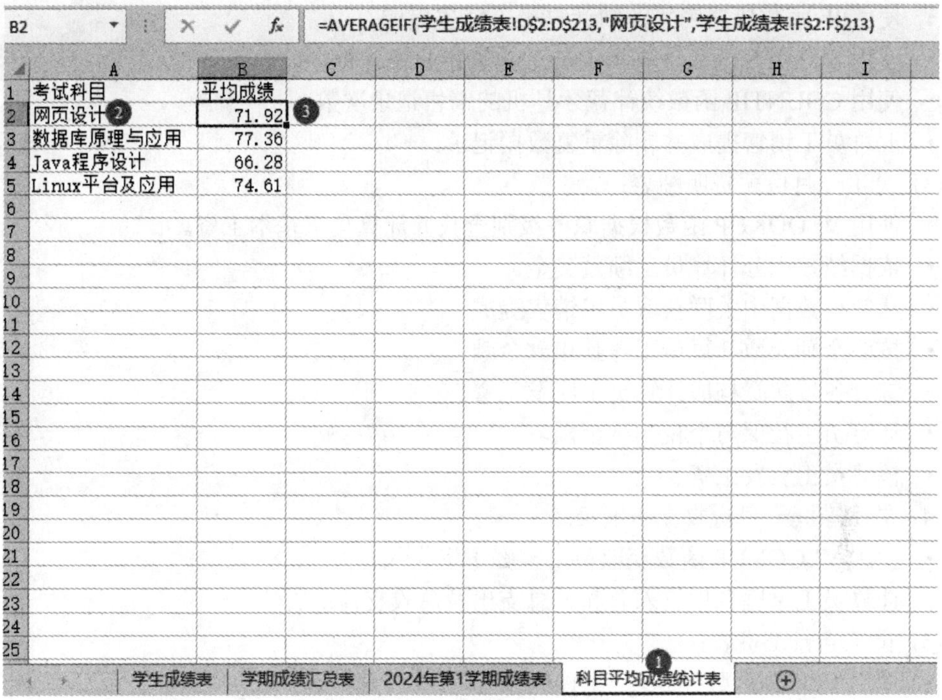

图 4-79　剩余科目的平均成绩

4.3　公式与函数的基本应用——员工基本信息表及相关工作表

🔊 案例介绍

利用员工基本信息表及相关工作表，通过多种函数计算员工年龄、工龄、退休状态、销售业绩、薪资等数据。通过这些计算和分析，企业可以全面了解员工情况，合理规划人力资源。例如：根据员工年龄和工龄安排岗位和培训；依据销售业绩评估员工工作表现，进行合理的薪酬调整和奖金分配，从而提升员工工作积极性。

本案例素材位于"第 4 章　excel 案例\素材文件\案例 3　员工基本信息表.xlsx"。

🔔 任务要求

(1) 员工基本信息表：
- 使用 DATEDIF 函数计算员工年龄。
- 使用 DATEDIF 函数计算员工工龄。
- 使用 OR 函数结合年龄性别判断员工退休状态。

(2) 员工一月份销售商品情况表：
- 使用 PRODUCT 函数计算员工销售商品的销售额。
- 使用 SUMIF 函数按员工统计销售业绩总和。

- 使用 IF 函数依据销售业绩计算员工销售提成。
- 使用 SUMIFS 函数计算指定员工的销售业绩总和。
- 使用 COUNTIF 函数统计蓝牙耳机的销售记录次数。
- 汇总员工销售提成并删除重复数据记录。

(3) 员工一月份薪资明细表：

- 使用 VLOOKUP 函数根据职务级别查找并计算员工基本工资。
- 依据绩效积分计算员工绩效奖金。
- 从销售数据中关联获取员工销售提成。
- 按照全勤天数计算员工考勤扣款金额。
- 综合各项薪资构成计算员工应发工资。
- 计算员工社保与个税扣款金额。
- 核算员工实发工资。

(4) 员工家庭一月份收支明细表：

- 使用 VLOOKUP 函数获取员工家庭工资收入。
- 计算员工家庭各项收入总和、总支出及总收支情况。

(5) 员工当日工资表：

- 使用 HOUR 函数计算员工当日工资。

完成效果

本案例的完成效果如图 4-80～图 4-85 所示。

工号	员工姓名	性别	出生年月	参加工作年月	电话号码	年龄	工龄	是否退休
24010301	林晓峰	男	1965-1-1	1988-4-3	13800138001	60	37	是
24010302	苏婉婷	女	1970-3-5	1991-8-9	13900139002	55	33	是
24010303	陈宇轩	男	1988-8-8	2011-4-5	13600136003	36	14	
24010304	刘雅琴	女	1993-2-10	2015-7-8	13700137004	32	9	
24010305	周俊豪	男	1991-6-15	2014-9-10	13500135005	33	10	
24010306	吴诗涵	女	1994-4-20	2016-3-4	13400134006	30	9	
24010307	郑浩然	男	1989-9-25	2014-6-7	13300133007	35	10	
24010308	王雨薇	女	1992-11-10	2013-5-6	13200132008	32	11	
24010309	李泽恺	男	1963-7-18	1985-6-5	13100131009	61	39	是
24010310	张梦瑶	女	1993-5-22	2014-6-6	15800158010	31	10	
24010311	何俊辉	男	1991-10-5	2013-10-3	15900159011	33	11	
24010312	邓紫琳	女	1994-8-12	2016-5-6	15600156012	30	8	
24010313	胡嘉豪	男	1990-12-28	2013-7-9	15700157013	34	11	
24010314	徐静宜	女	1969-4-16	1991-10-5	15500155014	55	33	是
24010315	黄梓轩	男	1991-3-9	2014-2-1	15400154015	34	11	
24010316	谢依琳	女	1970-7-20	1993-10-3	15300153016	54	31	
24010317	彭宇翔	男	1990-11-3	2015-4-3	15200152017	34	10	
24010318	叶思瑶	女	1992-9-15	2015-4-3	15100151018	32	10	
24010319	蔡子豪	男	1981-2-22	2004-9-2	15000150019	44	20	
24010320	林欣怡	女	1994-1-8	2015-4-8	18800188020	31	10	
24010321	罗宇泽	男	1990-5-10	2014-8-7	18900189021	34	10	
24010322	曾芷晴	女	1992-6-13	2015-4-5	18600186022	32	10	
24010323	马俊辉	男	1964-4-18	1987-4-3	18700187023	60	38	是
24010324	唐雨薇	女	1993-8-25	2015-4-6	18500185024	31	10	
24010325	计嘉薇	女	1970-2-1	1993-11-2	18400184025	55	31	是

员工基本信息表　员工一月份销售商品情况表　员工销售提成　员工一月份薪资明细表　员工家庭一月份

图 4-80　公式与函数的基本应用(一)

日期	员工姓名	销售商品	销售单价	销售数量	销售业绩	销售业绩总和	销售提成		员工姓名	销售业绩之和		蓝牙耳机	
												28	
2025-1-1	林晓峰	智能手表	1200	5	6000	73200	3660		林晓峰				
2025-1-1	苏婉婷	智能手表	1200	3	3600	55200	2760		苏婉婷	177200			
2025-1-1	陈宇轩	蓝牙耳机	800	4	3200	48800	2440		陈宇轩				
2025-1-1	刘雅琴	蓝牙耳机	800	3	2400	30400	1520						
2025-1-1	周俊豪	平板电脑	3000	2	6000	99000	4950						
2025-1-1	吴诗涵	平板电脑	3000	1	3000	57000	2850						
2025-1-2	苏婉婷	智能手表	1200	3	3600	55200	2760						
2025-1-2	陈宇轩	蓝牙耳机	800	5	4000	48800	2440						
2025-1-2	吴诗涵	平板电脑	3000	2	6000	57000	2850						
2025-1-2	王雨薇	运动手环	500	3	1500	24000	1200						
2025-1-2	张梦琪	笔记本电脑	5500	2	11000	143000	7150						
2025-1-3	林晓峰	智能手表	1200	6	7200	73200	3660						
2025-1-3	苏婉婷	智能手表	1200	4	4800	55200	2760						
2025-1-3	陈宇轩	蓝牙耳机	800	4	3200	48800	2440						
2025-1-3	刘雅琴	蓝牙耳机	800	2	1600	30400	1520						
2025-1-3	李泽恺	笔记本电脑	5500	3	16500	192500	9625						
2025-1-3	张梦琪	笔记本电脑	5500	2	11000	143000	7150						
2025-1-4	林晓峰	智能手表	1200	3	3600	73200	3660						
2025-1-4	苏婉婷	智能手表	1200	3	3600	55200	2760						
2025-1-4	陈宇轩	蓝牙耳机	800	4	3200	48800	2440						
2025-1-4	刘雅琴	蓝牙耳机	800	3	2400	30400	1520						
2025-1-4	周俊豪	平板电脑	3000	2	6000	99000	4950						
2025-1-4	吴诗涵	平板电脑	3000	1	3000	57000	2850						
2025-1-4	张梦琪	笔记本电脑	5500	2	11000	143000	7150						
2025-1-5	林晓峰	智能手表	1200	4	4800	73200	3660						
2025-1-5	苏婉婷	智能手表	1200	3	3600	55200	2760						
2025-1-5	陈宇轩	蓝牙耳机	800	5	4000	48800	2440						
2025-1-5	刘雅琴	蓝牙耳机	800	3	2400	30400	1520						
2025-1-5	周俊豪	平板电脑	3000	3	9000	99000	4950						

员工基本信息表　员工一月份销售商品情况表　员工销售提成　员工一月份薪资明细表　员工家庭一月份收支明... ＋

图 4-81　公式与函数的基本应用(二)

员工姓名	销售提成
林晓峰	3660
苏婉婷	2760
陈宇轩	2440
刘雅琴	1520
周俊豪	4950
吴诗涵	2850
王雨薇	1200
张梦琪	7150
李泽恺	9625
郑浩然	1950

员工销售提成

图 4-82　公式与函数的基本应用(三)

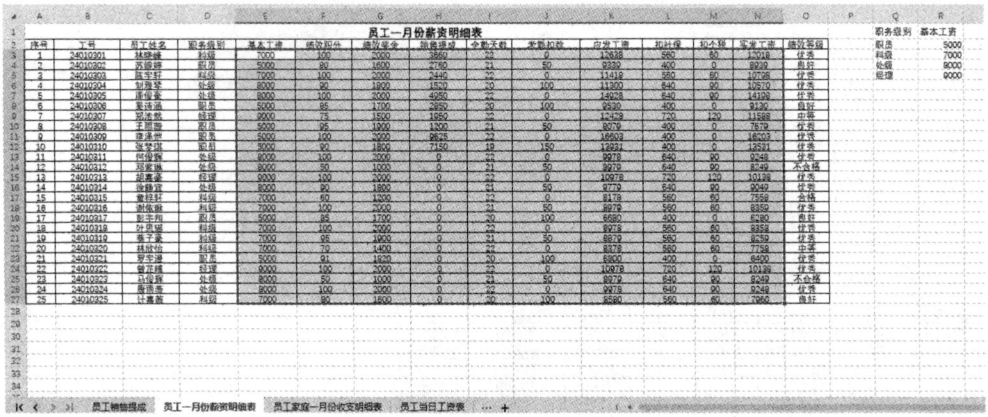

员工一月份薪资明细表

序号	工号	员工姓名	职务级别	基本工资	绩效积分	绩效奖金	销售提成	全勤天数	考勤扣款	应发工资	扣社保	扣个税	实发工资	绩效等级
1	24010301	林晓峰	科级	7000	100	2000	3660	22	0	12638	560	60	12018	优秀
2	24010302	苏婉婷	职员	5000	80	1600	2760	21	50	9339	400	0	8939	良好
3	24010303	陈宇轩	科级	7000	100	2000	2440	22	0	11418	560	60	10798	优秀
4	24010304	刘雅琴	处级	8000	90	1800	1520	20	100	11300	640	90	10570	优秀
5	24010305	周俊豪	处级	8000	100	2000	4950	22	0	14928	640	90	14198	优秀
6	24010306	吴诗涵	职员	5000	85	1700	2850	20	100	9530	400	0	9130	良好
7	24010307	郑浩然	经理	9000	75	1500	1950	22	0	12429	720	120	11588	中等
8	24010308	王雨薇	职员	5000	95	1900	1200	21	50	8079	400	0	7679	优秀
9	24010309	李泽恺	职员	5000	100	2000	9625	22	0	16603	400	0	16203	优秀
10	24010310	张梦琪	职员	5000	90	1800	7150	19	150	13931	400	0	13531	优秀
11	24010311	何俊辉	处级	8000	100	2000	0	22	0	9978	640	90	9248	优秀
12	24010312	邓紫琳	处级	8000	50	1000	0	21	50	8979	640	90	8249	不合格
13	24010313	胡嘉豪	经理	9000	100	2000	0	22	0	10978	720	120	10138	优秀
14	24010314	徐静宜	处级	8000	90	1800	0	21	50	9779	640	90	9049	优秀
15	24010315	黄梓轩	科级	7000	60	1200	0	22	0	8178	560	60	7558	合格
16	24010316	谢依琳	科级	7000	100	2000	0	21	50	8979	560	60	8359	优秀
17	24010317	彭宇翔	职员	5000	85	1700	0	20	100	6680	400	0	6280	良好
18	24010318	叶思瑶	科级	7000	100	2000	0	22	0	8978	560	60	8358	优秀
19	24010319	蔡子豪	科级	7000	95	1900	0	21	50	8879	560	60	8259	优秀
20	24010320	林欣怡	科级	7000	70	1400	0	22	0	8378	560	60	7758	中等
21	24010321	罗宇澄	职员	5000	91	1820	0	20	100	6800	400	0	6400	优秀
22	24010322	曾芷晴	经理	9000	100	2000	0	22	0	10978	720	120	10138	优秀
23	24010323	马俊辉	处级	8000	50	1000	0	21	50	8979	640	90	8249	不合格
24	24010324	唐雨薇	处级	8000	100	2000	0	22	0	9978	640	90	9248	优秀
25	24010325	计嘉薇	科级	7000	80	1600	0	20	100	8580	560	60	7960	良好

职务级别	基本工资
职员	5000
科级	7000
处级	8000
经理	9000

图 4-83　公式与函数的基本应用(四)

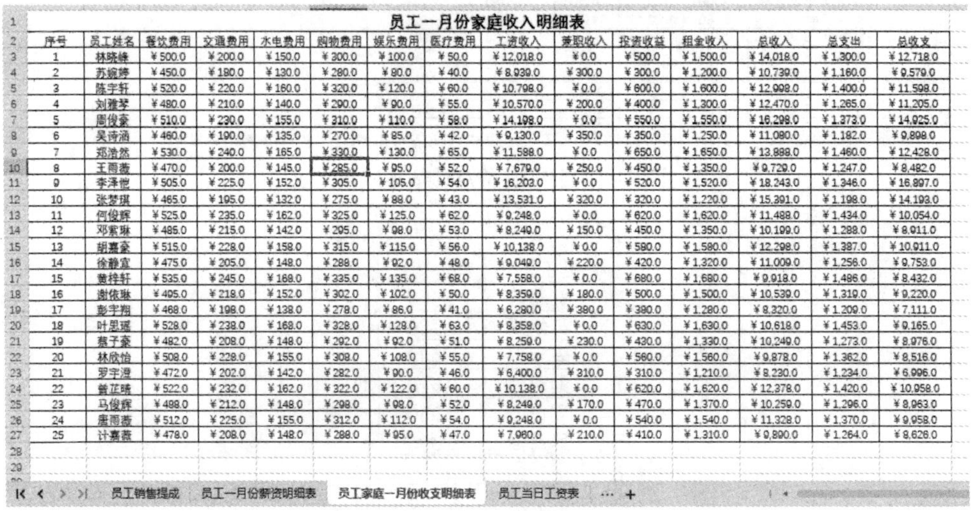

员工一月份家庭收入明细表

序号	员工姓名	餐饮费用	交通费用	水电费用	购物费用	娱乐费用	医疗费用	工资收入	兼职收入	投资收益	租金收入	总收入	总支出	总收支
1	林晓峰	¥500.0	¥200.0	¥150.0	¥300.0	¥100.0	¥50.0	¥12,018.0	¥0.0	¥500.0	¥1,500.0	¥14,018.0	¥1,300.0	¥12,718.0
2	苏婉婷	¥450.0	¥180.0	¥130.0	¥280.0	¥80.0	¥40.0	¥8,939.0	¥300.0	¥300.0	¥1,200.0	¥10,739.0	¥1,160.0	¥9,579.0
3	陈宇轩	¥520.0	¥220.0	¥160.0	¥320.0	¥120.0	¥60.0	¥10,798.0	¥0.0	¥600.0	¥1,600.0	¥12,998.0	¥1,400.0	¥11,598.0
4	刘雅琴	¥480.0	¥210.0	¥140.0	¥290.0	¥90.0	¥55.0	¥10,570.0	¥200.0	¥400.0	¥1,300.0	¥12,470.0	¥1,265.0	¥11,205.0
5	周俊豪	¥510.0	¥230.0	¥155.0	¥310.0	¥110.0	¥58.0	¥14,198.0	¥0.0	¥550.0	¥1,550.0	¥16,298.0	¥1,373.0	¥14,925.0
6	吴诗涵	¥460.0	¥190.0	¥135.0	¥270.0	¥85.0	¥42.0	¥9,130.0	¥350.0	¥350.0	¥1,250.0	¥11,080.0	¥1,182.0	¥9,898.0
7	郑浩然	¥530.0	¥240.0	¥165.0	¥330.0	¥130.0	¥65.0	¥11,588.0	¥0.0	¥650.0	¥1,650.0	¥13,888.0	¥1,460.0	¥12,428.0
8	王雨薇	¥470.0	¥200.0	¥145.0	¥285.0	¥95.0	¥52.0	¥7,679.0	¥250.0	¥450.0	¥1,350.0	¥9,729.0	¥1,247.0	¥8,482.0
9	李泽恺	¥505.0	¥225.0	¥152.0	¥305.0	¥105.0	¥54.0	¥16,203.0	¥0.0	¥520.0	¥1,520.0	¥18,243.0	¥1,346.0	¥16,897.0
10	张梦琪	¥465.0	¥195.0	¥132.0	¥275.0	¥88.0	¥43.0	¥13,531.0	¥320.0	¥320.0	¥1,220.0	¥15,391.0	¥1,198.0	¥14,193.0
11	何俊辉	¥525.0	¥235.0	¥162.0	¥325.0	¥125.0	¥62.0	¥9,248.0	¥0.0	¥620.0	¥1,620.0	¥11,488.0	¥1,434.0	¥10,054.0
12	邓紫琳	¥485.0	¥215.0	¥142.0	¥295.0	¥98.0	¥53.0	¥8,249.0	¥150.0	¥450.0	¥1,350.0	¥10,199.0	¥1,288.0	¥8,911.0
13	胡嘉豪	¥515.0	¥228.0	¥158.0	¥315.0	¥115.0	¥56.0	¥10,138.0	¥0.0	¥580.0	¥1,580.0	¥12,298.0	¥1,387.0	¥10,911.0
14	徐静宜	¥475.0	¥205.0	¥148.0	¥288.0	¥92.0	¥48.0	¥9,049.0	¥220.0	¥420.0	¥1,320.0	¥11,009.0	¥1,256.0	¥9,753.0
15	黄梓轩	¥535.0	¥245.0	¥168.0	¥335.0	¥135.0	¥68.0	¥7,558.0	¥0.0	¥680.0	¥1,680.0	¥9,918.0	¥1,486.0	¥8,432.0
16	谢依琳	¥495.0	¥218.0	¥152.0	¥302.0	¥102.0	¥50.0	¥8,359.0	¥180.0	¥500.0	¥1,500.0	¥10,539.0	¥1,319.0	¥9,220.0
17	彭宇翔	¥468.0	¥198.0	¥138.0	¥278.0	¥86.0	¥41.0	¥6,280.0	¥380.0	¥380.0	¥1,280.0	¥8,320.0	¥1,209.0	¥7,111.0
18	叶思瑶	¥528.0	¥238.0	¥168.0	¥328.0	¥128.0	¥63.0	¥8,358.0	¥0.0	¥630.0	¥1,630.0	¥10,618.0	¥1,453.0	¥9,165.0
19	蔡子豪	¥482.0	¥208.0	¥148.0	¥292.0	¥92.0	¥51.0	¥8,259.0	¥230.0	¥430.0	¥1,330.0	¥10,249.0	¥1,273.0	¥8,976.0
20	林欣怡	¥508.0	¥228.0	¥155.0	¥308.0	¥108.0	¥55.0	¥7,758.0	¥0.0	¥560.0	¥1,560.0	¥9,878.0	¥1,362.0	¥8,516.0
21	罗宇澄	¥472.0	¥202.0	¥142.0	¥282.0	¥90.0	¥46.0	¥6,400.0	¥310.0	¥310.0	¥1,210.0	¥8,230.0	¥1,234.0	¥6,996.0
22	曾芷晴	¥522.0	¥232.0	¥162.0	¥322.0	¥122.0	¥60.0	¥10,138.0	¥0.0	¥620.0	¥1,620.0	¥12,378.0	¥1,420.0	¥10,958.0
23	马俊辉	¥488.0	¥212.0	¥148.0	¥298.0	¥98.0	¥52.0	¥8,249.0	¥170.0	¥470.0	¥1,370.0	¥10,259.0	¥1,296.0	¥8,963.0
24	唐雨薇	¥512.0	¥225.0	¥155.0	¥312.0	¥112.0	¥54.0	¥9,248.0	¥0.0	¥540.0	¥1,540.0	¥11,328.0	¥1,370.0	¥9,958.0
25	计嘉薇	¥478.0	¥208.0	¥148.0	¥288.0	¥95.0	¥47.0	¥7,980.0	¥210.0	¥410.0	¥1,310.0	¥9,890.0	¥1,264.0	¥8,626.0

图 4-84　公式与函数的基本应用(五)

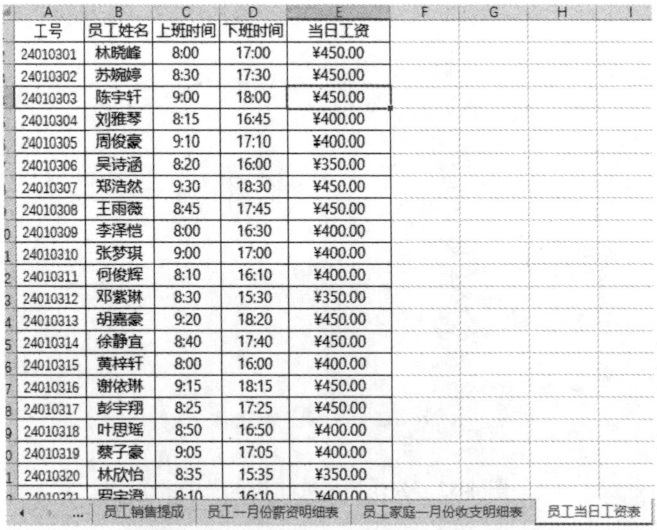

工号	员工姓名	上班时间	下班时间	当日工资
24010301	林晓峰	8:00	17:00	¥450.00
24010302	苏婉婷	8:30	17:30	¥450.00
24010303	陈宇轩	9:00	18:00	¥450.00
24010304	刘雅琴	8:15	16:45	¥400.00
24010305	周俊豪	9:10	17:10	¥400.00
24010306	吴诗涵	8:20	16:00	¥350.00
24010307	郑浩然	9:30	18:30	¥450.00
24010308	王雨薇	8:45	17:45	¥450.00
24010309	李泽恺	8:00	16:30	¥400.00
24010310	张梦琪	9:00	17:00	¥400.00
24010311	何俊辉	8:10	16:10	¥400.00
24010312	邓紫琳	8:30	15:30	¥350.00
24010313	胡嘉豪	9:20	18:20	¥450.00
24010314	徐静宜	8:40	17:40	¥450.00
24010315	黄梓轩	8:00	16:00	¥400.00
24010316	谢依琳	9:15	18:15	¥450.00
24010317	彭宇翔	8:25	17:25	¥450.00
24010318	叶思瑶	8:50	16:50	¥400.00
24010319	蔡子豪	9:05	17:05	¥400.00
24010320	林欣怡	8:35	15:35	¥350.00
24010321	罗宇澄	8:10	16:10	¥400.00

图 4-85　公式与函数的基本应用(六)

4.3.1　员工基本信息表

1. 使用 DATEDIF 函数计算员工年龄

打开员工基本信息表，确保出生年月列数据格式为日期格式(若不是，则选中出生年月列数据(①)，单击右键选择"设置单元格格式"(②)，在"数字"选项卡中选择"日期"→"类型"，单击"确定"(③)，如图 4-86 所示。

员工基本信息表

图 4-86　计算员工年龄

在年龄列对应的第一个数据单元格 G3 中输入公式"=DATEDIF (D3,TODAY (),"y")"，其中 D3 为出生年月列第一个数据单元格。该公式使用 DATEDIF 函数计算从出生年月到当前日期的间隔年数，如图 4-87 所示。

图 4-87　年龄函数参数

按回车键，得到第一个员工的年龄。将鼠标指针移至 G3 单元格右下角，当指针变为黑色十字填充柄时，按住鼠标左键向下拖动，填充整列，得出所有员工的年龄，如图 4-88 所示。

	A	B	C	D	E	F	G	H	I	J
G3						=DATEDIF(D3,TODAY(),"y")				
1					员工基本信息表					
2	工号	员工姓名	性别	出生年月	参加工作年月	电话号码	年龄	工龄	是否退	
3	24010301	林晓峰	男	1965-1-1	1988-4-3	13800138001	60			
4	24010302	苏婉婷	女	1970-3-5	1991-8-9	13900139002	55			
5	24010303	陈宇轩	男	1988-8-8	2011-4-5	13600136003	36			
6	24010304	刘雅琴	女	1993-2-10	2015-7-8	13700137004	32			
7	24010305	周俊豪	男	1991-6-15	2014-9-10	13500135005	33			
8	24010306	吴诗涵	女	1994-4-20	2016-3-4	13400134006	30			
9	24010307	郑浩然	男	1989-9-25	2014-6-7	13300133007	35			
10	24010308	王雨薇	女	1992-11-10	2013-5-6	13200132008	32			
11	24010309	李泽恺	男	1963-7-18	1985-6-5	13100131009	61			
12	24010310	张梦琪	女	1993-5-22	2014-6-6	15800158010	31			
13	24010311	何俊辉	男	1991-10-5	2013-10-3	15900159011	33			
14	24010312	邓紫琳	女	1994-8-12	2016-5-6	15600156012	30			
15	24010313	胡嘉豪	男	1990-12-28	2013-7-9	15700157013	34			
16	24010314	徐静宜	女	1969-4-16	1991-10-5	15500155014	55			
17	24010315	黄梓轩	男	1991-3-9	2014-2-1	15400154015	34			
18	24010316	谢依琳	女	1970-7-20	1993-10-3	15300153016	54			
19	24010317	彭宇翔	男	1990-11-3	2015-4-3	15200152017	34			
20	24010318	叶思涎	女	1992-9-15	2015-4-3	15100151018	32			
21	24010319	蔡子豪	男	1981-2-22	2004-9-2	15000150019	44			
22	24010320	林欣怡	女	1994-1-8	2015-4-8	18800188020	31			
23	24010321	罗宇澄	男	1990-5-10	2014-8-7	18900189021	34			
24	24010322	曾芷晴	女	1992-6-13	2015-4-5	18600186022	32			
25	24010323	马俊辉	男	1964-4-18	1987-4-3	18700187023	60			
26	24010324	唐雨薇	女	1993-8-25	2015-4-6	18500185024	31			
27	24010325	计嘉薇	女	1970-2-1	1993-11-2	18400184025	55			

图 4-88 填充年龄列

2. 使用 DATEDIF 函数计算员工工龄

确保参加工作年月列数据格式为日期格式(若不是，则同年龄计算中日期格式设置方法进行设置)。在工龄列(假设为 H 列)对应的第一个数据单元格(H3)输入公式 "=DATEDIF(E3,TODAY (),"y")"，其中 E3 为 "参加工作年月" 列第一个数据单元格(①)。该公式利用 DATEDIF 函数计算从参加工作年月到当前日期的间隔年数。按回车键，得出第一个员工的工龄。使用填充柄向下拖动填充整列，得出所有员工的工龄(②)，如图 4-89 所示。

3. 使用 OR 函数结合年龄性别判断员工退休状态

在是否退休列对应的第一个数据单元格(I3)输入公式 "=IF(OR(AND(C3="男", G3>=60), AND(C3="女",G3>=55)),"是","")" (①)，其中 C3 为性别列第一个数据单元格，G3 为年龄列第一个数据单元格。该公式通过 OR 函数结合 AND 函数，判断性别和年龄是否满足退休条件，若满足则返回 ""是""(②)，否则返回 " "(③)。按回车键，得出第一个员工是否退休的判断结果。利用填充柄向下拖动填充整列，得出所有员工的退休情况，如图 4-90 所示。

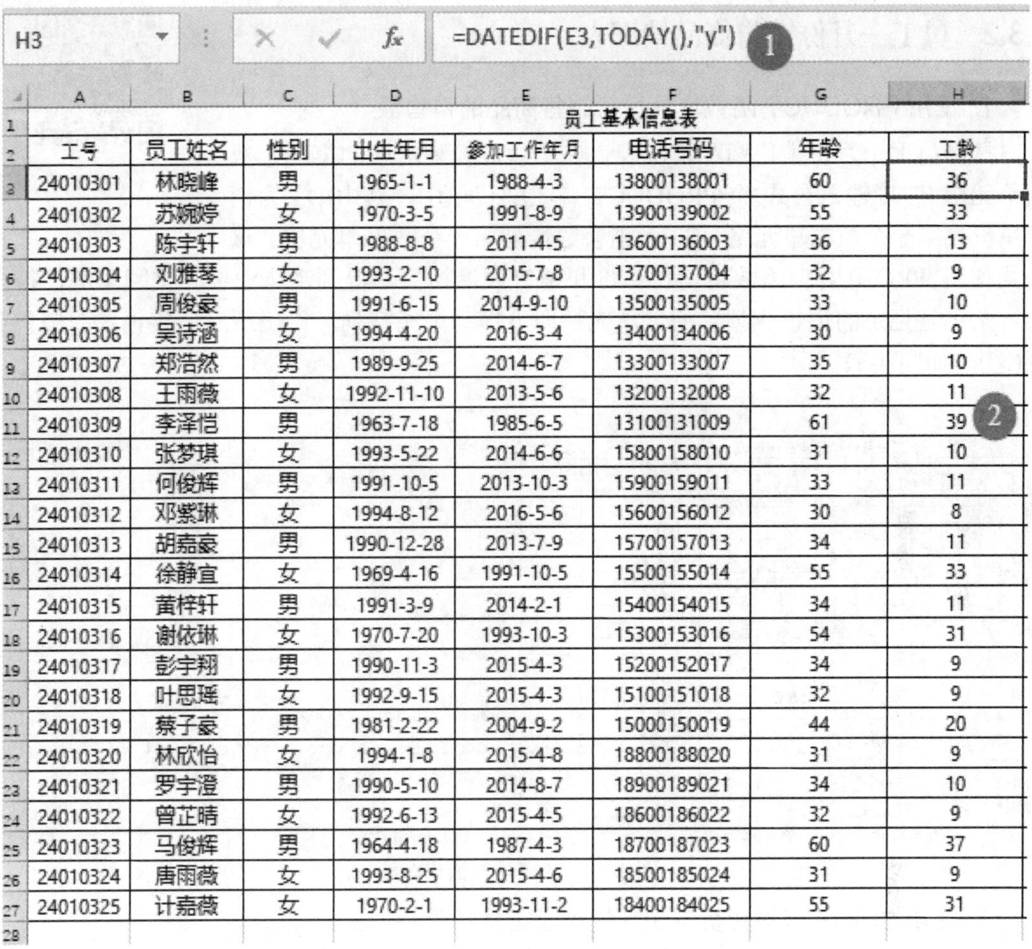

| H3 | | | | fx | =DATEDIF(E3,TODAY(),"y") ① |

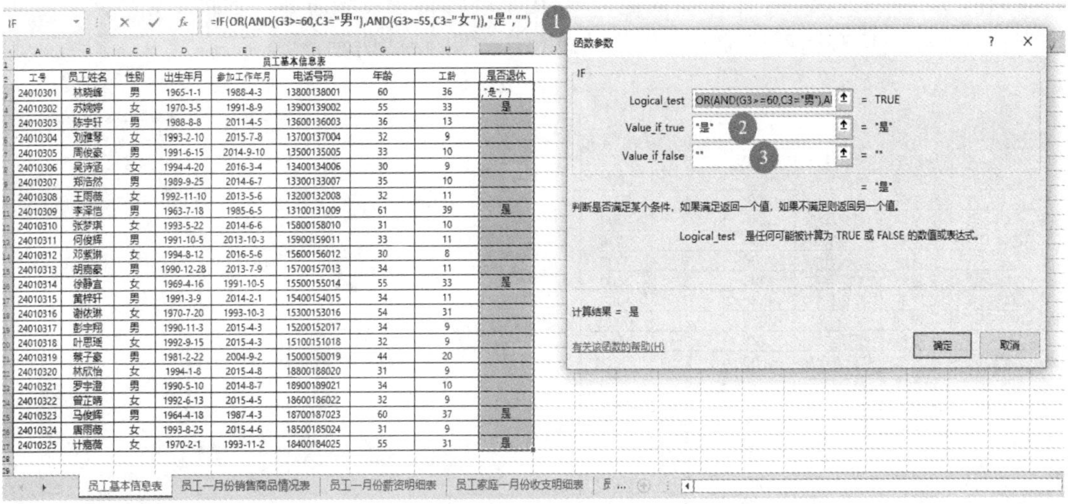

员工基本信息表

工号	员工姓名	性别	出生年月	参加工作年月	电话号码	年龄	工龄
24010301	林晓峰	男	1965-1-1	1988-4-3	13800138001	60	36
24010302	苏婉婷	女	1970-3-5	1991-8-9	13900139002	55	33
24010303	陈宇轩	男	1988-8-8	2011-4-5	13600136003	36	13
24010304	刘雅琴	女	1993-2-10	2015-7-8	13700137004	32	9
24010305	周俊豪	男	1991-6-15	2014-9-10	13500135005	33	10
24010306	吴诗涵	女	1994-4-20	2016-3-4	13400134006	30	9
24010307	郑浩然	男	1989-9-25	2014-6-7	13300133007	35	10
24010308	王雨薇	女	1992-11-10	2013-5-6	13200132008	32	11
24010309	李泽恺	男	1963-7-18	1985-6-5	13100131009	61	39 ②
24010310	张梦琪	女	1993-5-22	2014-6-6	15800158010	31	10
24010311	何俊辉	男	1991-10-5	2013-10-3	15900159011	33	11
24010312	邓紫琳	女	1994-8-12	2016-5-6	15600156012	30	8
24010313	胡嘉袁	男	1990-12-28	2013-7-9	15700157013	34	11
24010314	徐静宣	女	1969-4-16	1991-10-5	15500155014	55	33
24010315	黄梓轩	男	1991-3-9	2014-2-1	15400154015	34	11
24010316	谢依琳	女	1970-7-20	1993-10-3	15300153016	54	31
24010317	彭宇翔	男	1990-11-3	2015-4-3	15200152017	34	9
24010318	叶思瑶	女	1992-9-15	2015-4-3	15100151018	32	9
24010319	蔡子豪	男	1981-2-22	2004-9-2	15000150019	44	20
24010320	林欣怡	女	1994-1-8	2015-4-8	18800188020	31	9
24010321	罗宇澄	男	1990-5-10	2014-8-7	18900189021	34	10
24010322	曾芷晴	女	1992-6-13	2015-4-5	18600186022	32	9
24010323	马俊辉	男	1964-4-18	1987-4-3	18700187023	60	37
24010324	唐雨薇	女	1993-8-25	2015-4-6	18500185024	31	9
24010325	计嘉薇	女	1970-2-1	1993-11-2	18400184025	55	31

图 4-89　计算员工工龄

图 4-90　判断员工是否退休

4.3.2 员工一月份销售商品情况表

1. 使用 PRODUCT 函数计算员工销售商品的销售额

打开员工一月份销售商品情况表，在销售业绩列对应的第一个数据单元格 F3 中输入公式"=PRODUCT (D3,E3)"(①)，其中 D3 为销售单价列第一个数据单元格，E3 为销售数量列第一个数据单元格。该公式使用 PRODUCT 函数将销售单价和销售数量相乘，得到销售业绩。按回车键，得出第一条销售记录的销售业绩。通过填充柄向下拖动填充整列，得出所有销售记录的销售业绩(②)，如图 4-91 所示。

员工一月份销售商品
情况表

图 4-91　计算员工销售业绩

2. 使用 SUMIF 函数按员工统计销售业绩总和

在 G3 单元格中输入公式"=SUMIF(B\$3:B\$138,B3,F\$3:F\$138)"，这里 SUMIF 函数在员工姓名列 B\$3:B\$138 列查找指定的员工姓名(①)，返回销售业绩 F\$3:F\$138 列对应的销售业绩(②)。输入完成后，单击"确定"，得出林晓峰销售业绩总和。通过填充柄向下拖动填充整列，得出所有销售记录的销售业绩总和，如图 4-92 所示。

图 4-92　计算员工销售业绩总和

3. 使用 IF 函数依据销售业绩计算员工销售提成

在 H3 单元格中输入公式"=IF(G3>10000,G3*0.05,G3*0.03)",判断当销售业绩大于 10 000 提成为销售业绩 × 0.05(①),否则为销售业绩 × 0.03(②),单击"确定"(③)。通过填充柄向下拖动填充整列,得出所有销售记录的销售提成,如图 4-93 所示。

图 4-93　计算员工销售提成

4. 使用 SUMIFS 函数计算指定员工的销售业绩总和

计算林晓峰、苏婉婷、陈宇轩 3 人销售业绩总和。在 K3 单元格中输入公式"=SUM (SUMIFS(F3:F138,B3:B138,{"林晓峰","苏婉婷","陈宇轩"}))",这里 SUMIFS 函数在 B 列(员工姓名列)查找指定的员工姓名(①),返回 F 列(销售业绩列)对应的销售业绩,SUM 函数对返回的销售业绩进行求和(②)。输入完成后,单击"确定",得出 3 人的销售业绩总和(③),如图 4-94 所示。

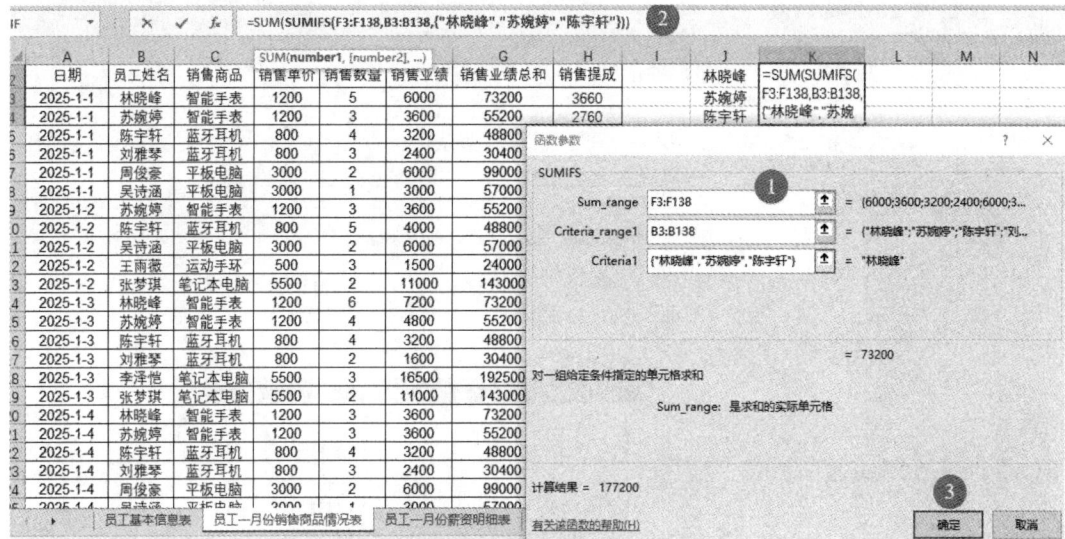

图 4-94　计算 3 人销售业绩总和

5. 使用 COUNTIF 函数统计蓝牙耳机的销售记录次数

在员工一月份销售商品情况表的 M 列对应的 M2 单元格中输入公式"=COUNTIF (C3:C138,"蓝牙耳机")"(①),其中 C3:C138 列为"销售商品"列(②)。使用 COUNTIF 函数统计销售商品列中蓝牙耳机出现的次数，单击"确定"(③)，得出蓝牙耳机销售记录次数，如图 4-95 所示。

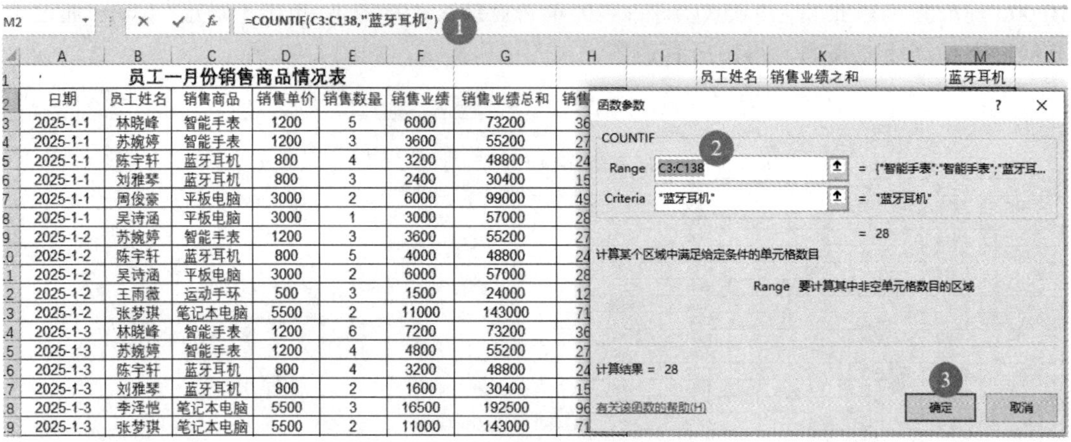

图 4-95　统计蓝牙耳机的销售记录次数

6. 汇总员工销售商品提成并删除重复数据记录

在员工一月销售情况表后面插入新的工作表，命名为"员工销售提成表"，复制员工一月份销售商品情况表的员工姓名和销售提成列到员工销售提成表，在"数据"选项卡中选择"删除重复值"(①)，勾选"员工姓名"(②)，单击"确定"，如图 4-96、图 4-97 所示。

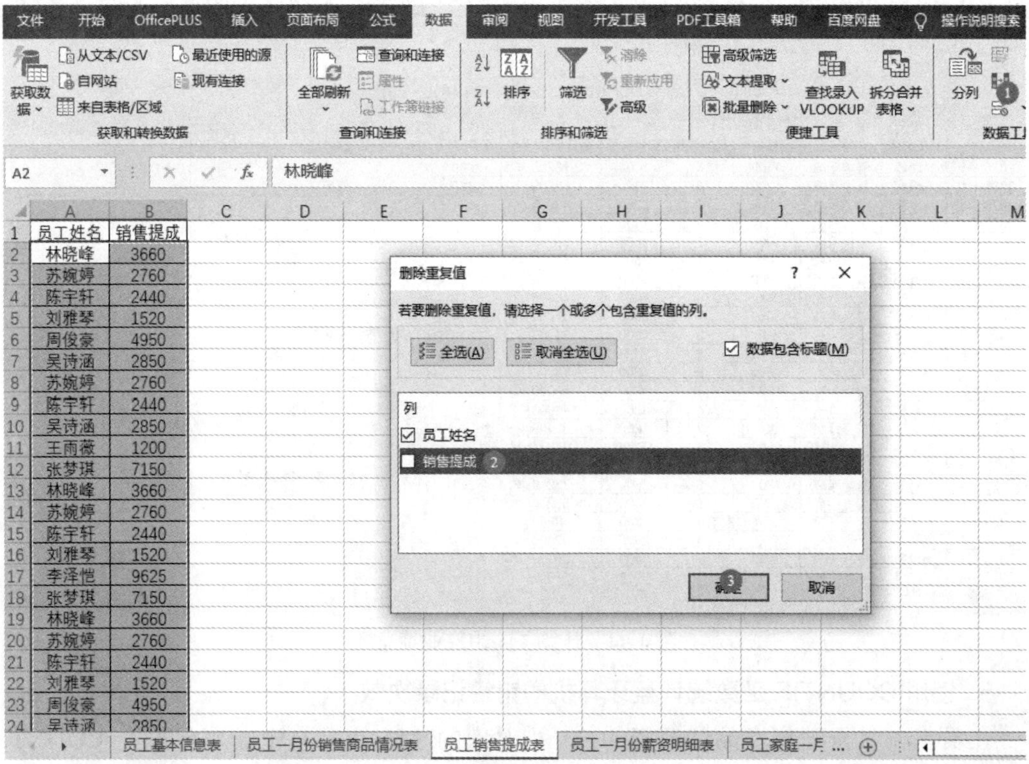

图 4-96　选择重复值

图 4-97　删除重复数据

4.3.3　员工一月份薪资明细表

1. 使用 VLOOKUP 函数根据职务级别查找并计算员工基本工资

鼠标放置在 E3 单元格内，单击"fx"插入函数(①)，在查找函数中输入"VLOOKUP"(②)，单击"确定"(③)，如图 4-98 所示。

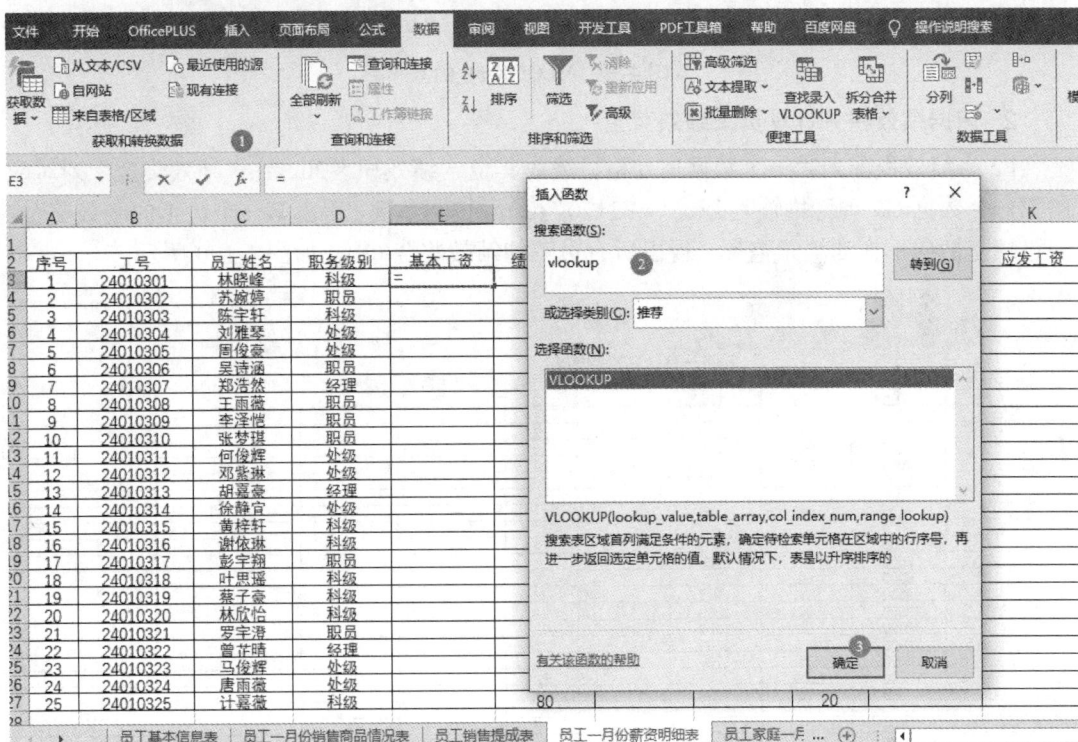

员工一月份薪资明细表

图 4-98　计算员工基本工资

在弹出的"函数参数"对话框中查找值选择"D3"单元格(①)，数据表选择"Q\$1:R\$5"数据区域，并固定单元格为"q\$1:r\$5"(②)，列序数输入"2"(③)，匹配条件输入"false"，单击"确定"完成第一行基本工资输入(④)。通过填充柄向下拖动填充整列，得出所有人员的基本工资，如图 4-99 所示。

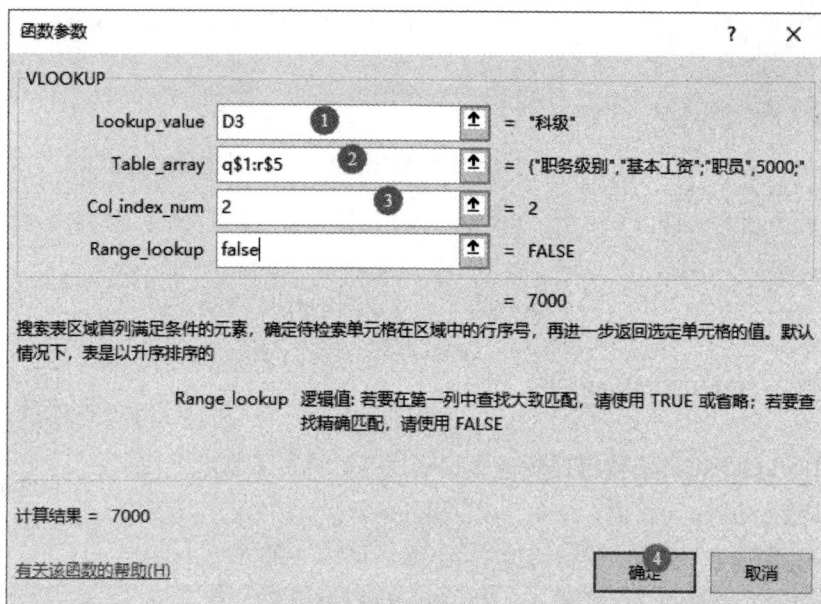

图 4-99　VLOOKUP 函数

2. 依据绩效积分计算员工绩效奖金

F2 为绩效积分列第一个数据单元格，绩效奖金 = 绩效积 × 20。在"绩效奖金"列对应的第一个数据 G3 单元格输入公式"=F3*20"(①)，按回车键，得出第一个员工的绩效奖金。通过填充柄向下拖动填充整列，得出所有员工的绩效奖金(②)，如图 4-100 所示。

图 4-100　计算员工绩效奖金

3. 从销售数据关联获取员工销售提成

在销售提成 H 列对应的第一个数据 H3 单元格输入公式"=IFERROR(VLOOKUP (C3, 员工销售提成!A\$2:B\$11,2,FALSE),0)"(①)，其中 C3 为员工一月份薪资明细表中员工姓名列第一个数据单元格。该公式使用 VLOOKUP 函数，在员工销售提成表中查找当前员工姓名对应的销售提成。按回车键，得出第一个员工的销售提成(②)，如果没有销售提成，则值为"0"(③)。通过填充柄向下拖动填充整列，得出员工的销售提成，如图 4-101 所示。

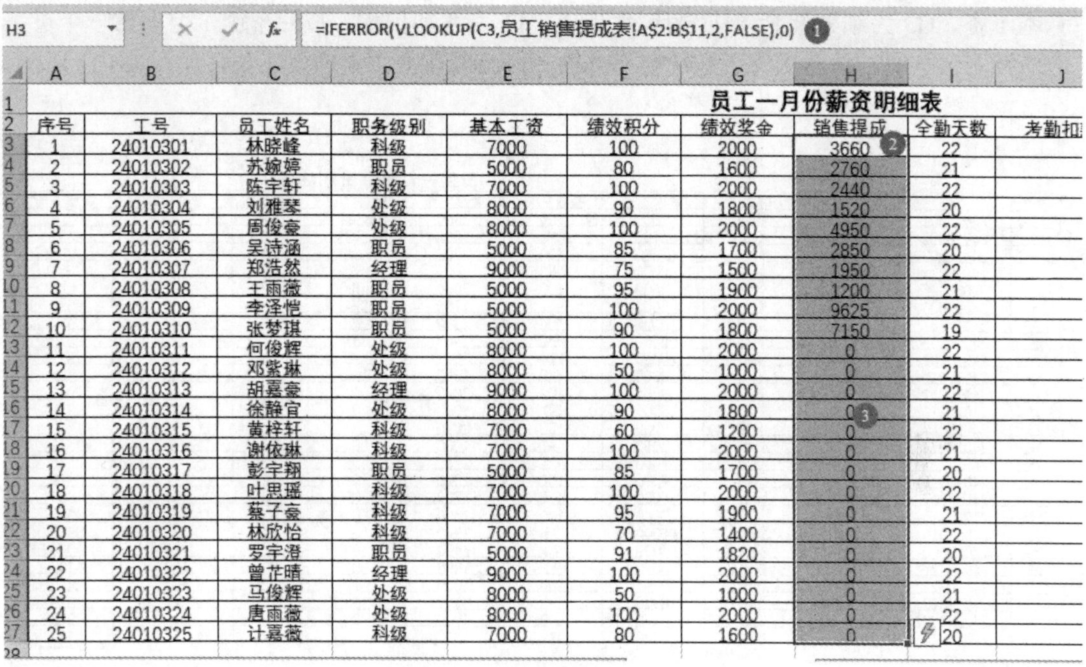

序号	工号	员工姓名	职务级别	基本工资	绩效积分	绩效奖金	销售提成	全勤天数	考勤扣
							员工一月份薪资明细表		
1	24010301	林晓峰	科级	7000	100	2000	3660 ②	22	
2	24010302	苏婉婷	职员	5000	80	1600	2760	21	
3	24010303	陈宇轩	科级	7000	100	2000	2440	22	
4	24010304	刘雅琴	处级	8000	90	1800	1520	20	
5	24010305	周俊豪	处级	8000	100	2000	4950	22	
6	24010306	吴诗涵	职员	5000	85	1700	2850	20	
7	24010307	郑浩然	经理	9000	75	1500	1950	22	
8	24010308	王雨薇	职员	5000	95	1900	1200	21	
9	24010309	李泽恺	职员	5000	100	2000	9625	22	
10	24010310	张梦琪	职员	5000	90	1800	7150	19	
11	24010311	何俊辉	处级	8000	100	2000	0	22	
12	24010312	邓紫琳	处级	8000	50	1000	0	21	
13	24010313	胡嘉豪	经理	9000	100	2000	0	22	
14	24010314	徐静宜	处级	8000	90	1800	0 ③	21	
15	24010315	黄梓轩	科级	7000	60	1200	0	22	
16	24010316	谢依琳	科级	7000	100	2000	0	21	
17	24010317	彭宇翔	职员	5000	85	1700	0	20	
18	24010318	叶思瑶	科级	7000	100	2000	0	22	
19	24010319	蔡子豪	科级	7000	95	1900	0	21	
20	24010320	林欣怡	科级	7000	70	1400	0	22	
21	24010321	罗宇港	职员	5000	91	1820	0	20	
22	24010322	曾芷晴	经理	9000	100	2000	0	22	
23	24010323	马俊辉	处级	8000	50	1000	0	21	
24	24010324	唐雨希	处级	8000	100	2000	0	22	
25	24010325	计嘉薇	科级	7000	80	1600	0	20	

图 4-101　获取员工销售提成

4. 按照全勤天数计算员工考勤扣款金额

在考勤扣款 J 列对应的第一个数据 J3 单元格输入公式"=IF (I3<22,(22-I3)*50,0)"，其中 I3 为全勤天数列第一个数据单元格。根据该公式，可以判断全勤天数是否小于 22 天。若小于 22 天，计算扣款金额，否则扣款为 0。按回车键，得出第一个员工的考勤扣款。使用填充柄向下拖动填充整列，得出所有员工的考勤扣款，单击"确定"，如图 4-102 所示。

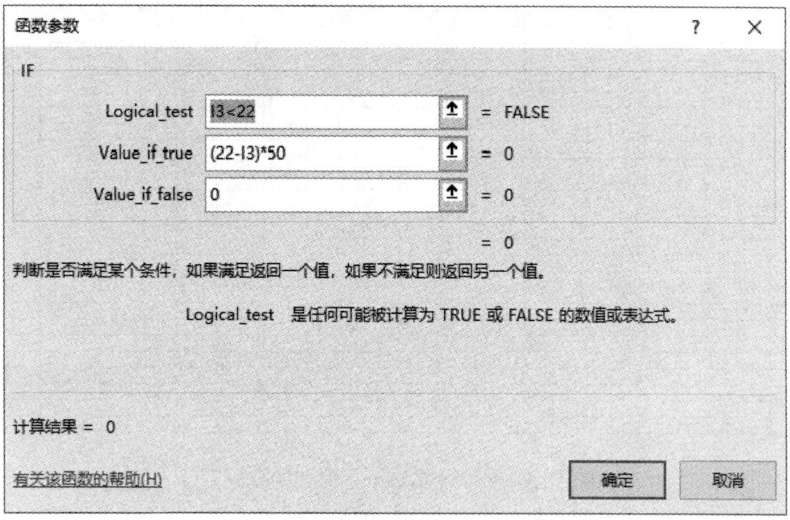

图 4-102　计算员工考勤扣款金额

5. 综合各项薪资构成计算员工应发工资

在应发工资 K 列对应的第一个数据 K3 单元格输入公式 "=E3+G3+H3-I3"，其中 E3 为基本工资，G3 为绩效奖金，H3 为销售提成，I3 为考勤扣款。按回车键，得出第一个员工的应发工资。通过填充柄向下拖动填充整列，得出所有员工的应发工资，如图 4-103 所示。

	K3			fx	=E3+G3+H3-I3						
	A	B	C	D	E	F	G	H	I	J	K
					员工一月份薪资明细表						
序号	工号	员工姓名	职务级别	基本工资	绩效积分	绩效奖金	销售提成	全勤天数	考勤扣款		应发工资
1	24010301	林晓峰	科级	7000	100	2000	3660	22	0		12638
2	24010302	苏婉婷	职员	5000	80	1600	2760	21	50		9339
3	24010303	陈宇轩	科级	7000	100	2000	2440	22	0		11418
4	24010304	刘雅琴	处级	8000	90	1800	1520	20	100		11300
5	24010305	周俊豪	处级	8000	100	2000	4950	22	0		14928
6	24010306	吴诗涵	职员	5000	85	1700	2850	20	100		9530
7	24010307	郑浩然	经理	9000	75	1500	1950	22	0		12428
8	24010308	王雨薇	职员	5000	95	1900	1200	21	50		8079
9	24010309	李泽恺	职员	5000	100	2000	9625	22	0		16603
10	24010310	张梦琪	职员	5000	90	1800	7150	19	150		13931
11	24010311	何俊辉	处级	8000	100	2000	0	22	0		9978
12	24010312	邓紫琳	处级	8000	50	1000	0	21	50		8979
13	24010313	胡嘉豪	经理	9000	100	2000	0	22	0		10978
14	24010314	徐静宜	处级	8000	90	1800	0	21	50		9779
15	24010315	黄梓轩	科级	7000	60	1200	0	22	0		8178
16	24010316	谢依琳	科级	7000	100	2000	0	21	50		8979
17	24010317	彭宇翔	职员	5000	85	1700	0	20	100		6680
18	24010318	叶思瑶	科级	7000	100	2000	0	22	0		8978
19	24010319	蔡子豪	科级	7000	95	1900	0	21	50		8879
20	24010320	林欣怡	科级	7000	70	1400	0	22	0		8378
21	24010321	罗宇潜	职员	5000	91	1820	0	20	100		6800
22	24010322	曾芷晴	经理	9000	100	2000	0	22	0		10978
23	24010323	马俊辉	处级	8000	50	1000	0	21	50		8979
24	24010324	唐雨薇	处级	8000	100	2000	0	22	0		9978
25	24010325	计嘉薇	科级	7000	80	1600	0	20	100		8580

图 4-103   计算员工应发工资

6. 计算员工社保与个税扣款金额

在 L3 单元格中输入公式 "=E3*0.08"，按回车键(①)，得出第一个员工的扣款金额。通过填充柄向下拖动填充整列，为所有员工设置社保扣款金额(②)，如图 4-104 所示。

	L3			fx	=E3*0.08 ①							
	A	B	C	D	E	F	G	H	I	J	K	L
					员工一月份薪资明细表							
序号	工号	员工姓名	职务级别	基本工资	绩效积分	绩效奖金	销售提成	全勤天数	考勤扣款		应发工资	扣社保
1	24010301	林晓峰	科级	7000	100	2000	3660	22	0		12638	560
2	24010302	苏婉婷	职员	5000	80	1600	2760	21	50		9339	400
3	24010303	陈宇轩	科级	7000	100	2000	2440	22	0		11418	560
4	24010304	刘雅琴	处级	8000	90	1800	1520	20	100		11300	640
5	24010305	周俊豪	处级	8000	100	2000	4950	22	0		14928	640
6	24010306	吴诗涵	职员	5000	85	1700	2850	20	100		9530	400
7	24010307	郑浩然	经理	9000	75	1500	1950	22	0		12428	720
8	24010308	王雨薇	职员	5000	95	1900	1200	21	50		8079	400
9	24010309	李泽恺	职员	5000	100	2000	9625	22	0		16603	400
10	24010310	张梦琪	职员	5000	90	1800	7150	19	150		13931	400
11	24010311	何俊辉	处级	8000	100	2000	0	22	0		9978	640
12	24010312	邓紫琳	处级	8000	50	1000	0	21	50		8979	640
13	24010313	胡嘉豪	经理	9000	100	2000	0	22	0		10978	720
14	24010314	徐静宜	处级	8000	90	1800	0	21	50		9779	640
15	24010315	黄梓轩	科级	7000	60	1200	0	22	0		8178	560
16	24010316	谢依琳	科级	7000	100	2000	0	21	50		8979	560
17	24010317	彭宇翔	职员	5000	85	1700	0	20	100		6680	400
18	24010318	叶思瑶	科级	7000	100	2000	0	22	0		8978	560
19	24010319	蔡子豪	科级	7000	95	1900	0	21	50		8879	560
20	24010320	林欣怡	科级	7000	70	1400	0	22	0		8378	560
21	24010321	罗宇潜	职员	5000	91	1820	0	20	100		6800	400
22	24010322	曾芷晴	经理	9000	100	2000	0	22	0		10978	720
23	24010323	马俊辉	处级	8000	50	1000	0	21	50		8979	640
24	24010324	唐雨薇	处级	8000	100	2000	0	22	0		9978	640
25	24010325	计嘉薇	科级	7000	80	1600	0	20	100		8580	560

图 4-104   计算员工社保扣款金额

在扣个税 M 列对应的第一个数据 M3 单元格输入公式 "=IF(E3>5000, (E3-5000)*0.03,0)"，其中 M3 为扣个税列第一个数据单元格。按回车键，得出第一个员工的扣个税金额。通过填充柄向下拖动填充整列，得出所有员工的扣个税金额，如图 4-105 所示。

C	D	E	F	G	H	I	J	K	L	M
员工姓名	职务级别	基本工资	绩效积分	绩效奖金	销售提成	全勤天数	考勤扣款	应发工资	扣社保	扣个税
林晓峰	科级	7000	100	2000	3660	22	0	12638	560	60
苏婉婷	职员	5000	80	1600	2760	21	50	9339	400	0
陈宇轩	科级	7000	100	2000	2440	22	0	11418	560	60
刘雅琴	处级	8000	90	1800	1520	20	100	11300	640	90
周俊豪	处级	8000	100	2000	4950	22	0	14928	640	90
吴诗涵	职员	5000	85	1700	2850	20	100	9530	400	0
郑浩然	经理	9000	75	1500	1950	22	0	12428	720	120
王雨薇	职员	5000	95	1900	1200	21	50	8079	400	0
李泽恺	职员	5000	100	2000	9625	22	0	16603	400	0
张梦琪	职员	5000	90	1800	7150	19	150	13931	400	0
何俊辉	处级	8000	100	2000	0	22	0	9978	640	90
邓紫琳	处级	8000	50	1000	0	21	50	8979	640	90
胡嘉豪	经理	9000	100	2000	0	22	0	10978	720	120
徐静宜	处级	8000	90	1800	0	21	50	9779	640	90
黄梓轩	科级	7000	60	1200	0	22	0	8178	560	60
谢依琳	科级	7000	100	2000	0	21	50	8979	560	60
彭宇翔	职员	5000	85	1700	0	20	100	6680	400	0
叶思瑶	科级	7000	100	2000	0	22	0	8978	560	60
蔡子豪	科级	7000	95	1900	0	21	50	8879	560	60
林欣怡	科级	7000	70	1400	0	22	0	8378	560	60
罗宇澄	职员	5000	91	1820	0	20	100	6800	400	0
曾芷晴	经理	9000	100	2000	0	22	0	10978	720	120
马俊辉	处级	8000	50	1000	0	21	50	8979	640	90
唐雨薇	处级	8000	100	2000	0	22	0	9978	640	90
计嘉薇	科级	7000	80	1600	0	20	100	8580	560	60

图 4-105　计算员工个税扣款金额

7. 核算员工实发工资

在实发工资 N 列对应的第一个数据 N3 单元格中输入公式"=K3-L3-M3"，按回车键，得出第一个员工的实发工资。通过填充柄向下拖动填充整列，得出所有员工的实发工资，如图 4-106 所示。

C	D	E	F	G	H	I	J	K	L	M	N
工姓名	职务级别	基本工资	绩效积分	绩效奖金	销售提成	全勤天数	考勤扣款	应发工资	扣社保	扣个税	实发工资
晓峰	科级	7000	100	2000	3660	22	0	12638	560	60	12018
婉婷	职员	5000	80	1600	2760	21	50	9339	400	0	8939
宇轩	科级	7000	100	2000	2440	22	0	11418	560	60	10798
雅琴	处级	8000	90	1800	1520	20	100	11300	640	90	10570
俊豪	处级	8000	100	2000	4950	22	0	14928	640	90	14198
诗涵	职员	5000	85	1700	2850	20	100	9530	400	0	9130
浩然	经理	9000	75	1500	1950	22	0	12428	720	120	11588
雨薇	职员	5000	95	1900	1200	21	50	8079	400	0	7679
泽恺	职员	5000	100	2000	9625	22	0	16603	400	0	16203
梦琪	职员	5000	90	1800	7150	19	150	13931	400	0	13531
俊辉	处级	8000	100	2000	0	22	0	9978	640	90	9248
紫琳	处级	8000	50	1000	0	21	50	8979	640	90	8249
嘉豪	经理	9000	100	2000	0	22	0	10978	720	120	10138
静宜	处级	8000	90	1800	0	21	50	9779	640	90	9049
梓轩	科级	7000	60	1200	0	22	0	8178	560	60	7558
依琳	科级	7000	100	2000	0	21	50	8979	560	60	8359
宇翔	职员	5000	85	1700	0	20	100	6680	400	0	6280
思瑶	科级	7000	100	2000	0	22	0	8978	560	60	8358
子豪	科级	7000	95	1900	0	21	50	8879	560	60	8259
欣怡	科级	7000	70	1400	0	22	0	8378	560	60	7758
宇澄	职员	5000	91	1820	0	20	100	6800	400	0	6400
芷晴	经理	9000	100	2000	0	22	0	10978	720	120	10138
俊辉	处级	8000	50	1000	0	21	50	8979	640	90	8249
雨薇	处级	8000	100	2000	0	22	0	9978	640	90	9248
嘉薇	科级	7000	80	1600	0	20	100	8580	560	60	7960

图 4-106　核算员工实发工资

8. 根据绩效积分评定员工绩效等级

在绩效等级 O 列对应的第一个数据 O3 单元格中输入公式"=IF (F3>=90,"优秀",IF (F3>=80,"良好",IF (F3>=70,"中等",IF (F3>=60,"合格","不合格"))))"（①），其中 F3 为绩效积分列第一个数据单元格。该公式根据绩效积分划分绩效等级。按回车键，得出第一个员工的绩效等级(②)。使用填充柄向下拖动填充整列，得出所有员工的绩效等级，如图 4-107 所示。

工姓名	职务级别	基本工资	绩效积分	绩效奖金	销售提成	全勤天数	考勤扣款	应发工资	扣社保	个税	实发工资	绩效等级
晓峰	科级	7000	100	2000	3660	22	0	12638	560	60	12018	优秀
婉婷	职员	5000	80	1600	2760	21	50	9339	400	0	8939	良好
宇轩	科级	7000	100	2000	2440	22	0	11418	560	60	10798	优秀
雅琴	处级	8000	90	1800	1520	20	100	11300	640	90	10570	优秀
俊豪	处级	8000	100	2000	4950	22	0	14928	640	90	14198	优秀
诗涵	职员	5000	85	1700	2850	20	100	9530	400	0	9130	良好
浩然	经理	9000	75	1500	1950	22	0	12428	720	120	11588	中等
雨薇	职员	5000	95	1900	1200	21	50	8079	400	0	7679	优秀
泽恺	职员	5000	100	2000	9625	22	0	16603	400	0	16203	优秀
梦琪	职员	5000	90	1800	7150	19	150	13931	400	0	13531	优秀
俊辉	处级	8000	100	2000	0	22	0	9978	640	90	9248	优秀
紫琳	处级	8000	50	1000	0	21	50	8979	640	90	8249	不合格
嘉宜	经理	9000	100	2000	0	22	0	10978	720	120	10138	优秀
静高	处级	8000	90	1800	0	21	50	9779	640	90	9049	优秀
梓轩	科级	7000	60	1200	0	22	0	8178	560	60	7558	合格
依琳	科级	7000	100	2000	0	21	50	8979	560	60	8359	优秀
宇翔	职员	5000	85	1700	0	20	100	6680	400	0	6280	良好
思涵	科级	7000	100	2000	0	22	0	8978	560	60	8358	优秀
子豪	科级	7000	95	1900	0	21	50	8879	560	60	8259	优秀
欣怡	科级	7000	70	1400	0	22	0	8378	560	60	7758	中等
宇浩	职员	5000	91	1820	0	20	100	6800	400	0	6400	优秀
芷晴	经理	9000	100	2000	0	22	0	10978	720	120	10138	优秀
俊辉	处级	8000	50	1000	0	21	50	8979	640	90	8249	不合格
雨薇	处级	8000	100	2000	0	22	0	9978	640	90	9248	优秀
嘉薇	科级	7000	80	1600	0	22	100	8580	560	60	7960	良好

图 4-107　计算员工绩效等级

4.3.4　员工家庭一月份收支明细表

1. 运用 VLOOKUP 函数获取员工家庭工资收入

在员工家庭一月份收支明细表的工资收入 I 列对应的第一个数据 I3 单元格中输入公式 "=VLOOKUP(B3,员工一月份薪资明细表!C$2:O$27,12,FALSE)"(①)，其中 B3 为员工家庭一月份收支明细表中员工姓名列第一个数据单元格。数据表为 "员工一月份薪资明细表的 C$2:O$27"(②)单元格数据，"列序数" 为应发工资对应的列。按回车键，得出第一个员工的工资收入。通过填充柄向下拖动填充整列，得出所有员工的工资收入，单击 "确定，如图 4-108 所示。

员工家庭一月份收支明细表

图 4-108　VLOOKUP 函数获取员工家庭工资收入

2. 计算员工家庭各项收入总和、总支出及总收支情况

在总收入列 M 列对应的第一个数据 M3 单元格中输入公式"=I3+J3+K3+L3"（①），其中 I3 为工资收入，J3 为兼职收入，K3 为投资收益，L3 为租金收入。该公式计算总收入。按回车键，得出第一个员工的总收入。通过填充柄向下拖动填充整列，得出所有员工的总收入(②)，如图 4-109 所示。

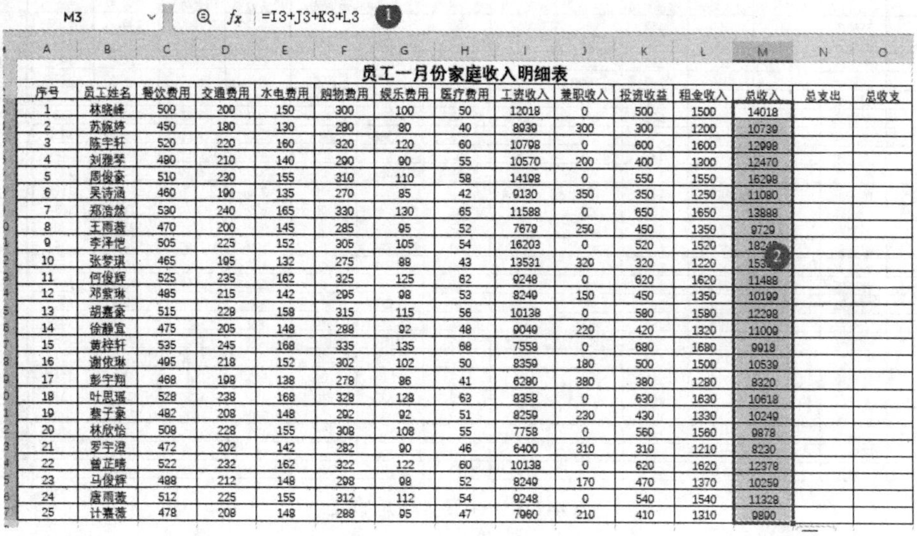

图 4-109　计算员工家庭总收入

在总支出 N 列对应的第一个数据 N3 单元格输入公式"=C3+D3+E3+F3+H3+H3"(或输入公式"=SUM(C3:H3)")，其中 C3-H3 分别为餐饮费用、交通费用、水电费用、购物费用、娱乐费用、医疗费用。该公式计算总支出。按回车键，得出第一个员工的总支出。通过填充柄向下拖动填充整列，得出所有员工的总支出，单击"确定"，如图 4-110 所示。

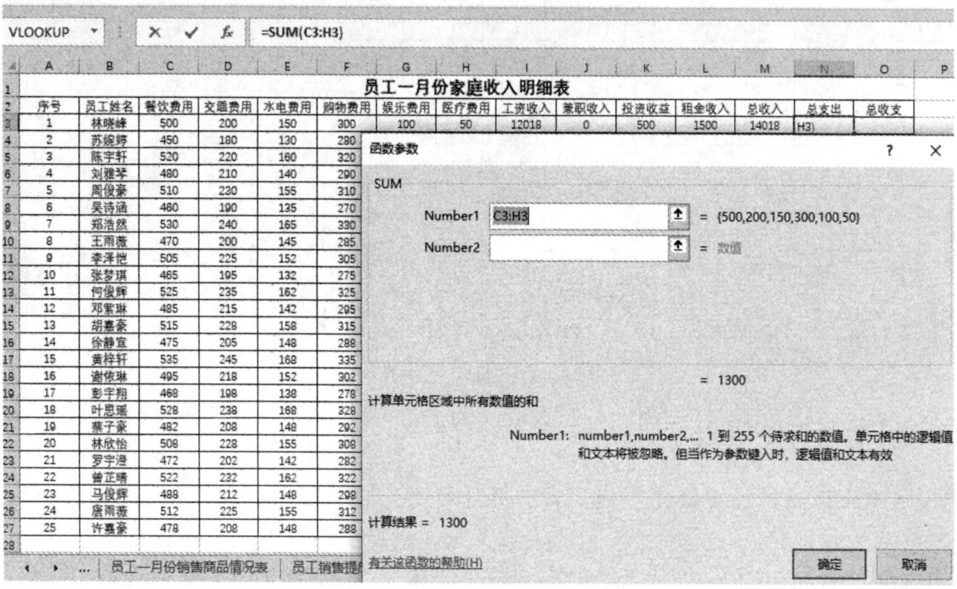

图 4-110　计算员工家庭总支出

在总收支 O 列对应的第一个数据 O3 单元格输入公式"=M3-N3",其中 M3 为总收入,N3 为总支出。该公式计算总收支。按回车键,得出第一个员工的总收支。通过填充柄向下拖动填充整列,得出所有员工的总收支,如图 4-111 所示。

O3		⊙	fx	=M3-N3											

A	B	C	D	E	F	G	H	I	J	K	L	M	N	O
						员工一月份家庭收入明细表								
序号	员工姓名	餐饮费用	交通费用	水电费用	购物费用	娱乐费用	医疗费用	工资收入	兼职收入	投资收益	租金收入	总收入	总支出	总收支
1	林晓峰	500	200	150	300	100	50	12018	0	500	1500	14018	1300	12718
2	苏婉婷	450	180	130	280	80	40	8939	300	300	1200	10739	1160	9579
3	陈宇轩	520	220	160	320	120	60	10798	0	600	1600	12998	1400	11598
4	刘雅琴	480	210	140	290	90	55	10570	200	400	1300	12470	1265	11205
5	周俊豪	510	230	155	310	110	58	14198	0	550	1550	16298	1373	14925
6	吴诗涵	460	190	135	270	85	42	9130	350	350	1250	11080	1182	9898
7	郑浩然	530	240	165	330	130	65	11588	0	650	1650	13888	1460	12428
8	王雨薇	470	200	145	285	95	52	7679	250	450	1350	9729	1247	8482
9	李泽恺	505	225	152	305	105	54	16203	0	520	1520	18243	1346	16897
10	张梦琪	465	195	132	275	88	43	13531	320	320	1220	15391	1198	14193
11	何俊晖	525	235	162	325	125	62	9248	0	620	1620	11488	1434	10054
12	邓紫琳	485	215	142	295	98	53	8249	150	450	1350	10199	1288	8911
13	胡嘉豪	515	228	158	315	115	56	10138	0	580	1580	12298	1387	10911
14	徐静宜	475	205	148	288	92	48	9049	220	420	1320	11009	1256	9753
15	黄梓轩	535	245	168	335	135	68	7558	0	680	1680	9918	1486	8432
16	谢依琳	495	218	152	302	102	50	8359	180	500	1500	10539	1319	9220
17	彭宇翔	468	198	138	278	86	41	6280	380	380	1280	8320	1209	7111
18	叶思瑶	528	238	168	328	128	63	8358	0	630	1630	10618	1453	9165
19	蔡子豪	482	208	148	292	92	51	8259	230	430	1330	10249	1273	8976
20	林欣怡	508	228	155	308	108	55	7758	0	560	1560	9878	1362	8516
21	罗宇泽	472	202	142	282	90	46	6400	310	310	1210	8230	1234	6996
22	曾芷晴	522	232	162	322	122	60	10138	0	620	1620	12378	1420	10958
23	马俊晖	488	212	148	298	98	52	8249	170	470	1370	10259	1296	8963
24	唐雨薇	512	225	155	312	112	54	9248	0	540	1540	11328	1370	9958
25	计嘉薇	478	208	148	288	95	47	7960	210	410	1310	9890	1264	8626

图 4-111　计算员工总收支

设置员工一月份家庭收入明细表的费用数据格式为"货币"符号显示,保留 1 位小数,如图 4-112 所示。

序号	员工姓名	餐饮费用	交通费用	水电费用	购物费用	娱乐费用	医疗费用	工资收入	兼职收入	投资收益	租金收入	总收入	总支出	总收支
							员工一月份家庭收入明细表							
1	林晓峰	¥500.0	¥200.0	¥150.0	¥300.0	¥100.0	¥50.0	¥12,018.0	¥0.0	¥500.0	¥1,500.0	¥14,018.0	¥1,300.0	¥12,718.0
2	苏婉婷	¥450.0	¥180.0	¥130.0	¥280.0	¥80.0	¥40.0	¥8,939.0	¥300.0	¥300.0	¥1,200.0	¥10,739.0	¥1,160.0	¥9,579.0
3	陈宇轩	¥520.0	¥220.0	¥160.0	¥320.0	¥120.0	¥60.0	¥10,798.0	¥0.0	¥600.0	¥1,600.0	¥12,998.0	¥1,400.0	¥11,598.0
4	刘雅琴	¥480.0	¥210.0	¥140.0	¥290.0	¥90.0	¥55.0	¥10,570.0	¥200.0	¥400.0	¥1,300.0	¥12,470.0	¥1,265.0	¥11,205.0
5	周俊豪	¥510.0	¥230.0	¥155.0	¥310.0	¥110.0	¥58.0	¥14,198.0	¥0.0	¥550.0	¥1,550.0	¥16,298.0	¥1,373.0	¥14,925.0
6	吴诗涵	¥460.0	¥190.0	¥135.0	¥270.0	¥85.0	¥42.0	¥9,130.0	¥350.0	¥350.0	¥1,250.0	¥11,080.0	¥1,182.0	¥9,898.0
7	郑浩然	¥530.0	¥240.0	¥165.0	¥330.0	¥130.0	¥65.0	¥11,588.0	¥0.0	¥650.0	¥1,650.0	¥13,888.0	¥1,460.0	¥12,428.0
8	王雨薇	¥470.0	¥200.0	¥145.0	¥285.0	¥95.0	¥52.0	¥7,679.0	¥250.0	¥450.0	¥1,350.0	¥9,729.0	¥1,247.0	¥8,482.0
9	李泽恺	¥505.0	¥225.0	¥152.0	¥305.0	¥105.0	¥54.0	¥16,203.0	¥0.0	¥520.0	¥1,520.0	¥18,243.0	¥1,346.0	¥16,897.0
10	张梦琪	¥465.0	¥195.0	¥132.0	¥275.0	¥88.0	¥43.0	¥13,531.0	¥320.0	¥320.0	¥1,220.0	¥15,391.0	¥1,198.0	¥14,193.0
11	何俊晖	¥525.0	¥235.0	¥162.0	¥325.0	¥125.0	¥62.0	¥9,248.0	¥0.0	¥620.0	¥1,620.0	¥11,488.0	¥1,434.0	¥10,054.0
12	邓紫琳	¥485.0	¥215.0	¥142.0	¥295.0	¥98.0	¥53.0	¥8,249.0	¥150.0	¥450.0	¥1,350.0	¥10,199.0	¥1,288.0	¥8,911.0
13	胡嘉豪	¥515.0	¥228.0	¥158.0	¥315.0	¥115.0	¥56.0	¥10,138.0	¥0.0	¥580.0	¥1,580.0	¥12,298.0	¥1,387.0	¥10,911.0
14	徐静宜	¥475.0	¥205.0	¥148.0	¥288.0	¥92.0	¥48.0	¥9,049.0	¥220.0	¥420.0	¥1,320.0	¥11,009.0	¥1,256.0	¥9,753.0
15	黄梓轩	¥535.0	¥245.0	¥168.0	¥335.0	¥135.0	¥68.0	¥7,558.0	¥0.0	¥680.0	¥1,680.0	¥9,918.0	¥1,486.0	¥8,432.0
16	谢依琳	¥495.0	¥218.0	¥152.0	¥302.0	¥102.0	¥50.0	¥8,359.0	¥180.0	¥500.0	¥1,500.0	¥10,539.0	¥1,319.0	¥9,220.0
17	彭宇翔	¥468.0	¥198.0	¥138.0	¥278.0	¥86.0	¥41.0	¥6,280.0	¥380.0	¥380.0	¥1,290.0	¥8,320.0	¥1,209.0	¥7,111.0
18	叶思瑶	¥528.0	¥238.0	¥168.0	¥328.0	¥128.0	¥63.0	¥8,358.0	¥0.0	¥630.0	¥1,630.0	¥10,618.0	¥1,453.0	¥9,165.0
19	蔡子豪	¥482.0	¥208.0	¥148.0	¥292.0	¥92.0	¥51.0	¥8,259.0	¥230.0	¥430.0	¥1,330.0	¥10,249.0	¥1,273.0	¥8,976.0
20	林欣怡	¥508.0	¥228.0	¥155.0	¥308.0	¥108.0	¥55.0	¥7,758.0	¥0.0	¥560.0	¥1,560.0	¥9,878.0	¥1,362.0	¥8,516.0
21	罗宇泽	¥472.0	¥202.0	¥142.0	¥282.0	¥90.0	¥46.0	¥6,400.0	¥310.0	¥310.0	¥1,210.0	¥8,230.0	¥1,234.0	¥6,996.0
22	曾芷晴	¥522.0	¥232.0	¥162.0	¥322.0	¥122.0	¥60.0	¥10,138.0	¥0.0	¥620.0	¥1,620.0	¥12,378.0	¥1,420.0	¥10,958.0
23	马俊晖	¥488.0	¥212.0	¥148.0	¥298.0	¥98.0	¥52.0	¥8,249.0	¥170.0	¥470.0	¥1,370.0	¥10,259.0	¥1,296.0	¥8,963.0
24	唐雨薇	¥512.0	¥225.0	¥155.0	¥312.0	¥112.0	¥54.0	¥9,248.0	¥0.0	¥540.0	¥1,540.0	¥11,328.0	¥1,370.0	¥9,958.0
25	计嘉薇	¥478.0	¥208.0	¥148.0	¥288.0	¥95.0	¥47.0	¥7,960.0	¥210.0	¥410.0	¥1,310.0	¥9,890.0	¥1,264.0	¥8,626.0

图 4-112　货币符号显示

4.3.5　员工当日工资表

使用 HOUR 函数计算员工当日工资。打开员工当日工资表,确保上班时间和下班时间列数据格式为时间格式。若不是,则选中数据列,选择"设置单元格格式",在"数字"选项卡中选择"时间"(①)→"类型"(②),单击"确定",如图 4-113 所示。

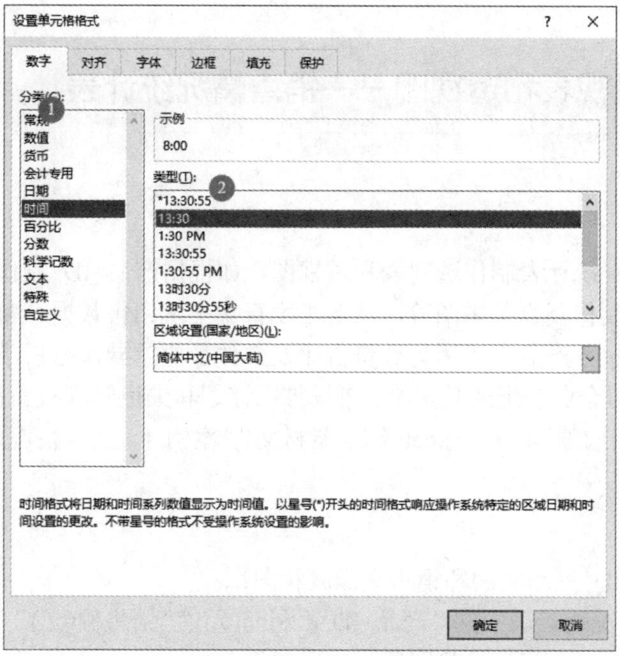

图 4-113　HOUR 函数设置

　　在当日工资 E 列对应的第一个数据 E2 单元格输入公式 "=HOUR (D2-C2)*50" (①)，其中 C2 为上班时间列第一个数据单元格，D2 为下班时间列第一个数据单元格。按回车键，得出第一个员工的当日工资。通过填充柄向下拖动填充整列，得出所有员工的当日工资。注意工资用 "货币" 符号表示(②)，如图 4-114 所示。

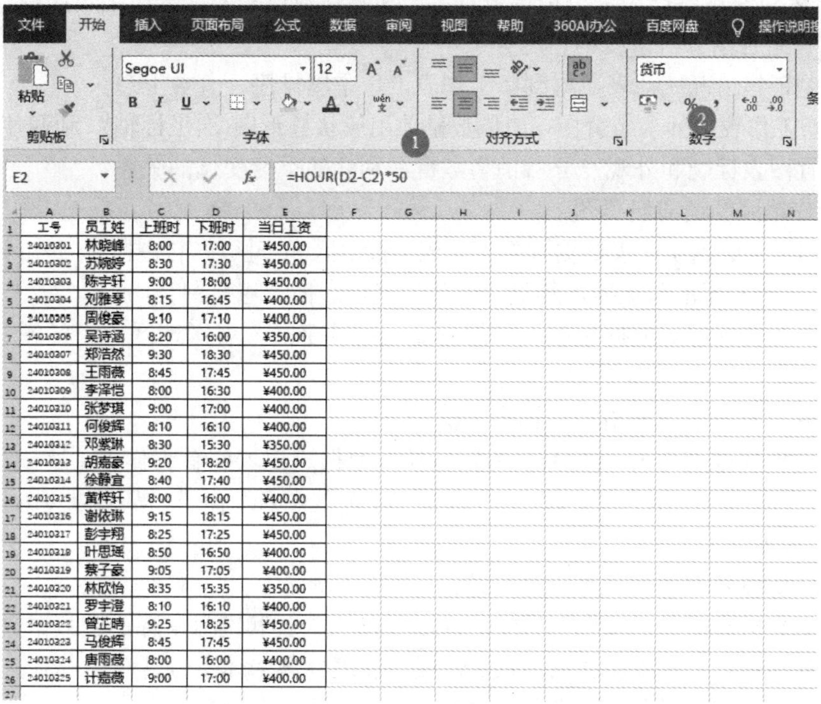

图 4-114　HOUR 函数计算员工当日工资

4.4　透视表和透视图——销售情况统计表

🔊 案例介绍

通过对销售情况统计表制作透视表和透视图，如根据产品 ID 制作利润和销售金额簇状图、按产品大类制作复合条饼图等，从多维度直观呈现销售数据，帮助企业清晰了解不同产品的销售表现、各产品大类销售数量占比及具体数值差异，分析季度销售趋势和地区经销商分布情况，为企业制定产品策略、市场推广计划和渠道管理决策提供有力数据支持。

本案例素材位于"第 4 章　excel 案例\素材文件\案例 4　销售情况统计表.xlsx"。

🔔 任务要求

(1) 根据产品 ID 制作利润和销售金额簇状图：

· 提取销售情况统计表中的"产品 ID""利润(元)""销售额(元)"列数据至新工作表，排序、分类汇总后，插入簇形柱状图展示数据变化。

· 设置图表标题、字体字号，调整图表大小，用于对比不同产品的盈利和销售规模。

(2) 按产品大类的销售数量制作复合条饼图：

· 复制销售情况统计表中的数据到新工作表，按产品大类排序、分类汇总。

· 选择"产品大类"和"销售数量"列插入复合条饼图，设置数据标签、坐标轴和图表文字格式，以呈现各产品大类销售数量占比和具体数值差异，分析销售结构。

(3) 制作组合图分析季度销售趋势：

· 复制销售情况统计表数据到新工作表，按季度排序、分类汇总。

· 在新工作表中插入组合图，销售数量使用簇状柱形图(次坐标轴)，利润使用折线图。

· 设置图表标题和外观，分析销售数量和利润随季度变化的关系。

(4) 制作地区经销商旭日图：

· 复制销售数据统计表数据到新工作表，按地区和子区域升序排序，进行两次分类汇总。新建工作表转置汇总数据，删除"计数"字样后插入旭日图。

· 设置图表标题、数据标签、图例位置及字体字号，展示地区和子区域经销商数量分布。

(5) 创建数据透视表分析产品销售情况：

· 以销售数据统计表 A1:Q41 为区域插入数据透视表到新工作表，字段行选产品大类和小类，值选利润和销售额，筛选季度(如 Q3)，重命名工作表，从多维度分析产品销售数据，支持决策制定。

(6) 基于数据透视表生成数据透视图：

· 依据数据透视表，选特定季度(如 Q2)、产品大类和键盘鼠标小类数据生成透视图。

· 区分利润和销售额数据系列颜色，设置图表标题字体字号，对比产品销售表现。

(7) 切片器在产品销售数据分析中的应用：

　　• 在数据透视表中插入"季度"切片器，单击"不同季度"按钮筛选数据透视图和透视表数据，支持单多选，从时间维度分析产品销售趋势。

完成效果

　　本案例的完成效果如图 4-115～图 4-119 所示。

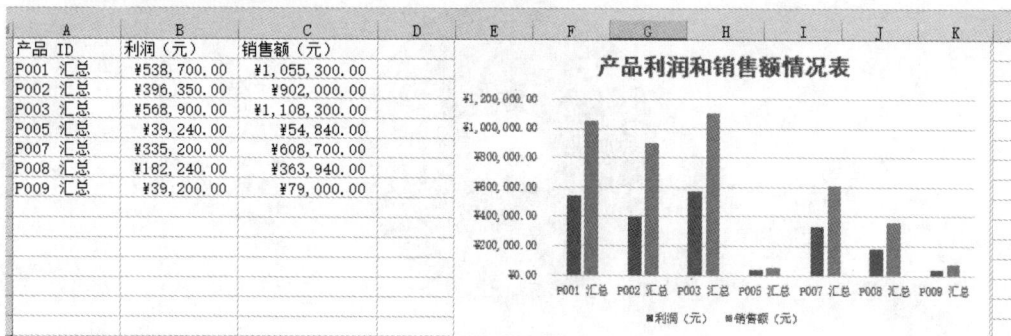

图 4-115　透视表和透视图完成效果(一)

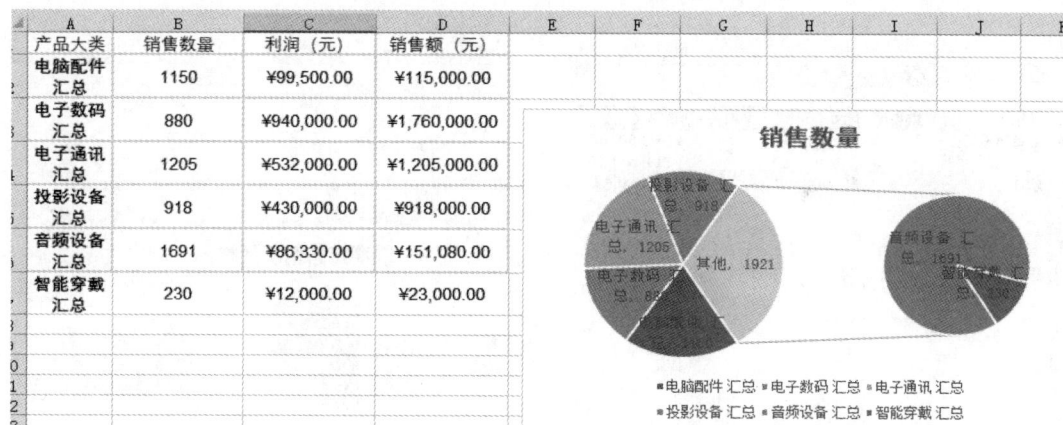

图 4-116　透视表和透视图完成效果(二)

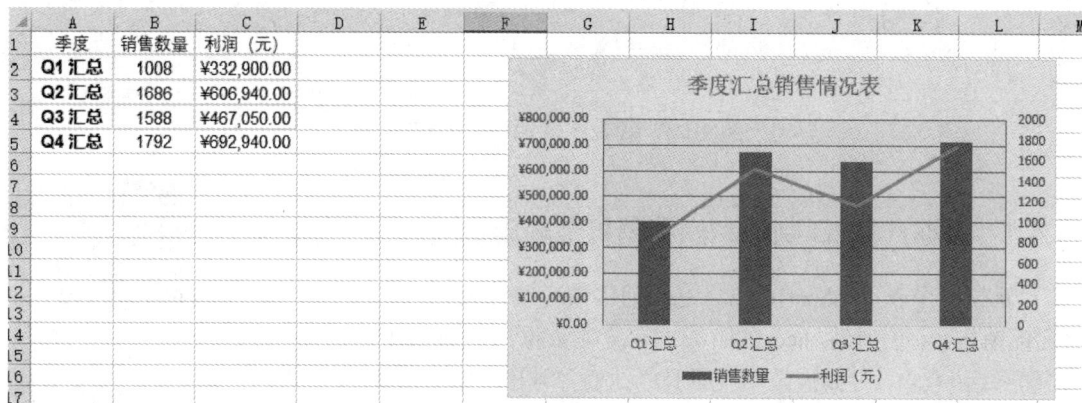

图 4-117　透视表和透视图完成效果(三)

地区	华北			华东				华南			华中			西北					西南		
地区经销商数	6			7				6			6			10							
子区域	河北	内蒙古	陕西	安徽	江苏	上海	浙江	福建	广东	广西	河南	湖北	湖南	甘肃	宁夏	青海	陕西	新疆	贵州	四川	云南
子区域经销商数	2	2	2	1	2	1	3	2	2	2	2	2	2	2	2	2	2	2	1	2	2

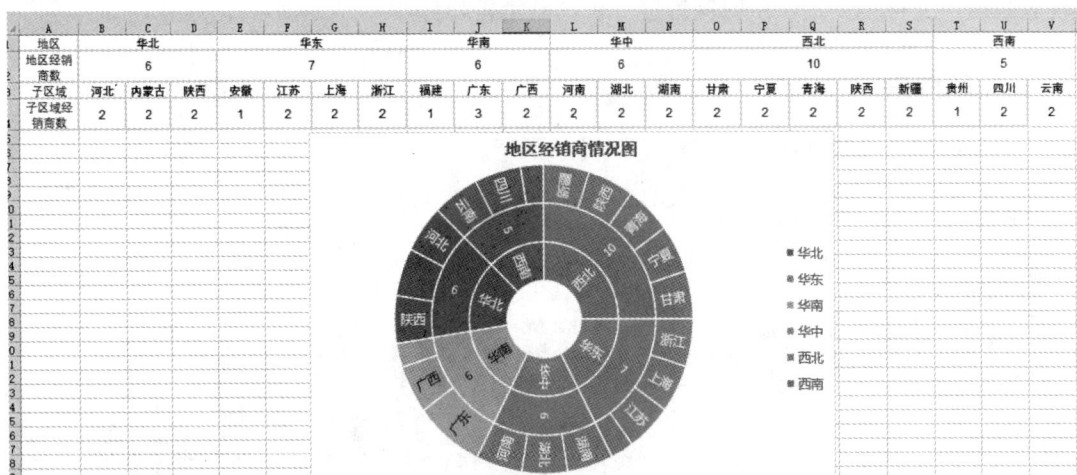

图 4-118　透视表和透视图完成效果(四)

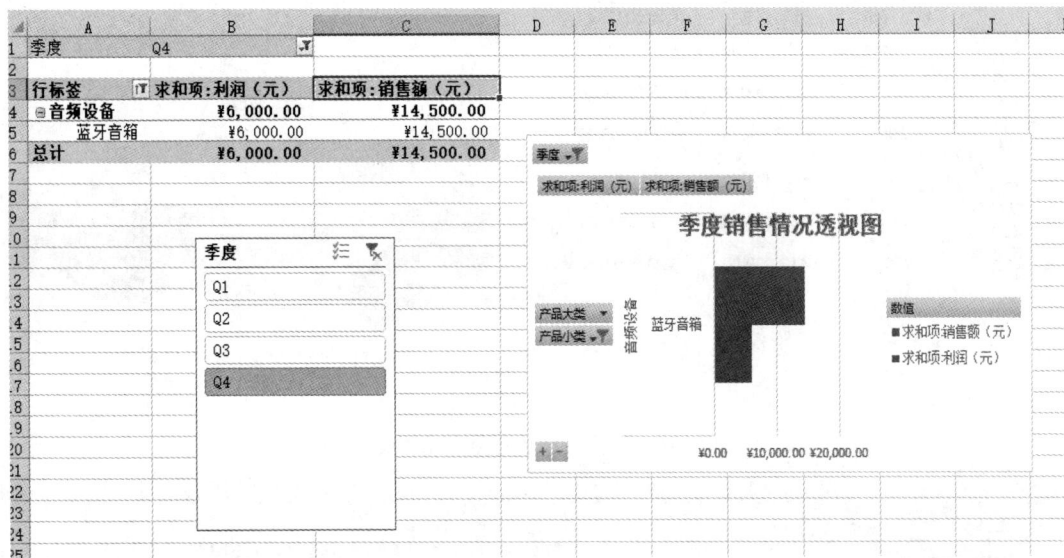

图 4-119　透视表和透视图完成效果(五)

4.4.1　根据产品 ID 制作利润和销售金额簇状图

新建一个表单 sheet1(①),复制销售情况统计表的产品 ID、利润(元)、销售额(元)列到 sheet1 中(②),在复制数据后的 sheet1 中选择"排序和筛选"(③),对数据按"产品 ID"进行"升序"排序(④),单击"确定",如图 4-120 所示。

根据产品 ID 制作利润和销售金额簇状图

图 4-120　按 ID 进行升序排序

　　选中 A1:C41 单元格,对排序后的数据进行分类汇总。选中菜单栏的"分类汇总"选项(①),在"分类汇总"选项中选择分类字段为"产品 ID"(②),汇总方式为"求和"(③),选定汇总项为"利润(元)"和"销售额(元)"(④),单击"确定",如图 4-121 所示。

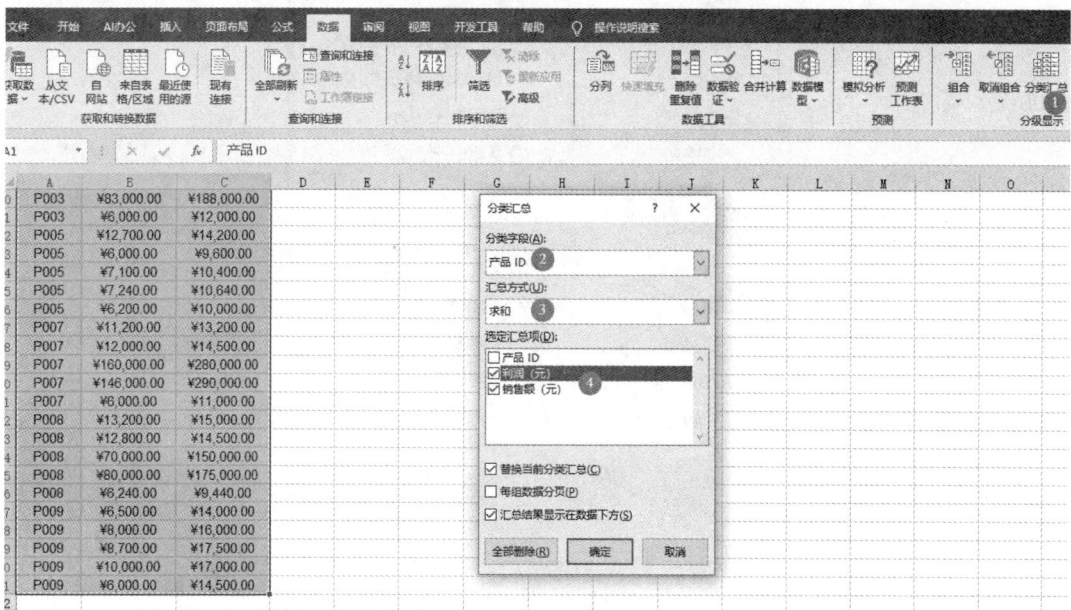

图 4-121　利润销售分类汇总

　　在汇总数据中选择"2"级显示(①),选中数据项,使用 Ctrl + G 快捷键调出"定位"对话框,选中"定位条件"(②),如图 4-122 所示。

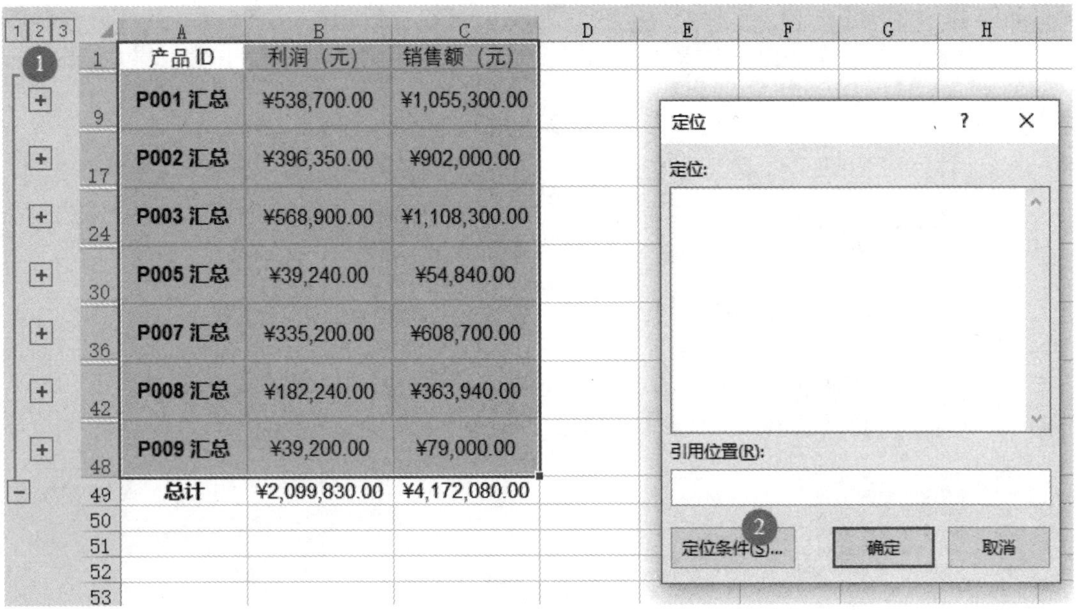

图 4-122　定位对话框

在弹出的"定位条件"对话框中选择"可见单元格"(①)，单击"确定"(②)返回对话框，如图 4-123 所示。

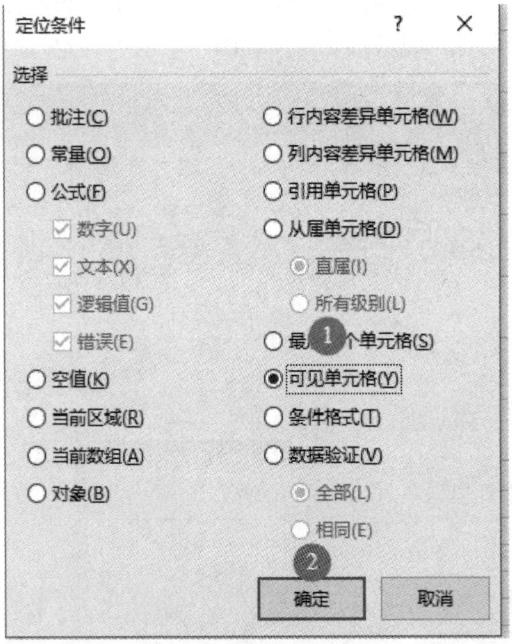

图 4-123　定位条件对话框

新建 sheet2 表(①)，复制 sheet1 的数据到 sheet2 表中，选择"粘贴数值"选项的"123"方式(②)，如图 4-124 所示。

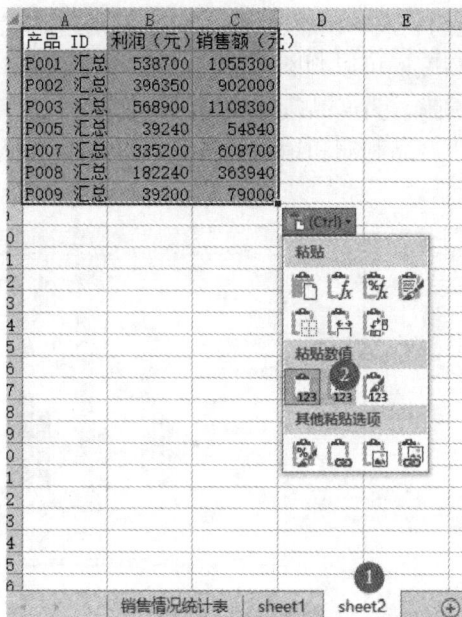

图 4-124　复制粘贴数据

　　调整利润和销售额的数据显示方式为"货币"(①)，通过插入图表展示利润(元)和销售额(元)随产品 ID 的变化情况，簇状图可以直观地对比不同产品 ID 的利润和销售额情况，通过柱子的高度差异，表示各产品在这两个指标上的差异，方便分析产品的盈利能力和销售规模。选中 A1:C8 列数据，选择"插入"→"图表"→"推荐的图表"(②)，在"插入图表"选项的"所有图表"中选择"柱状图"(③)→"簇状柱形图"(④)，如图 4-125 所示。

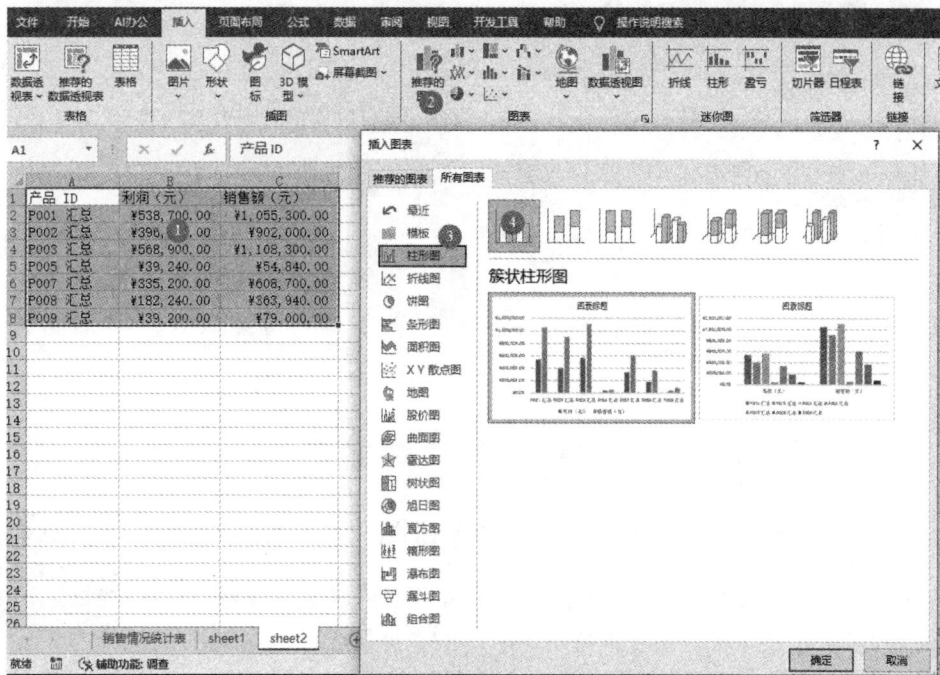

图 4-125　簇状柱形图

观察不同产品 ID 对应的利润和销售额柱子高度,柱子越高代表该产品的利润或销售额越高。对比各产品的柱子高度,可以判断出哪些产品利润高、哪些产品销售额大,从而明确产品的市场表现和盈利贡献,为产品策略调整提供依据。

更改"图表标题"为"产品利润和销售额情况表"(①),调整表格大小,放入 E1:K16 单元格(②),如图 4-126 所示。

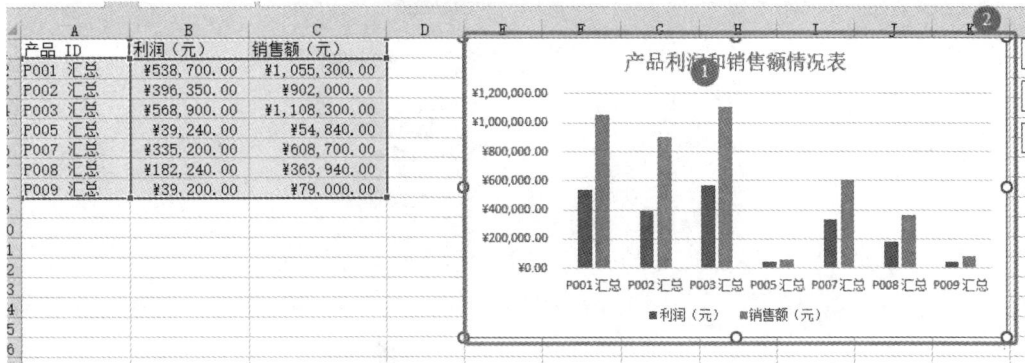

图 4-126　更改图表标题

选中图表标题"产品利润和销售额情况表",将字体设置为"黑体,16,加粗"(①)。对于图表中的其他文字,如坐标轴刻度值(②)、图例等,统一将字号设置为"8",字体设置为"宋体"(③),以使表格整体美观协调,如图 4-127 所示。

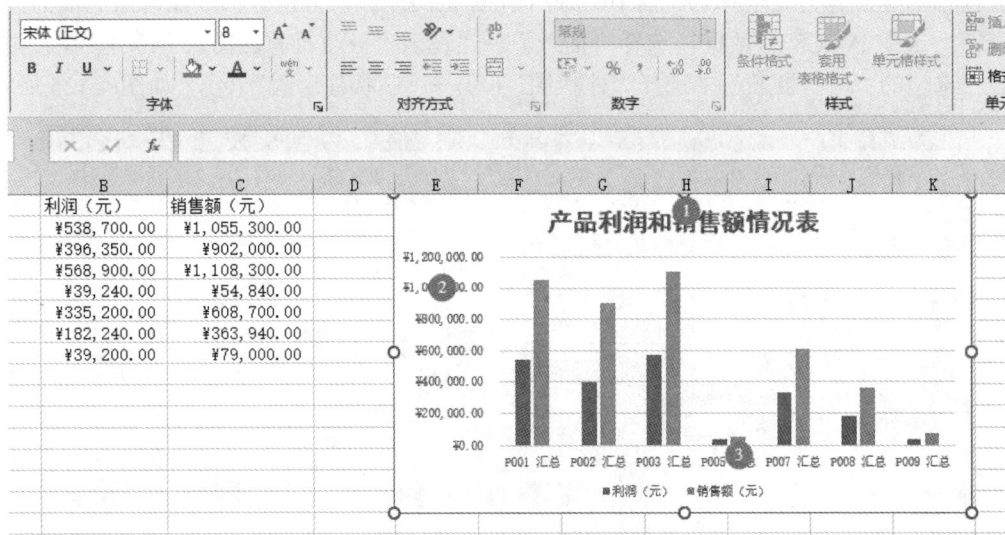

图 4-127　字体格式设置

4.4.2　按产品大类的销售数量制作复合条饼图

新建工作表命名为"销售数量统计表"(①),复制"销售情况统计表"数据到该工作表,对"销售数量统计表"的数据按"产品大类"进行排序(②),如图 4-128 所示。

按产品大类的销售数量制作复合条饼图

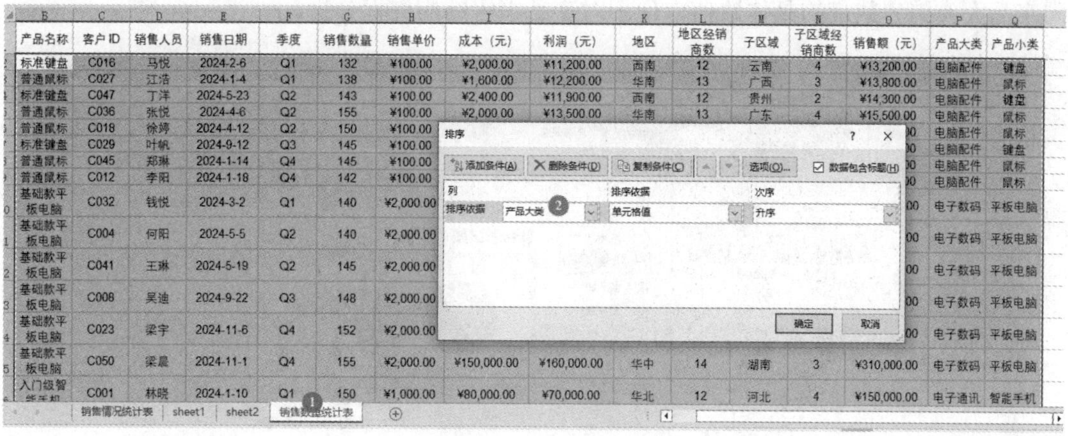

图 4-128　按产品大类排序

对数据进行分类汇总，选择分类字段为"产品大类"(①)，汇总方式为"求和"(②)，选定汇总项为"销售数量""利润"(③)，单击"确定"(④)，如图 4-129 所示。

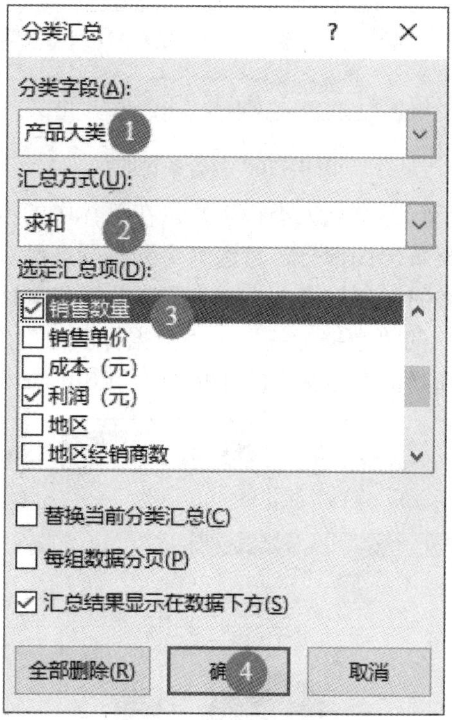

图 4-129　分类汇总求和

新建工作表命名为"产品销售情况图"(①)，复制销售数量统计表的 2 级汇总数据到该工作表(具体步骤参考 4.2.1)，删除无数据的列和总计行，调整产品大类的位置为 A 列(②)，选择产品大类和销售数量列插入"饼图"(③)，选择"复合饼图"的"复合条饼图"(④)，单击"确定"，如图 4-130 所示。复合条饼图可将产品大类的销售数量数据以饼图和条形图结合的方式展示，既能直观呈现各产品大类销售数量的占比情况，又能通过条形图对比不同产品大类销售数量的具体数值，便于对产品销售结构进行分析。

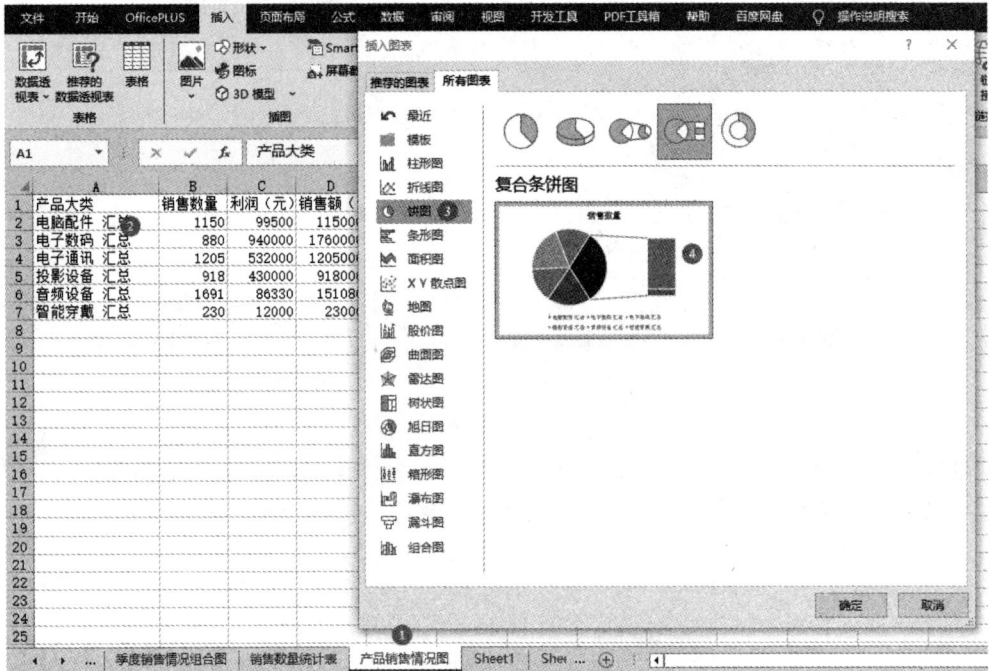

图 4-130　复合条饼图

从饼图部分可以快速了解各产品大类销售数量在总体中的占比，占比越大说明该产品大类在销售中越重要。观察条形图部分，可清晰看到不同产品大类销售数量的具体数值差异，进而分析出各产品大类的销售规模大小，为资源分配和市场策略制定提供参考。

选择"添加图标元素"的"数据标签"→"数据标签内"(①)，在"设置数据标签格式"的"标签选项"中勾选"类别名称"(②)和"值"(③)，如图 4-131 所示。

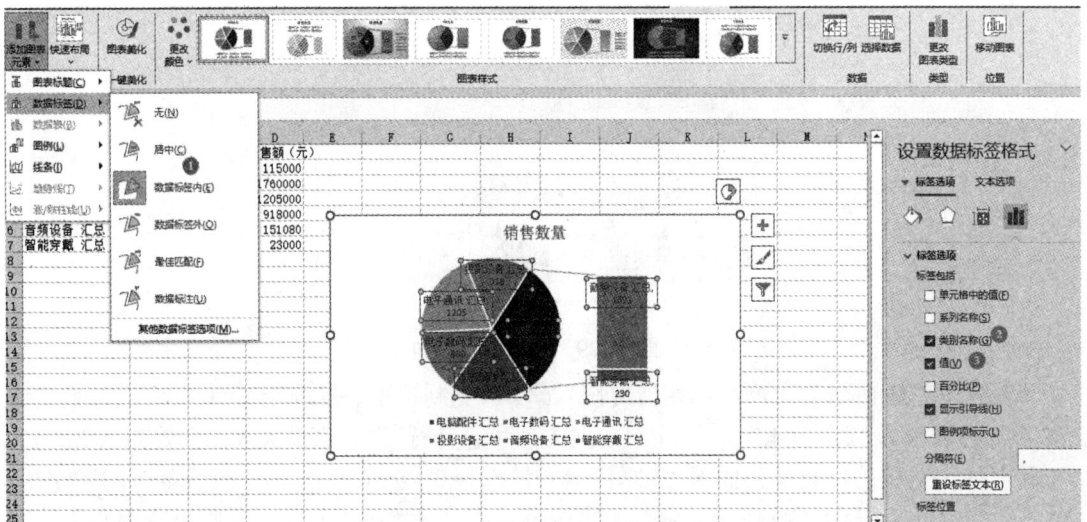

图 4-131　设置数据标签格式

调整饼图大小，放置饼图到 **A8:D22** 单元格，如图 4-132 所示。

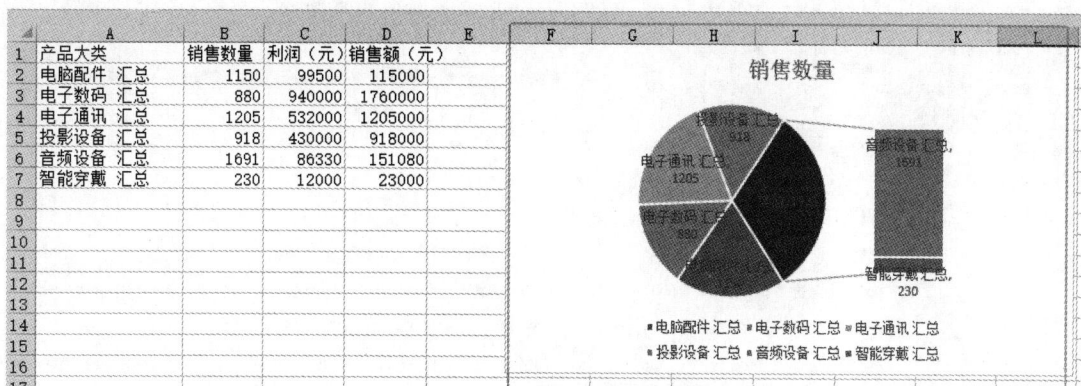

图 4-132　调整复合条饼图位置

图表标题设置为"黑体，16，加粗"(①)。数据标签和图例的字体设置为"宋体，8"
(②)，如图 4-133 所示。

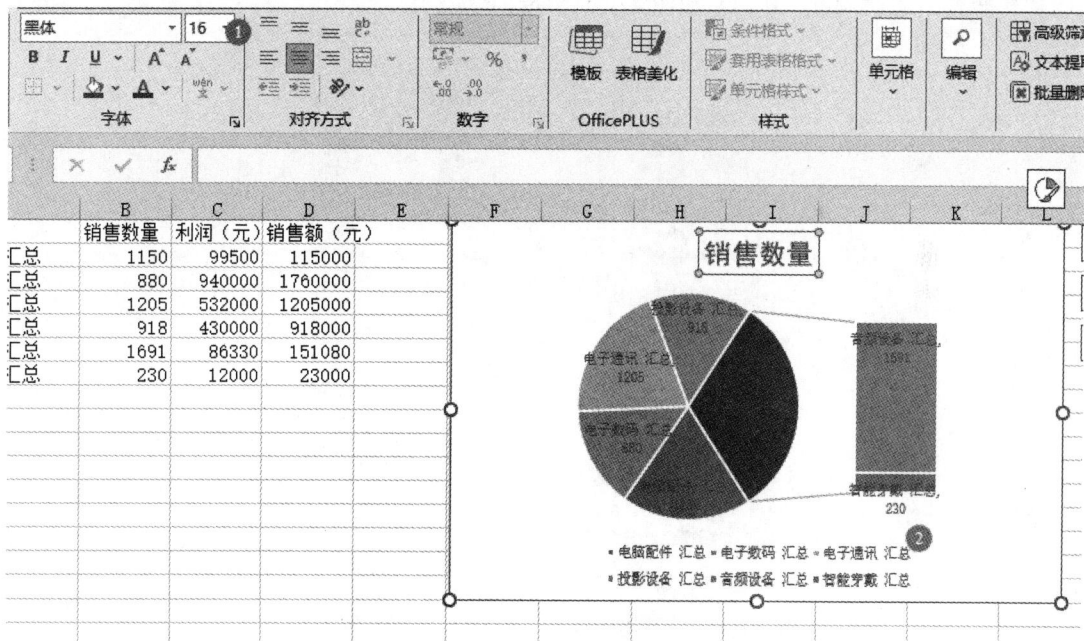

图 4-133　设置复合条饼图标题格式

4.4.3　制作组合图分析季度销售趋势

折线图展示销售数量随季度的变化趋势，同时以柱状图展示利润
(元)随季度的变化情况。

新建工作表命名为"季度销售情况表"(①)，复制"销售情况统
计表"数据到该工作表，对"季度销售情况表"的数据按"季度"进
行排序(②)，如图 4-134 所示。

制作组合图分析季度
销售趋势

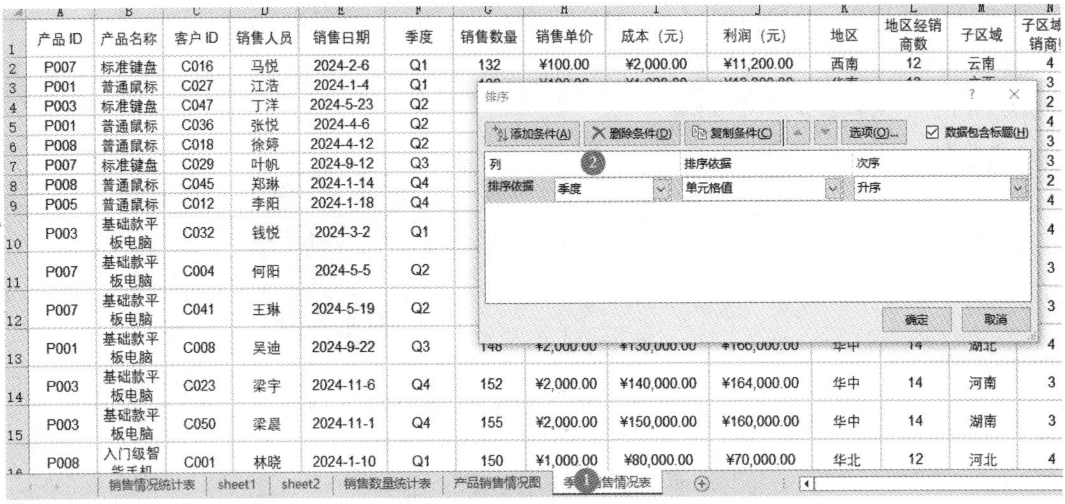

图 4-134　季度销售表排序

对数据进行分类汇总，分类字段为季度(①)，汇总方式为"求和"(②)，选定汇总项为"销售数量"和"利润"(③)，如图 4-135 所示。

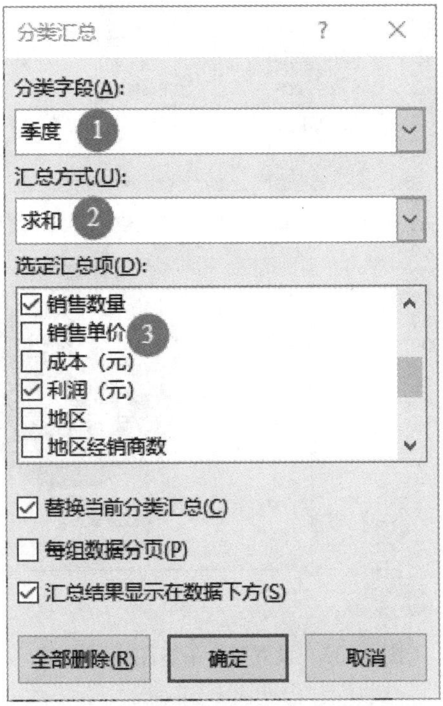

图 4-135　分类汇总

新建工作表重命名为"季度销售情况组合图"(①)，复制季度销售情况表的 2 级汇总数据列到该工作表(具体步骤参考 4.2.1)，保留季度、销售数量、利润 3 列，删除总计行(②)。选中这 3 列数据，插入"组合图"(③)，销售数量的图表类型为"簇状柱形图"(④)，勾选"次坐标轴"，利润的图表类型为"折线图"(⑤)，单击"确定"，如图 4-136 所示。

图 4-136　插入组合图

　　组合图中折线图用于展示销售数量随季度的变化趋势，能清晰呈现销售数量的波动情况；柱状图用于展示利润随季度的变化，直观对比不同季度的利润高低。两者结合可以同时分析销售数量和利润在不同季度的变化关系，帮助企业了解业务发展态势。

　　设置图表的标题为"季度汇总销售情况组合图"(①)，通过折线图观察销售数量的走势，上升趋势表示销售情况向好，下降趋势则需关注原因。对比柱状图中各季度的利润高低，结合销售数量趋势，可以分析出销售数量变化对利润的影响，例如，销售数量增加但利润未同步增长，可能存在成本控制等问题。设置"图表选项"的颜色为"金色，个性色3，淡色80%"(②)，如图 4-137 所示。

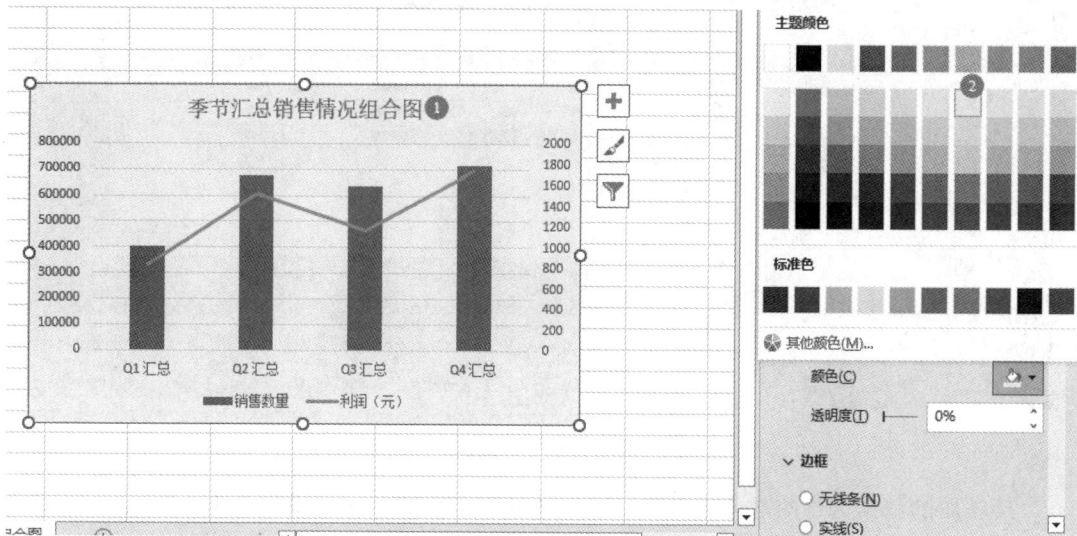

图 4-137　设置图表区格式

设置"绘图区选项"的颜色为"黄色"(①)，边框为"蓝色，实线"(②)，如图 4-138 所示。

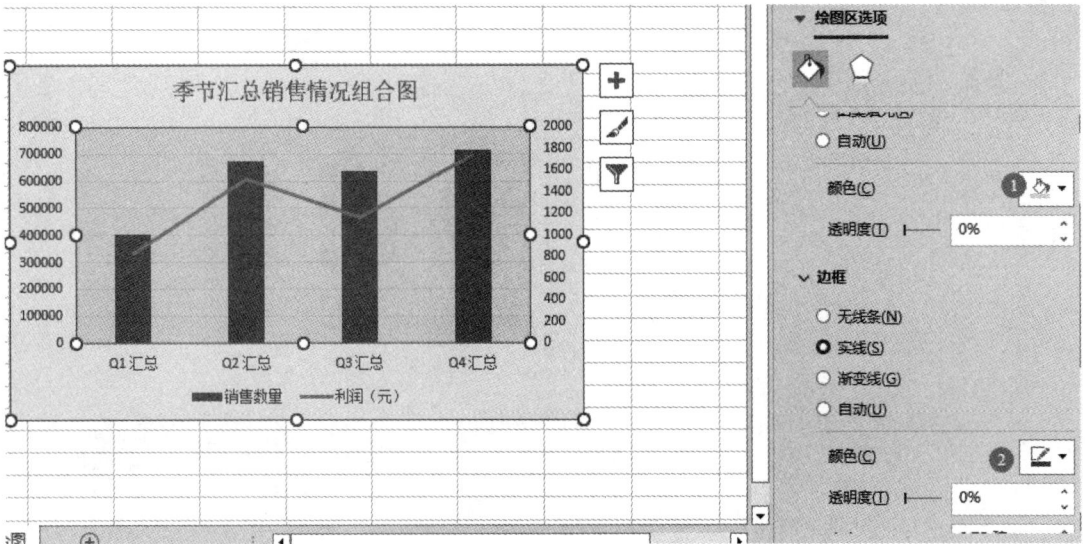

图 4-138　设置绘图区格式

4.4.4　制作地区经销商旭日图

新建名为"地区经销商情况表"的工作表(①)，复制销售数据统计表的数据到该工作表(②)，对地区经销商情况表的数据进行排序，列的排序依据为"地区"(③)，次关键字为"子区域"，次序选择"升序"排列(④)，单击"确定"，如图 4-139 所示。

制作地区经销商旭日图

图 4-139　升序排序

排序后的数据进行两次分类汇总，第一次分类汇总的分类字段为"地区"，汇总方式为"计数"，选定汇总项为"地区经销商数"和"子区域经销商数"，单击"确定"，如图 4-140 所示。

第二次分类汇总分类字段选择"子区域"(①), 汇总方式为"计数"(②), 选定汇总项为"地区经销商数"和"子区域经销商数"(③), 取消勾选"替换当前分类汇总"(④), 单击"确定", 如图 4-141 所示。

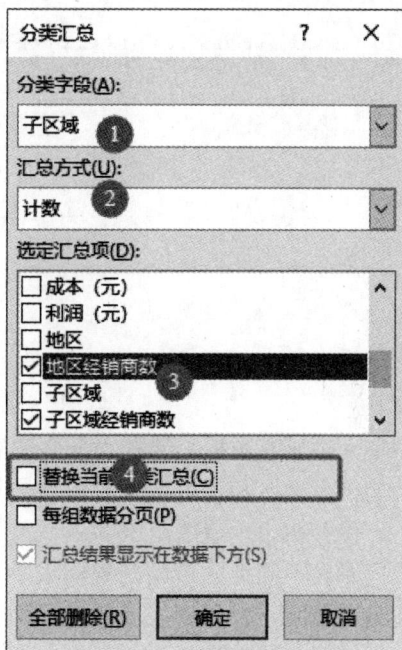

图 4-140 第一次分类汇总计数　　图 4-141 第二次分类汇总

新建工作表命名为"地区经销商旭日图"(①), 复制地区经销商情况表汇总后 4 级数据到该工作表(②), 删除无数据的列和总计数行, 选中数据区域, 使用 Ctrl + C 键复制数据, 鼠标定位 E1 单元格, 单击右键, 在弹出的快捷菜单中, 将鼠标指针移至"选择性粘贴"选项上, 在子菜单中单击"转置"按钮, 进行转置数据(③), 如图 4-142 所示。

图 4-142 转置数据

删除原来数据, 对数据进行整理(①), 地区经销商数行只保留计数数据, 删除数据中所有的计数两个字。选择"编辑"菜单下的"查找和选择"中的"查找"选项，其中查找内容为"计数"，替换为为""(②)，如图 4-143 所示。

地区	华北 计数			华东 计数				华南 计数			华中 计数			西北 计数					西南 计数		
地区经销商数	6			7				6			6			10							
子区域	河北计数	内蒙古计数	陕西计数	安徽计数	江苏计数	上海计数	浙江计数	福建计数	广东计数	广西计数	河南计数	湖北计数	湖南计数	甘肃计数	宁夏计数	青海计数	陕西计数	新疆计数	贵州计数	四川计数	云南计数
子区域经销商数	2	2	2	2	1	2	1	2	2	2	2	2	2	2	2	2	2	2	1	2	2

查找和替换

查找(D)　替换(P) ②

查找内容(N): 计数
替换为(E):

选项(T) >>

全部替换(A)　替换(R)　查找全部(I)　查找下一个(F)　关闭

图 4-143　替换内容

选中单元格所有数据，选择"插入图表"，图表类型选择"旭日图"(①)。旭日图能够以层次结构展示地区和子区域的经销商数量分布情况，清晰呈现各级区域的经销商数量占比关系，方便分析市场覆盖范围和区域差异。从旭日图的最外层可以看到各地区的经销商数量占比，了解不同地区市场的规模大小。深入到内层子区域，可以进一步分析各子区域的经销商分布情况，发现哪些子区域经销商密集，哪些子区域有待开发，为市场拓展和渠道管理提供依据。设置图表标题为"地区经销商情况图"(②)，数据标签选择"居中"(③)，图例靠右(④)，将图放置于 G5:Q29 单元格，如图 4-144 所示。

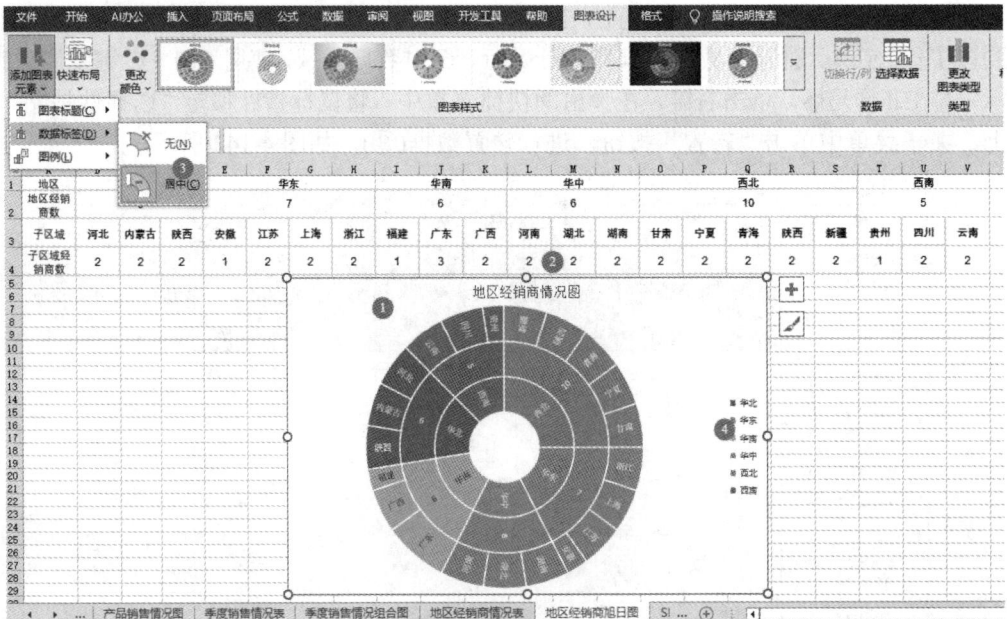

图 4-144　插入旭日图

图表标题地区经销商情况图设置为"黑体，16，加粗"(①)。数据标签(②)和图例(③)的字体设置为"宋体，8"(③)，如图 4-145 所示。

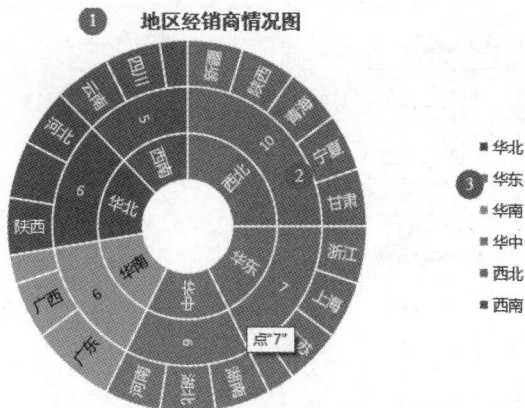

图 4-145　设置旭日图字体字号

4.4.5　创建数据透视表分析产品销售情况

分析各产品大类和产品小类在各季度的利润和销售情况。

选择"插图"选项的"插入"→"数据透视表"(①)，设置表/域为"销售情况统计表!A\$1:\$Q\$41"(②)，选择放置数据透视表的位置为"新工作表"(③)，单击"确定"，如图 4-146 所示。

创建数据透视表分析
产品销售情况

图 4-146　插入数据透视表

"数据透视表字段"中的行选择"产品大类"和"产品小类"(①)，值选择"利润(元)"和"销售额(元)"(②)，筛选选择"季度"(③)，显示 Q3 季度的利润和销售额(④)，更改工作表名称为"季度销售情况透视表"(⑤)，如图 4-147 所示。

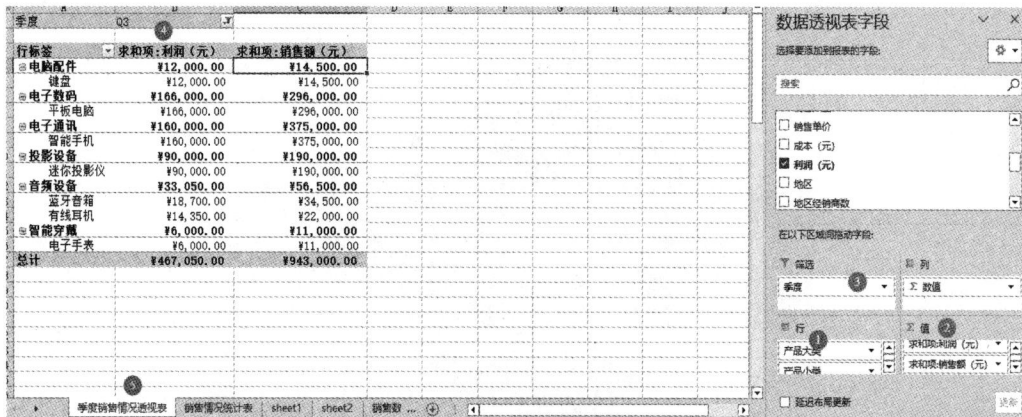

图 4-147　为数据透视表选择字段

4.4.6　基于数据透视表生成数据透视图

数据透视图能以直观的图形展示数据透视表中的数据，对季度、产品大类和键盘、鼠标小类的数据进行展示，有助于聚焦特定时间段内核心产品的利润和销售额情况。通过图形对比，能快速发现键盘和鼠标在该季度销售表现的差异，以及它们在各自产品大类中的贡献，为产品销售策略调整提供依据。

基于数据透视表生成
数据透视图

根据插入的数据透视表生成数据透视图、条形图，季度选择"Q2"(①)，"产品大类"选择所有产品(②)，"产品小类"选择键盘、蓝牙音箱(③)，如图 4-148 所示。

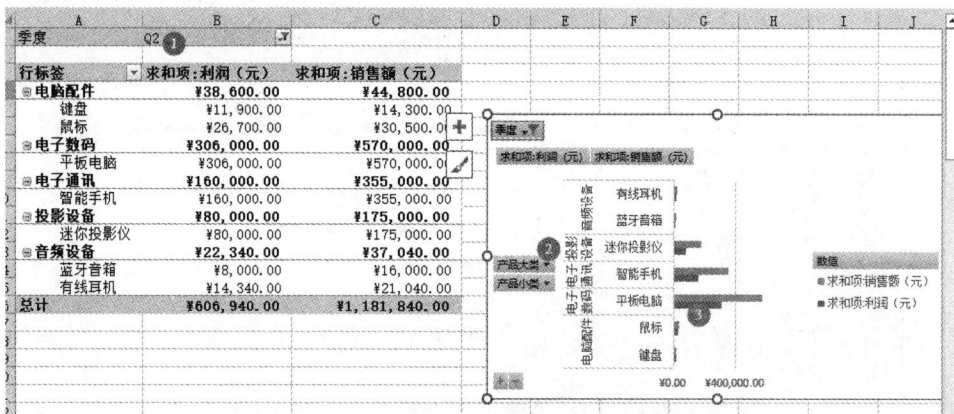

图 4-148　产品大类、产品小类

观察数据透视图中键盘和蓝牙音箱的利润与销售额柱子高度，可直观比较两者在 Q2 季度的盈利和销售规模。若键盘的利润柱子较高，说明该季度键盘盈利能力强。对比不同产品大类下键盘、蓝牙音箱的销售额柱子，能了解它们在各自市场的份额。结合利润和销售额数据，还能分析出产品的利润空间，判断产品的市场竞争力。

为区分利润和销售额数据系列，右键单击利润数据系列的柱子，选择"设置数据系列格式"，将利润数据系列设置为"红色"(①)，销售额数据系列设置为"蓝色"(②)。选中图表标题，将字体设置为"黑体，16，加粗"(③)，如图 4-149 所示。

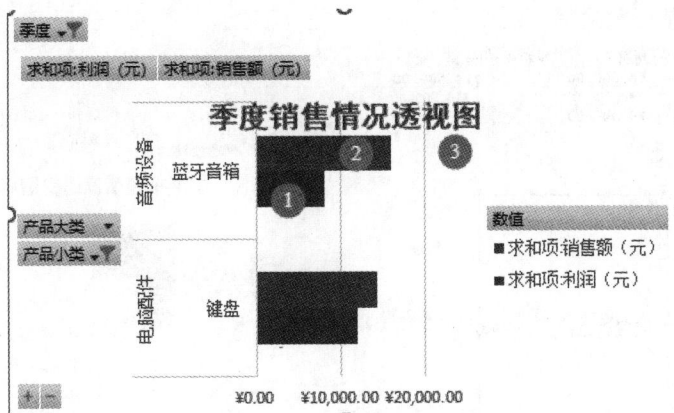

图 4-149 透析图调整

4.4.7　切片器在产品销售数据分析中的应用

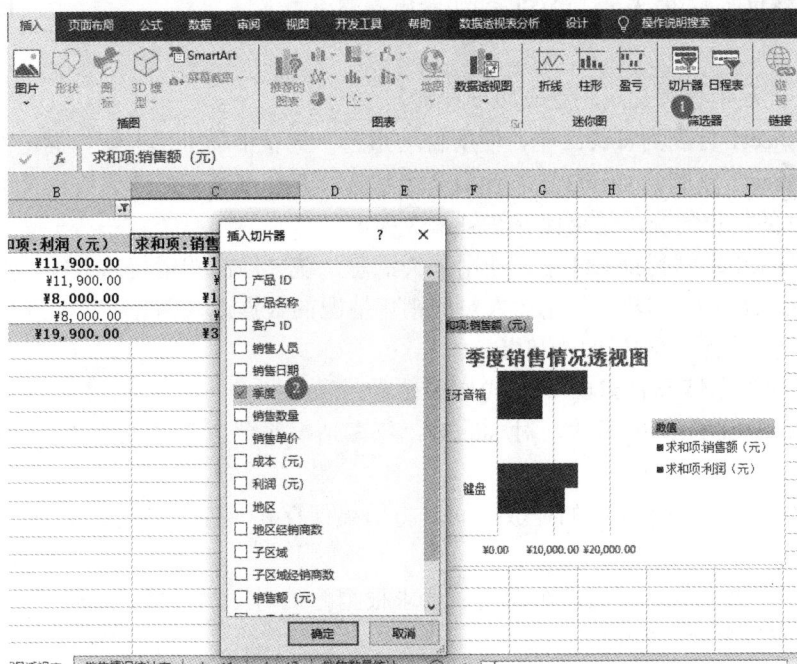

选中季度销售情况透视图在"插入"选项卡中找到"切片器"按钮并单击。在弹出的"插入切片器"对话框中勾选"季度",单击"确定",如图 4-150 所示。

切片器在产品销售数据分析中的应用

图 4-150 插入切片器对话框

在弹出的"季度切片器"上,通过单击切片器上的不同季度按钮(如 Q1、Q2、Q3、Q4)(①),可快速筛选数据透视图和数据透视表中的数据,查看不同季度产品的利润和销售额情况。单击 Q4(②),数据透视表和数据透视图(③)将仅显示 Q4 季度的相关数据,方便对比各季度数据差异,深入分析产品在不同季度的销售表现。还可同时选择多个季度进行对比分析,从时间维度上全面了解产品的销售趋势,如图 4-151 所示。

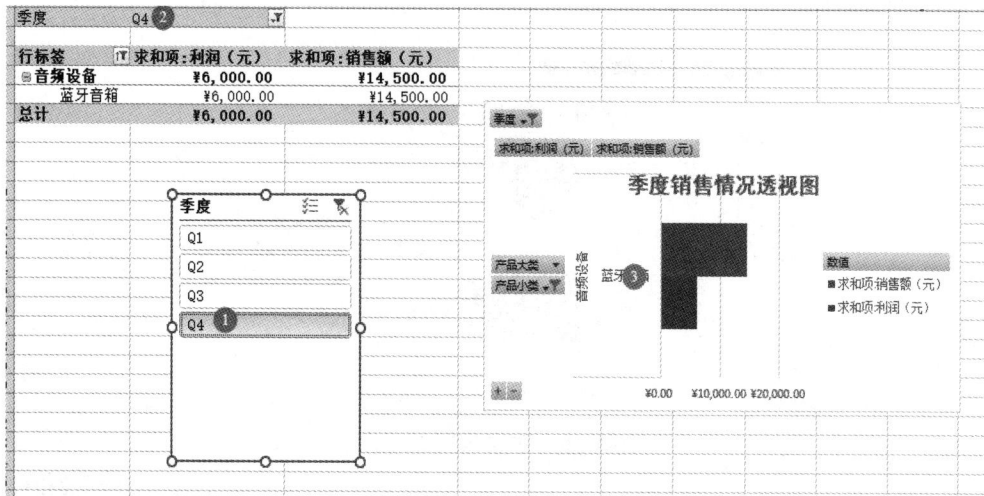

图 4-151　季度销售情况透视图

习　　题

习题素材位于"\第 4 章　excel 案例\课后习题"。

操作题

1. 打开产品销售表.xlsx，完成如下设置。

(1) 将 sheet1 复制到 sheet2 中，使用自动筛选，查看市场 1 部卡特扫描枪的销售情况。

(2) 将 sheet1 复制到 sheet3 中，使用高级筛选，查看市场 1 部销售数量大于 3、销售金额大于 1000 的销售情况，结果保存在 sheet3 中。

(3) 将 sheetl 复制到 sheet4 中，使用分类汇总，统计产品的销售总金额。

(4) 在 sheet5 中，创建每位销售人员的销售情况的数据透视图。横坐标为"销售人员"，数据项汇总为"销售金额"的"和"。

2. 打开"停车情况表.xlsx"，完成如下设置。

(1) 使用 VLOOKUP 函数，对 sheet1"停车情况记录表"中的"单价"列进行自动填充。

(2) 计算汽车在停车库中的停放时间，将结果保存在"停车情况记录表"中的"停放时间"列中。

(3) 使用函数公式，计算停车费用，要求根据停放时间的长短计算停车费用，将计算结果填入"应付金额"列中。

注意：

① 停车按小时收费，对于不满 1 小时的按照 1 小时收费；

② 对于超过整点小时 15 分钟的多计一个小时。例如，1 小时 23 分将以 2 小时计费。

(4) 使用统计函数，对 sheet1 中的"停车情况记录表"根据下列条件进行统计，要求：

① 统计停车费用大于等于 40 元的停车记录条数。

② 统计最高的停车费用。

第 5 章　PPT 演示文稿高级应用

PowerPoint 是一款功能强大的演示文稿软件，主要用于演示文稿的创建、编辑和展示。它提供了丰富的视觉设计工具，使用户可以轻松地添加文本、图片、图表、SmartArt 图形、音频和视频等元素，并应用各种动画效果和切换效果来增强演示的吸引力。本章通过 3 个案例，从母版设计与全局样式控制、SmartArt 图形应用、交互设计、动画与切换效果设置以及多媒体嵌入多方面来阐述 PowerPoint 演示文稿的应用。

✐ ≫ 学习目标

➢ 知识目标

- 理解母版设计与全局样式控制。
- 掌握 SmartArt 图形。
- 熟悉动作按钮与超链接的交互设计规范。
- 掌握动画序列与切换效果的参数配置规则。
- 了解视频/音频嵌入的格式兼容性与播放控制。

➢ 能力目标

- 能够独立完成从模板创建到成品输出的完整流程。
- 能够实现多级目录导航与交互跳转功能。
- 能够通过动画组合(强调/路径/退出动画)强化重点内容呈现。
- 能够使用 SmartArt 将文本信息转化为可视化逻辑图表。
- 能够通过组合图形创作定制化信息图示。

➢ 素质目标

- 培养原创素材创作意识与版权合规使用习惯。
- 培养对敏感信息(个人隐私/企业数据)的保护意识。
- 培养提升视觉美学的平衡把控能力。
- 培养对复杂信息的层级化梳理与可视化表达能力。

5.1　文化传承与推广——制作"中国传统节日——春节"演示文稿

🔊 案例介绍

以春节为主题制作演示文稿，通过展示春节的由来、传说、习俗、美食等内容，传承和推广中国传统节日文化，让观众深入了解春节的文化内涵和特色。

本案例素材位于"第 5 章　PPT 案例\素材文件\案例 1"。

🔔 任务要求

(1) 新建演示文稿：

打开 PowerPoint 2019，新建空白演示文稿，设置幻灯片大小为 16:9 宽屏模式，将其保存为"中国传统节日-以春节为例.pptx"。

(2) 设计幻灯片母版：

进入幻灯片母版编辑模式，选择幻灯片母版，设置背景为图片或纹理填充，删除多余母版，保留标题幻灯片、标题和内容幻灯片、空白幻灯片；对不同类型幻灯片母版的标题和内容占位符设置字体、字号、颜色、加粗、行距等格式；添加页眉和页脚，包含日期、时间、幻灯片编号等信息，完成设置后关闭母版视图。

(3) 制作封面页：

新建空白幻灯片，插入艺术字春和节，分别设置字体格式为"方正姚体"，字号"199"和"118"，颜色为"红色"，并添加阴影和立体效果；为春和节字设置动画效果，包括浮入、下浮、上浮等，开始方式为"单击时，持续时间 1 s"。

(4) 制作目录页：

选择空白版式新建幻灯片作为目录页，在左侧插入"目录"文本，设置字体格式为"方正姚体，字号 60，加粗，白色"；在右侧添加圆角矩形并输入目录项，左侧插入小矩形并添加序号；对矩形框和文本框进行组合、对齐操作；为标题 "目录"和目录内容设置动画效果，开始方式为"单击时，持续时间 0.5 s"。

(5) 制作内容页：

· 春节的由来：新建标题版式幻灯片，输入"01 春节的由来"并设置动画；再新建标题和内容幻灯片，输入由来相关文字并插入两张图片，为文本和图片添加动画效果。

· 春节的传说：新建标题幻灯片，输入"02 春节的传说"并设置动画；新建标题和内容幻灯片，分别输入"年兽的传说""门神的传说"相关内容并插入图片，为文字和图片添加动画效果，设置图片格式。

· 春节的习俗：新建标题幻灯片，输入"03 春节的习俗"并设置动画；新建标题和内容幻灯片，制作"贴春联""拜年"等习俗的页面，设置文本为竖排，插入对联或图片并调整格式，添加动画效果。

· 春节的美食：新建标题和内容版式幻灯片，输入"春节的美食"；新建标题内容幻灯片，输入美食名称，插入美食视频和音频，设置音频播放选项。

(6) 制作结尾页：

新建空白版式幻灯片，插入艺术字谢谢观看，设置字体为"方正姚体，字号 88"，选择"填充，金色，主题 4，软棱台"样式，添加"劈裂"动画效果，开始方式为"单击时"。

(7) 添加交互效果：

在目录页中，为"春节的由来""春节的传说""春节的习俗""春节的美食"等文本设置超链接，链接到对应的内容页，并设置超链接文本颜色为"红色"。最后检查幻灯片文本，保存演示文稿。

完成效果

本案例的完成效果如图 5-1～图 5-3 所示。

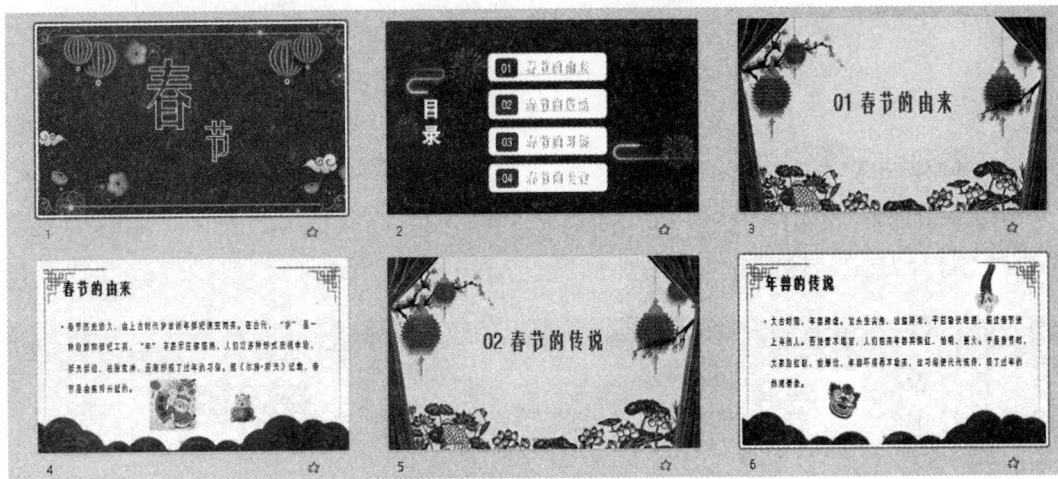

图 5-1　"中国传统节日——春节"演示文稿完成效果(一)

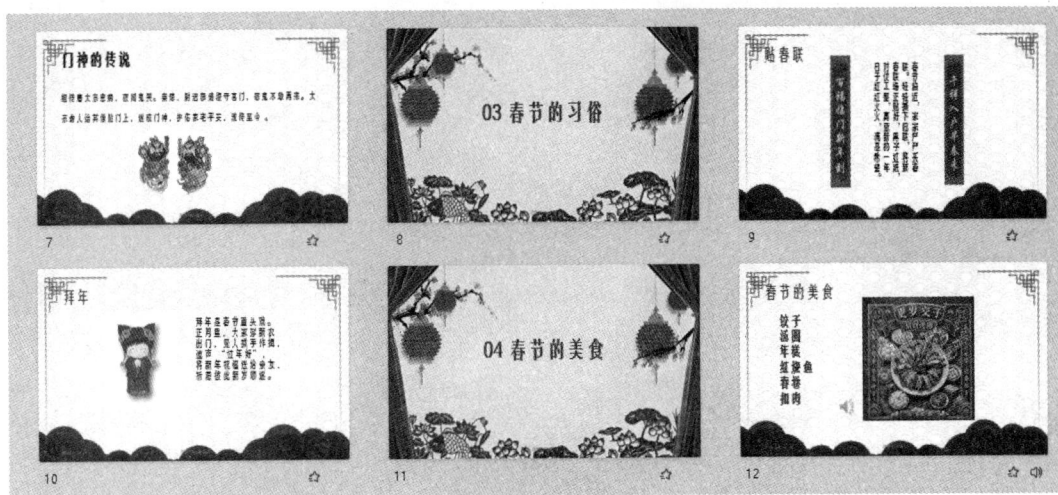

图 5-2　"中国传统节日——春节"演示文稿完成效果(二)

图 5-3　"中国传统节日——春节"演示文稿完成效果(三)

5.1.1　新建演示文稿

打开 PowerPoint 2019，新建空白演示文稿，选择"设计"选项卡(①)，单击"幻灯片大小"，设置为"宽屏(16:9)"(②)，如图 5-4 所示。

新建演示文稿

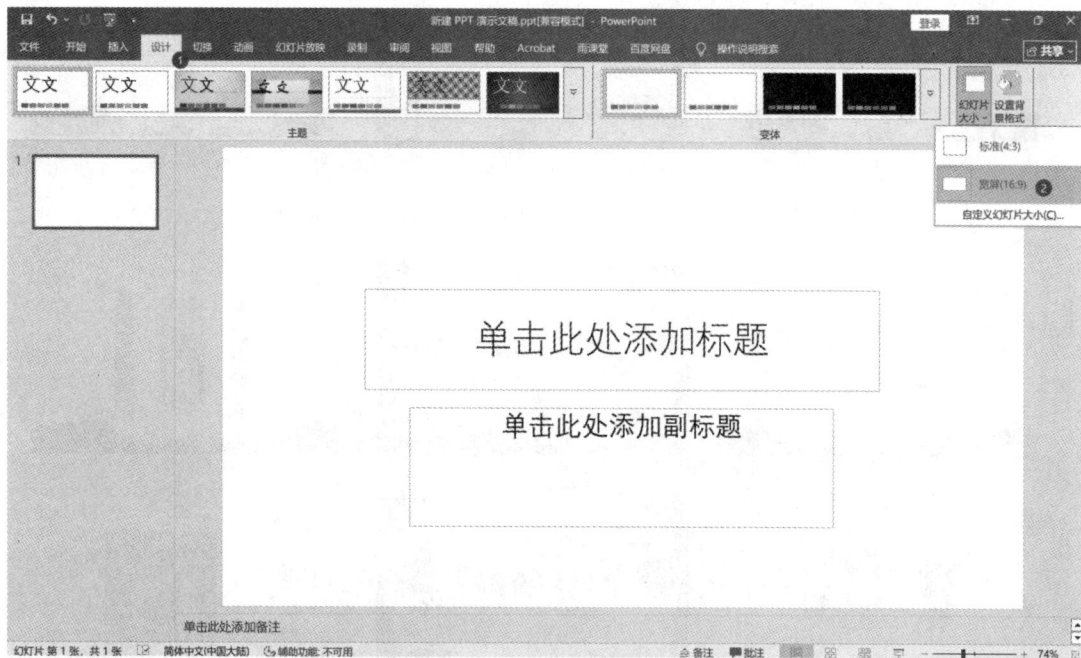

图 5-4　新建演示文稿

单击"保存"，选择"另存为"(①)，保存幻灯片，文件名为"中国传统节日-以春节为例.pptx"，如图 5-5 所示。

图 5-5　保存幻灯片

5.1.2　设计幻灯片母版

单击"视图"(①)中的选项卡"幻灯片母版"(②)，进入"母版编辑模式"，如图 5-6 所示。

图 5-6　幻灯片母版编辑模式

选择幻灯片母版，右键单击空白处，在弹出的菜单中选择"设置背景格式"(①)，在填充选项中选择"图片或纹理填充"(②)，"插入"背景图片(③)。删除多余母版，仅保留标题幻灯片(④)、标题和内容幻灯片(⑤)、空白幻灯片(⑥和⑦)，如图 5-7 所示。

图 5-7　设置背景图片

在标题幻灯片母版中找到标题占位符，选中其中的文本，在"开始"(①)选项卡中的字体组里将字体设置为"方正姚体"(②)，字号调整为"60"，颜色为"红色"(③)，"加粗"，如图 5-8 所示。

图 5-8　设置标题字体格式

在"绘图工具"→"形状格式"选项卡中(①)找到"文本效果"按钮(②)，单击下拉菜单中的"阴影"选项，选择合适的阴影效果添加到标题文本上(③)，删除"副标题占位符"，如图 5-9 所示。

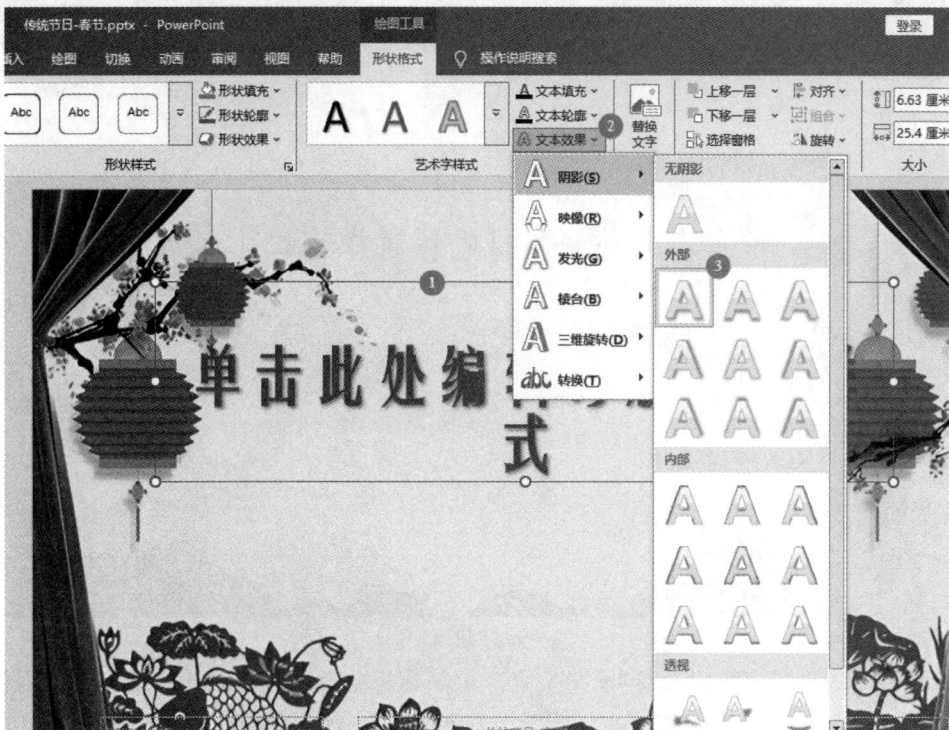

图 5-9　添加文本效果

单击"动画"选项卡(①)，设置标题的动画效果为"淡化"(②)，设置其开始方式为"单击时"(③)，如图 5-10 所示。

图 5-10　设置标题动画效果

复制一份标题和内容幻灯片母版(①)。对复制的母版，选择"开始"→"字体"(②)，设置标题占位符文本字体为"方正姚体"，字号为"44"，颜色为"黑色"，并"加粗"(③)。

设置内容占位符的格式,一级文本字号为"24",字体为"方正姚体",行距调整为"2.0 倍"(④);二级文本字号为"20",字体为"方正姚体",行距为"1.8 倍"(⑤),如图 5-11 所示。

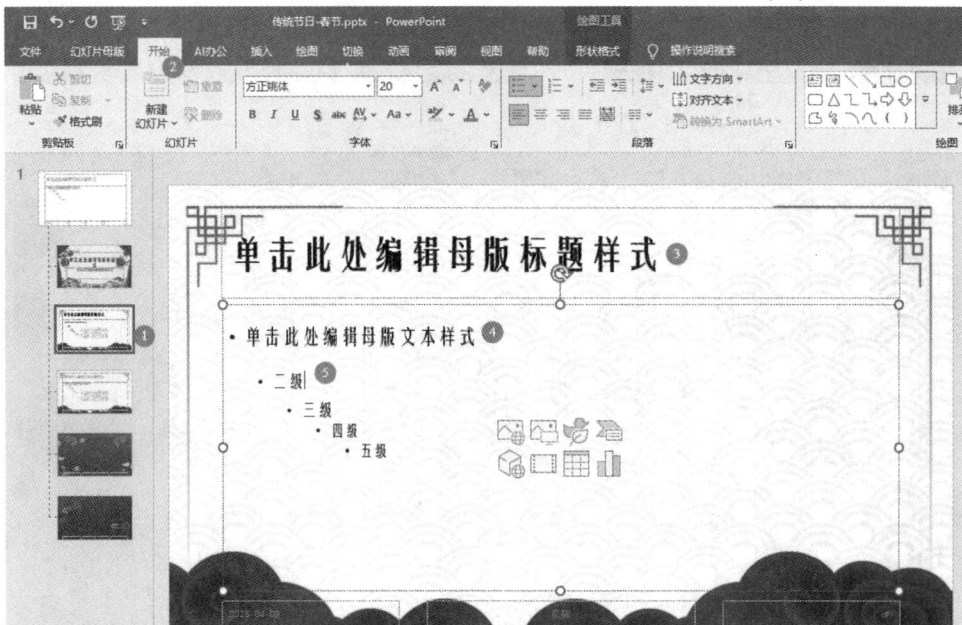

图 5-11　设置标题和内容幻灯片母版

选择复制的标题母版(①),将标题占位符文本颜色设置为"红色",字体为"方正姚体",字号为"44"(②)。内容占位符文本设置为"方正姚体",行距保持"2.0 倍"(③),如图 5-12 所示。

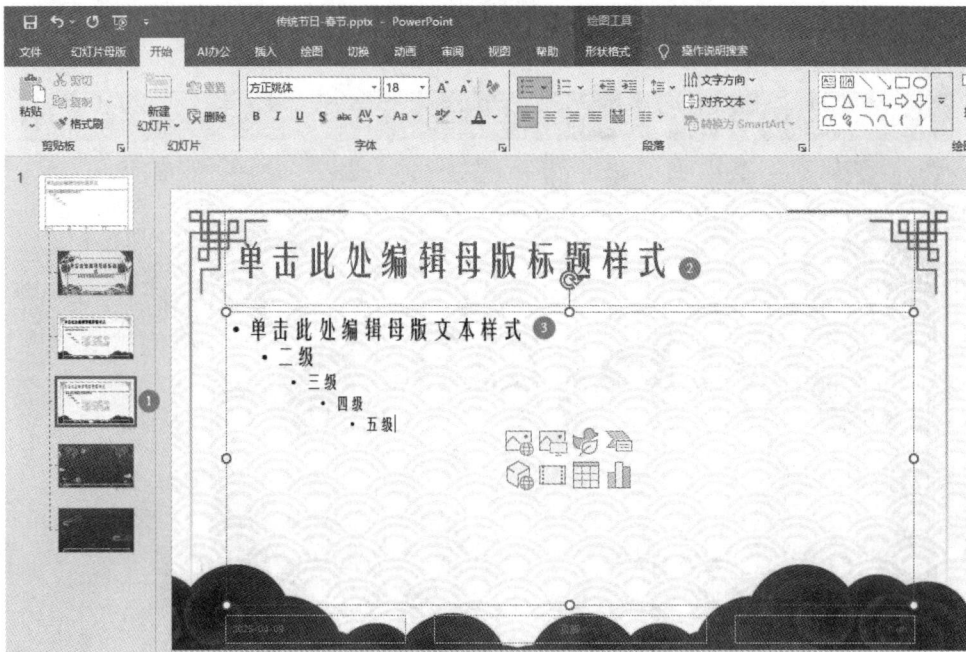

图 5-12　设置文本格式

完成上述设置后,单击"插入"选项卡(①),选择"页眉和页脚"(②),在弹出的"页眉和页脚"对话框中，勾选"日期和时间""幻灯片编号"等选项(③)，并根据需要设置页脚文本的格式，设置完成后单击"全部应用"(④)，如图 5-13 所示。

图 5-13 添加日期和时间等设置

选择"幻灯片母版"(①)，单击"关闭母版视图"关闭母版视图模式(②)，如图 5-14 所示。

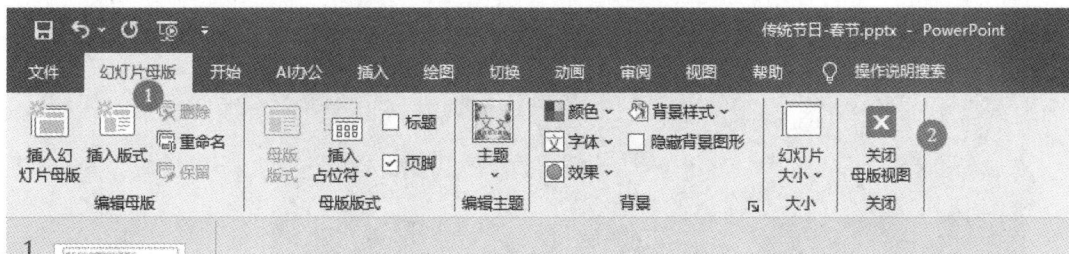

图 5-14 关闭母版视图模式

5.1.3 制作封面页

新建幻灯片空白页面，单击"插入"选项卡中的"艺术字"按钮，在弹出的"艺术字样式库"中选择一种合适的样式。插入文本框，输入"春"，选中"春"字文本，在"绘图工具-格式"选项卡中将字体设置为"方正姚体"，字号为"199"，颜色为"红色"。通过"形状效果"按钮添加"阴影"和"立体效果"(①)。再插入一个文本框，输入"节"，设置字体为"方正姚体"，字号为"118"，颜色和效果与春一致，调整节的位置，使其与春搭配协调(②)，如图 5-15 所示。

制作封面页

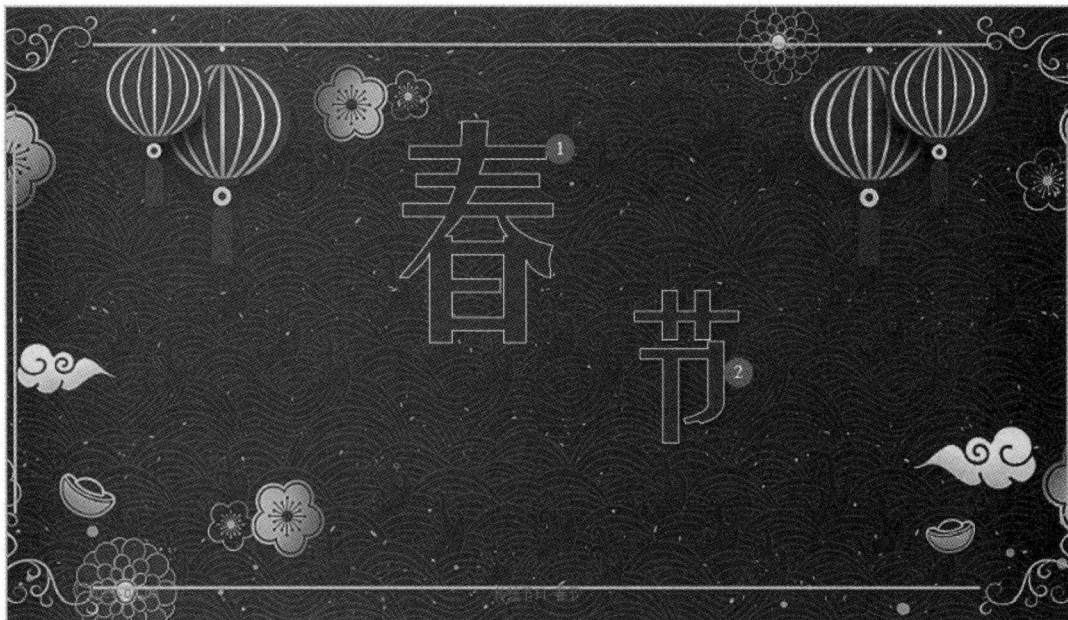

图 5-15   制作封面

设置春的动画为"浮入"(①),"效果选项"选择"下浮"(②),节动画为"浮入"(③),"效果选项"→"方向"设置为"上浮"(④),开始方式为"单击时"(⑤),持续时间为"1"(⑥),如图 5-16 所示。

图 5-16   设置封面字体动画效果

5.1.4   制作目录页

单击"开始"选项卡中的"幻灯片版式"按钮,在下拉列表中选择"空白"版式(①),新建一张空白幻灯片作为目录页(②),如图 5-17 所示。

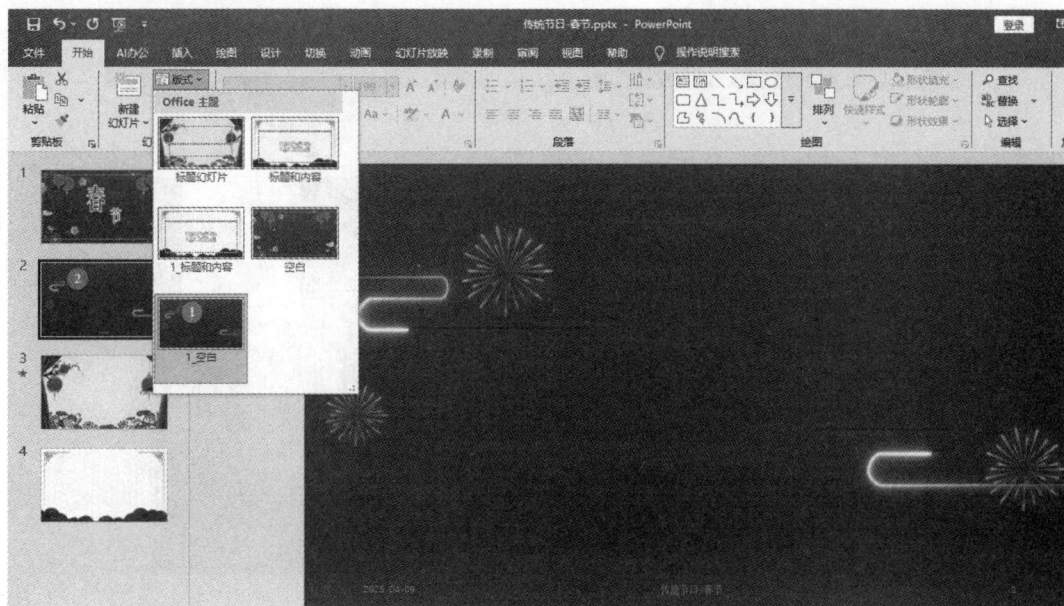

图 5-17　新建目录页

单击"插入"选项卡中的"文本框"按钮，在幻灯片的左侧插入"目录"两字，设置为"方正姚体，60，加粗"，"颜色"为"白色"(①)。在幻灯片的右侧添加圆角矩形，添加文字"春节的由来"，设置为"方正姚体，40"(②)，左边插入小的圆角矩形，添加文字"01"，字号为"32"(③)。按春节的由来字体格式，依次设置春节的传说(④)、春节的习俗(⑤)、春节的美食目录框(⑥)，如图 5-18 所示。

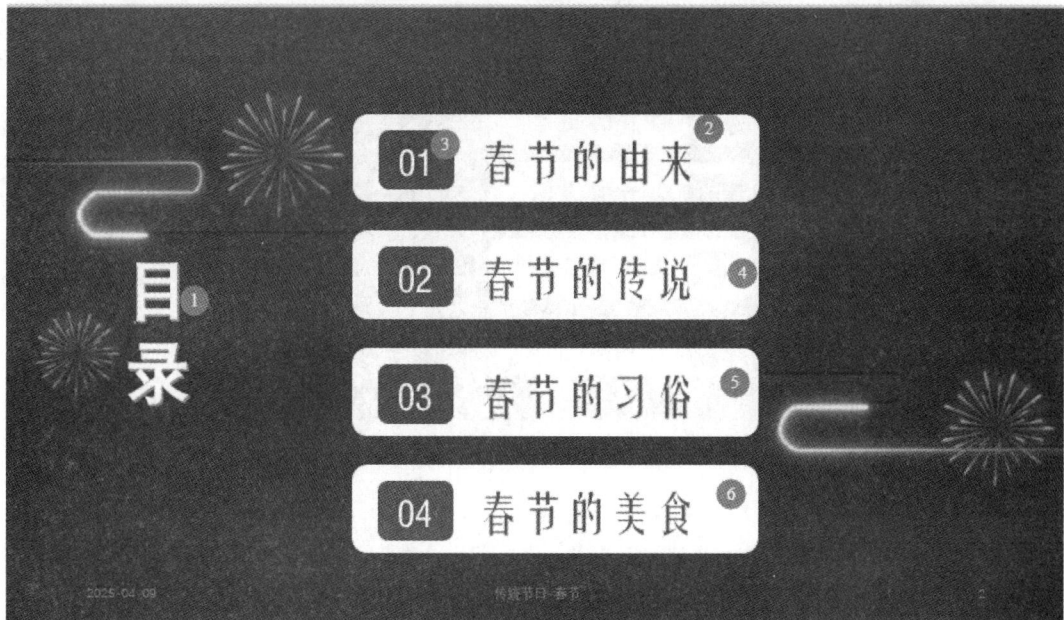

图 5-18　目录的制作

对两个小矩形框进行组合操作(①)，文本框和矩形框进行对齐操作，"对齐"下拉菜单选择"左对齐"(②)和"纵向分布"(③)，如图 5-19 所示。

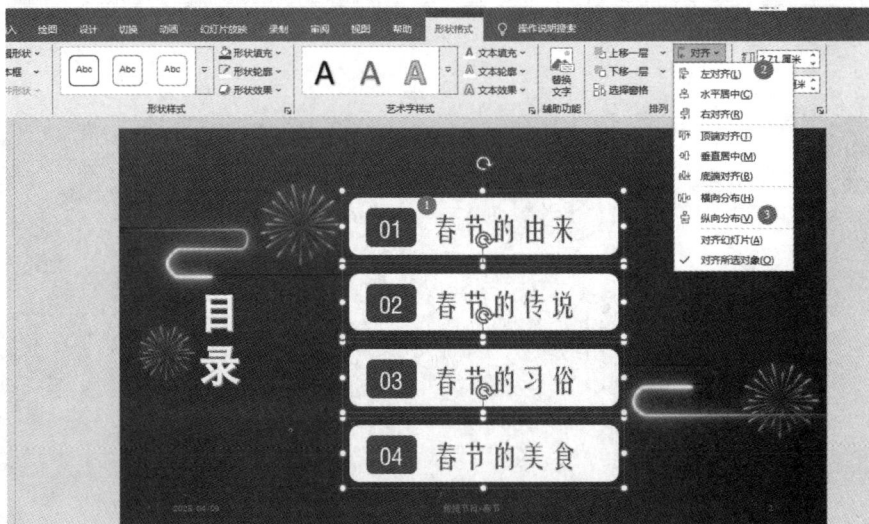

图 5-19　对齐文本框

设置标题"目录"的动画。单击"动画"选项卡，在"动画效果"中选择"淡化"(①)。设置目录内容的动画，动画效果设置为"缩放"(②)，开始方式为"单击时"(③)，持续时间为"0.5 s"(④)，按顺序播放动画，如图 5-20 所示。

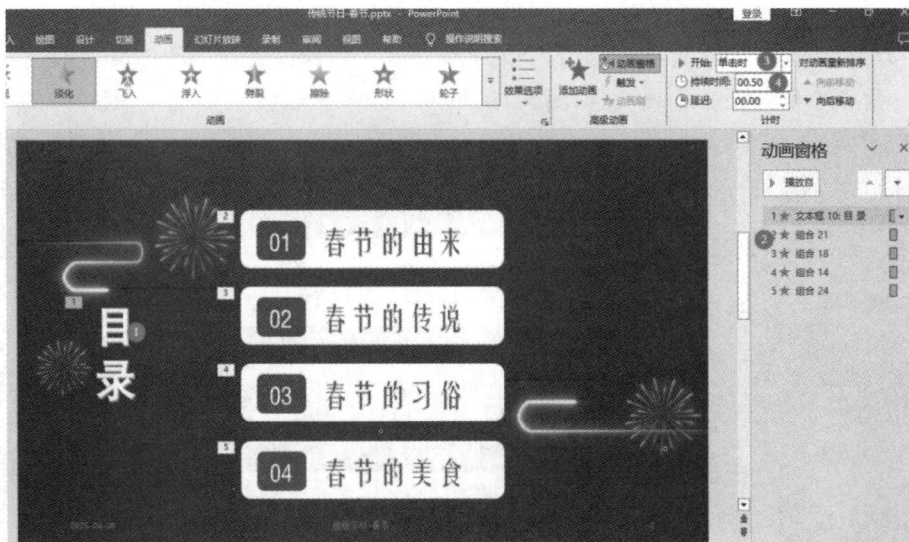

图 5-20　设置目录文本动画

5.1.5　制作内容页

1. 春节的由来

单击"开始"选项卡中的"幻灯片版式"按钮，选择"标题"版式，新建一张幻灯片。在标题占位符中输入"01 春节的由来"(①)，设置动画

制作内容页

为自右侧"飞入"(②)，持续时间为"0.5 s"(③)，如图 5-21 所示。

图 5-21　设置标题动画效果

新建一张"标题和内容"幻灯片，在标题幻灯片中输入"春节的由来"(①)，在内容占位符中输入"春节历史悠久，由上古时代岁首祈年祭祀演变而来。在古代，'岁'是一种收割和祭祀工具，'年'字表示庄稼成熟，人们以多种形式庆祝丰收、祭天祭祖、祛除鬼神，逐渐形成了过年的习俗。据《尔雅·释天》记载，春节是由虞舜兴起的。"(②)。插入两张图片，选中文本内容，单击"动画"选项卡，选择"飞入"动画效果，并设置方向为"自顶部"，开始方式为"单击时"，持续时间为"0.5 s"。对于插入的图片，添加"擦除"动画效果，开始方式为"单击时"(③)，如图 5-22 所示。

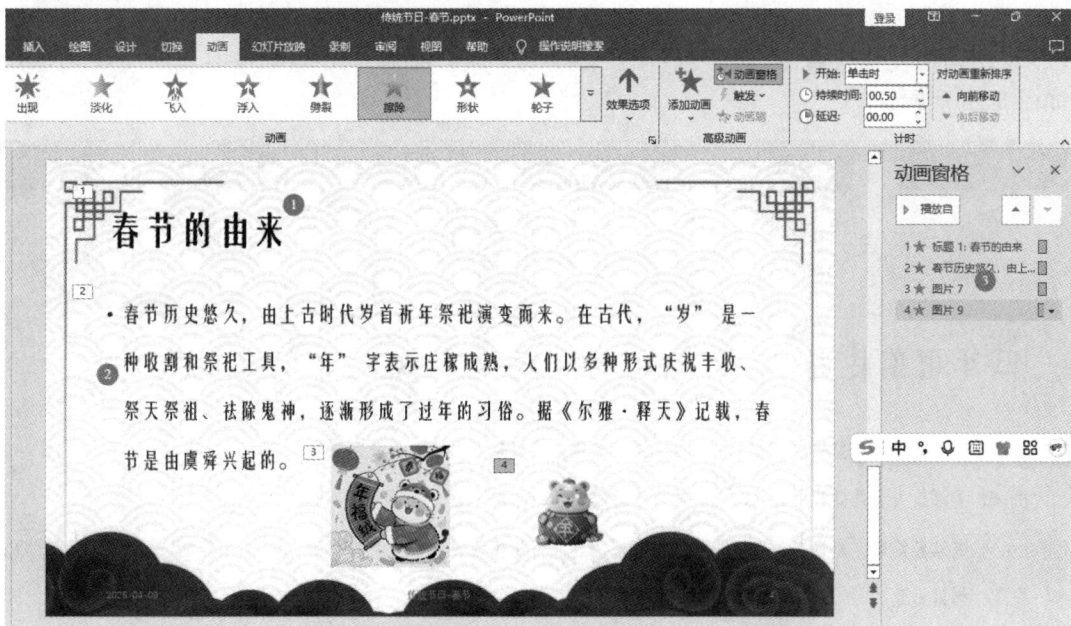

图 5-22　设置图片动画效果

2. 春节的传说

新建一张幻灯片，版式设置为"标题幻灯片"(①)，在标题占位符中输入"02 春节的传说"(②)，动画设置为"淡入"(③)，如图 5-23 所示。

图 5-23　设置"春节的传说"动画效果

新建"标题和内容幻灯片"，输入标题"年兽的传说"(①)，输入内容为"太古时期，年兽肆虐。它头生尖角，凶猛异常，平日蛰伏海底，临近春节便上岸伤人。百姓苦不堪言，人们后来发现年兽惧红、怕响、畏火。于是春节时，大家贴红联、放爆竹，年兽吓得再不敢来，这习俗便代代流传，成了过年的热闹景象。"(②)。插入图片(③)，设置动画效果(④)，如图 5-24 所示。

图 5-24　设置"年兽的传说"动画效果

新建"标题内容幻灯片"，输入标题"门神的传说"(①)，输入内容"相传唐太宗患病，夜闻鬼哭。秦琼、尉迟恭请缨守宫门，恶鬼不敢再来。太宗命人绘其像贴门上，遂成门神，护佑家宅平安，流传至今。"(②)，如图 5-25 所示。

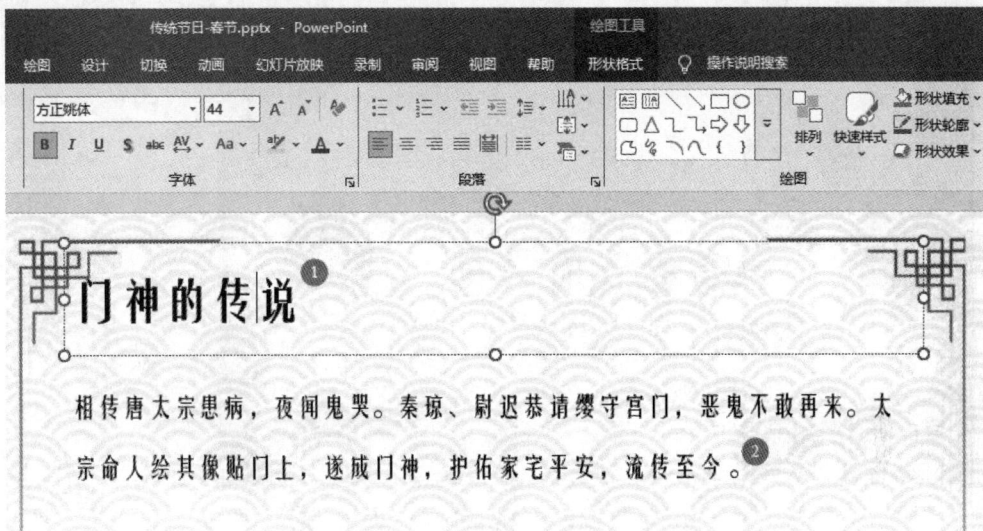

图 5-25　新建"门神的传说"幻灯片

插入图片，设置图片格式为"柔化边缘椭圆"(①)，文字动画设置为飞入，效果选项为"自左侧"，开始方式为"单击时"；图片设置为"淡化"，开始方式为"单击时"(②)，如图 5-26 所示。

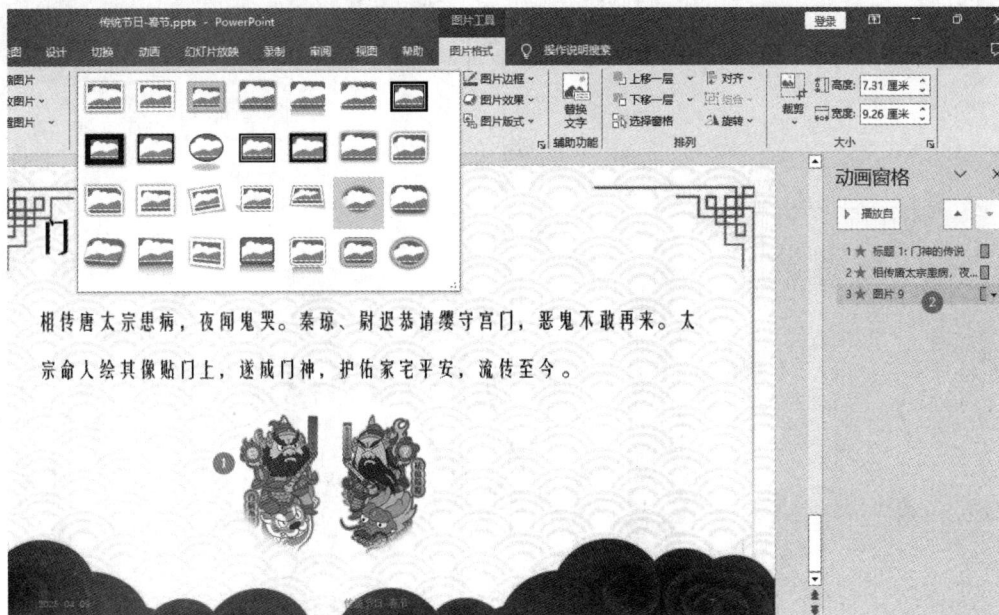

图 5-26　设置图片动画

3. 春节的习俗

新建一张幻灯片，版式设置为"标题幻灯片"，在标题占位符中输入"03 春节的习俗"(①)，动画设置为"淡入"(②)，如图 5-27 所示。

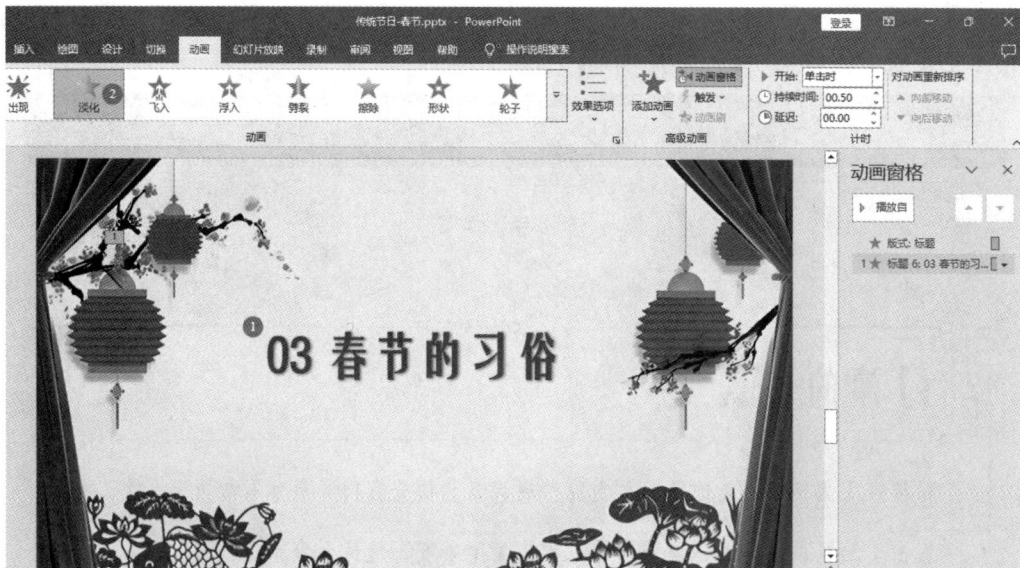

图 5-27　制作"春节的习俗"动画效果

新建"标题内容幻灯片",设置标题为"贴春联"(①),输入内容为"春节临近,家家户户买春联。轻轻撕下旧联,将新春联端正贴好,黑字红纸,对仗工整,寓意新的一年日子红红火火,满是希望。"(②),设置为"竖排文本"(③),插入对联,调整至合适的大小和位置(④),文本和图片设置相应的动画效果,如图 5-28 所示。

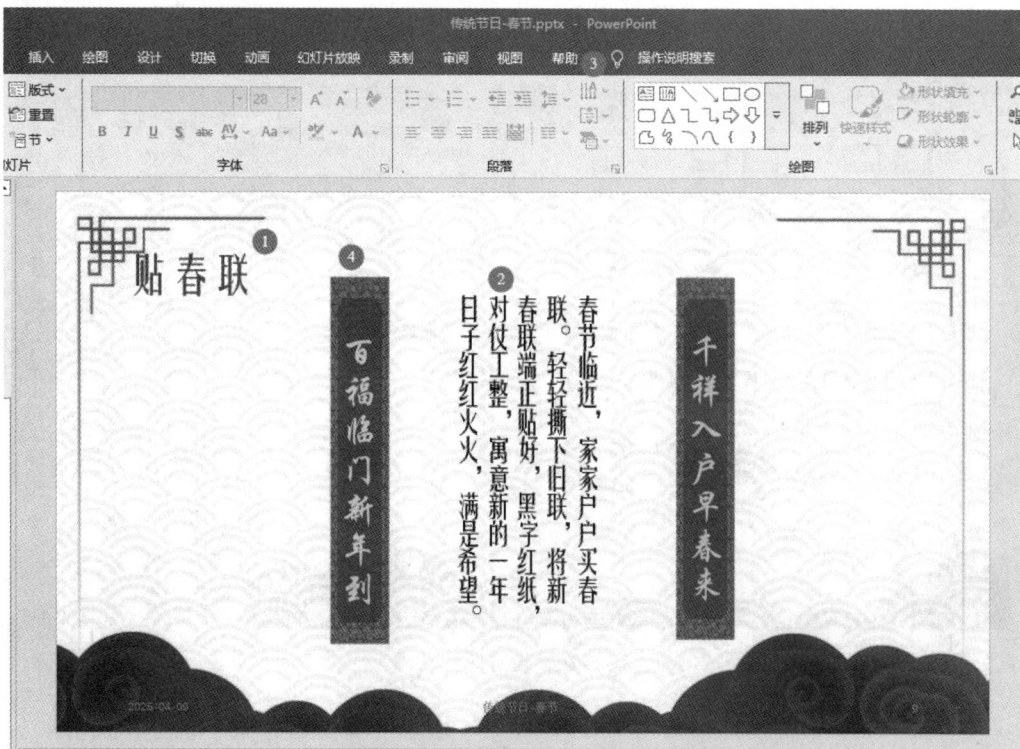

图 5-28　设置"贴春联"内容与动画

选中上下两副春联，选择"动画"的"飞入"效果(①)，方向为"自顶部"(②)，调整文本和图片的动画顺序(③)，如图 5-29 所示。

图 5-29　设置动画效果

使用同样方式制作"拜年"幻灯片，标题为"拜年"(①)，左边插入图片(②)，右边输入内容为"拜年是春节重头戏。正月里，大家穿新衣出门，见人拱手作揖，道声'过年好'，将新年祝福送给亲友，祈愿彼此新岁顺遂。"(③)，设置文本和图片动画效果(④)，如图 5-30 所示。

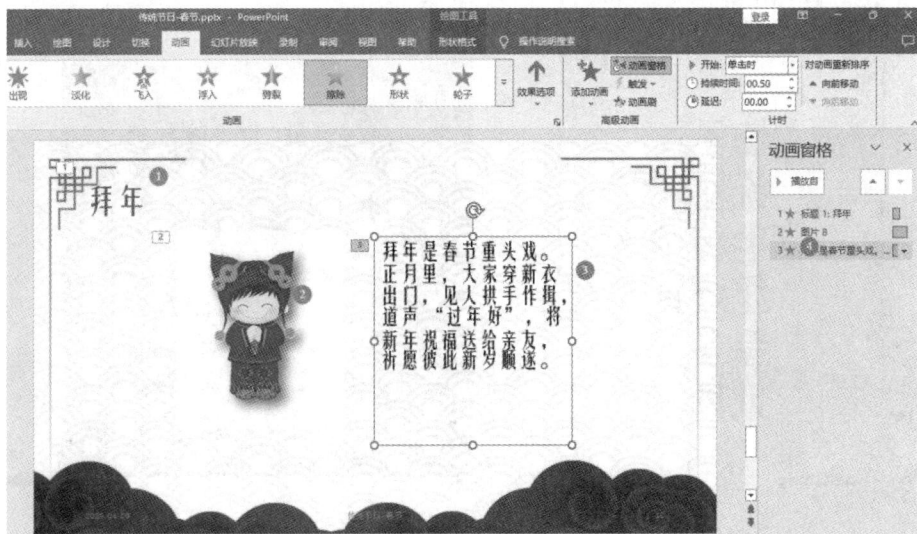

图 5-30　设置"拜年"文本和图片动画效果

4. 春节的美食

新建"标题幻灯片"，在标题占位符中输入"04 春节的美食"，如图 5-31 所示。

图 5-31　新建"春节的美食"

新建"标题内容幻灯片"，设置标题为"春节美食"(①)，输入内容为"饺子汤圆年糕红烧鱼春卷扣肉"(②)，选择"插入"→"媒体"→"视频"，插入美食的视频(③)，如图5-32 所示。

图 5-32　插入"美食"视频

选择"插入"→"媒体"→"音频"，插入对应的音频，单击"播放"选项下的"音频选项"，设置开始为"按照单击顺序"(①)，勾选"播放时隐藏"选项(②)，如图 5-33 所示。

图 5-33　插入音频

5.1.6　制作结尾页

新建一张"空白版式幻灯片"作为结尾页。单击"插入"选项卡中的"艺术字"按钮，艺术字选择为"填充，金色，主题 4，软棱台"，输入"谢谢观看"，选中文本，将字体设置为"方正姚体"，字号为"88"。单击"动画"选项卡，为谢谢观看文字添加"劈裂"动画效果，开始方式为"单击时"，如图 5-34 所示。

制作结尾页

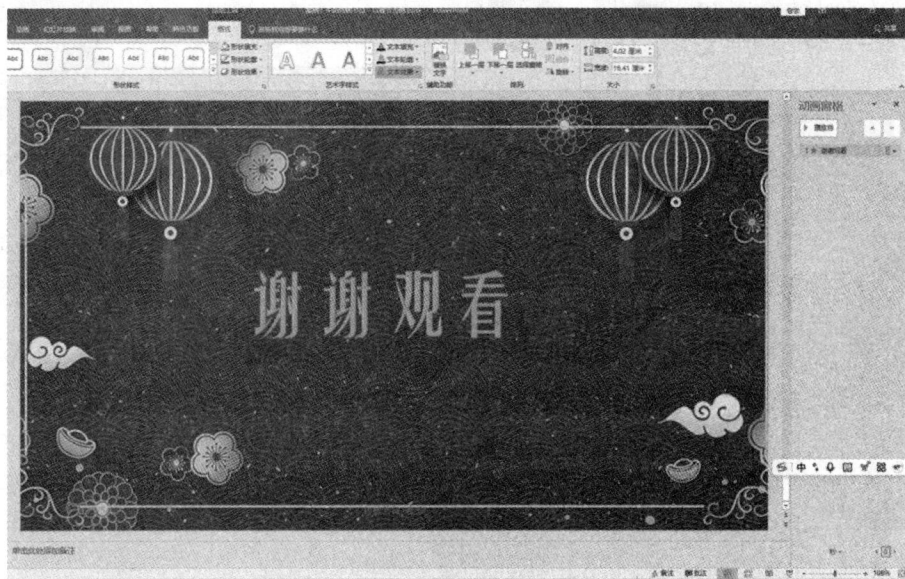

图 5-34　制作结尾页

5.1.7   添加交互效果

在目录页中，选中"01 春节的由来"(①)，右键单击文本设置超链接，在弹出的"插入超链接"对话框中选择"本文档中的位置"(②)，幻灯片标题选择"01 春节的由来"(③)，单击"确定"，设置超链接文本颜色为"红色"，如图 5-35 所示。

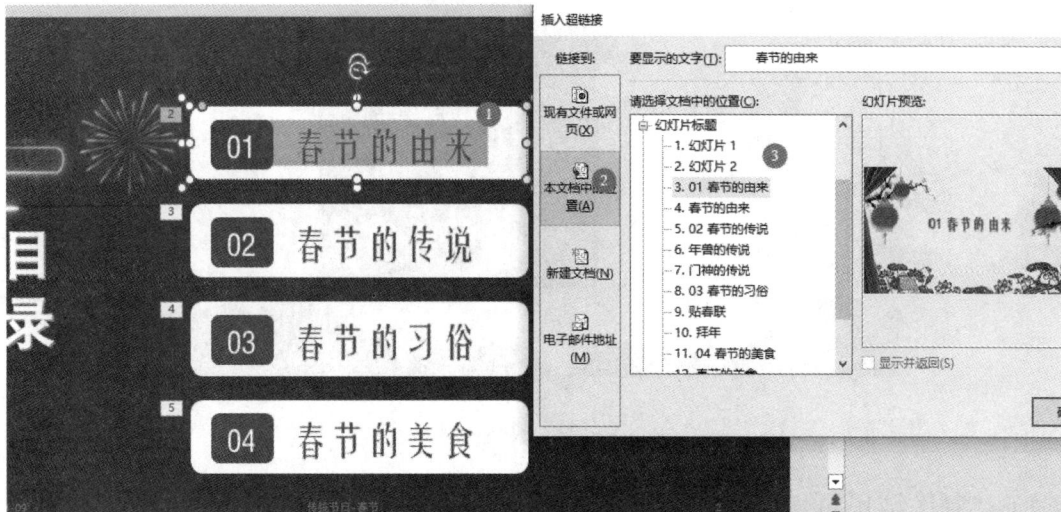

图 5-35   添加超链接

使用同样方式设置目录页其他目录的超链接，如图 5-36 所示。

图 5-36   设置目录页超链接

检查幻灯片文本并保存。

5.2　求职与自我展示——制作"个人简历"演示文稿

🔊 案例介绍

制作个人简历演示文稿，用于向潜在雇主、招聘者或观众展示个人信息、教育背景、工作经验、技能专长和其他相关经历，帮助个人在求职或自我展示场景中脱颖而出。

本案例素材位于"第 5 章 PPT 案例\素材文件\案例 2"。

🔔 任务要求

(1) 下载 PPT 模板并使用：

在浏览器地址栏输入指定网址，搜索"个人简历"模板，下载合适模板并解压使用。

(2) 删除不需要的页面：

打开幻灯片，进入幻灯片浏览模式，选中指定页面并删除。

(3) 修改幻灯片的内容：

切换到普通视图，修改第 1 张幻灯片的时间、演讲人等信息；在第 4 张幻灯片插入文本框，输入"基本信息"并设置字体格式，修改个人信息；复制标题文本到其他幻灯片并更改内容；在第 5 张幻灯片输入教育经历，替换图片；更改第 7 张幻灯片的岗位认知内容；修改第 9、10、11 张幻灯片的内容；删除第 13 张文本占位符并修改时间。

(4) 插入新幻灯片：

在第 6 张幻灯片前插入标题内容幻灯片，标题为"个人获得荣誉和证书"，删除内容文本占位符，插入 SmartArt 图形，更改颜色，输入文本内容并填充图片。

(5) 文本转换为 smart 图：

在第 9 张幻灯片前插入标题和内容幻灯片，输入"知识技能"相关文本，将文本转换为"基本循环图"的 SmartArt 图形，更改颜色和形状效果；插入页眉和页脚，勾选相关选项并设置标题幻灯片不显示。

(6) 合并拆分图形：

在第 12 张幻灯片后插入空白幻灯片，复制标题并改为"个人能力"；插入圆环和 V 形箭头，调整大小和位置，进行合并形状的拆分操作，删除多余组件，设置图形和文本框颜色；为"个人能力"文本及相关组合框设置动画效果。

(7) 插入动作按钮：

打开幻灯片母版，删除多余母版，在空白幻灯片母版插入"动作按钮：前进或下一项"和"动作按钮：后退或前一项目"，设置颜色；选择"切换"菜单选项，设置幻灯片切换效果并应用到全部；设置幻灯片放映方式为"演讲者放映"。

💡 完成效果

本案例的完成效果如图 5-37 所示。

图 5-37　"个人简历"完成效果图

5.2.1　下载 PPT 模板并使用

　　输入"https://www.tukuppt.com/pptmuban/gerenjianli.html"到浏览器地址栏(①)，在 PPT 模板中输入"个人简历"(②)，单击"搜索"按钮，如图 5-38 所示。

下载 PPT 模板并使用

图 5-38　搜索模板

找到合适的"个人简历"模板(①)，单击"立即下载"按钮(②)，如图 5-39 所示。

图 5-39　下载模板

下载完成后，解压后即可打开模板并使用，如图 5-40 所示。

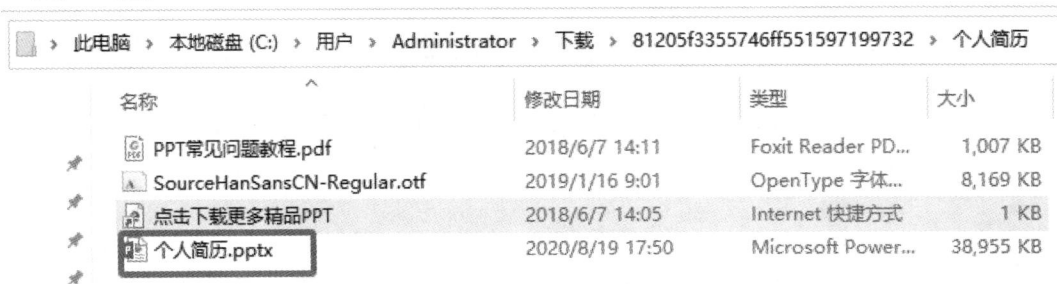

图 5-40 解压模板

5.2.2 删除不需要的页面

打开幻灯片，在菜单栏选择"视图"选项中(①)选择演示文稿视图的"幻灯片浏览"模式(②)，使用 Ctrl + Shift 快捷键选中第 6、7、8、11、12、13、16、17、20、21、23、24 张幻灯片(③)，右键单击空白处，在弹出的菜单中选择"删除幻灯片"(④)，如图 5-41 所示。

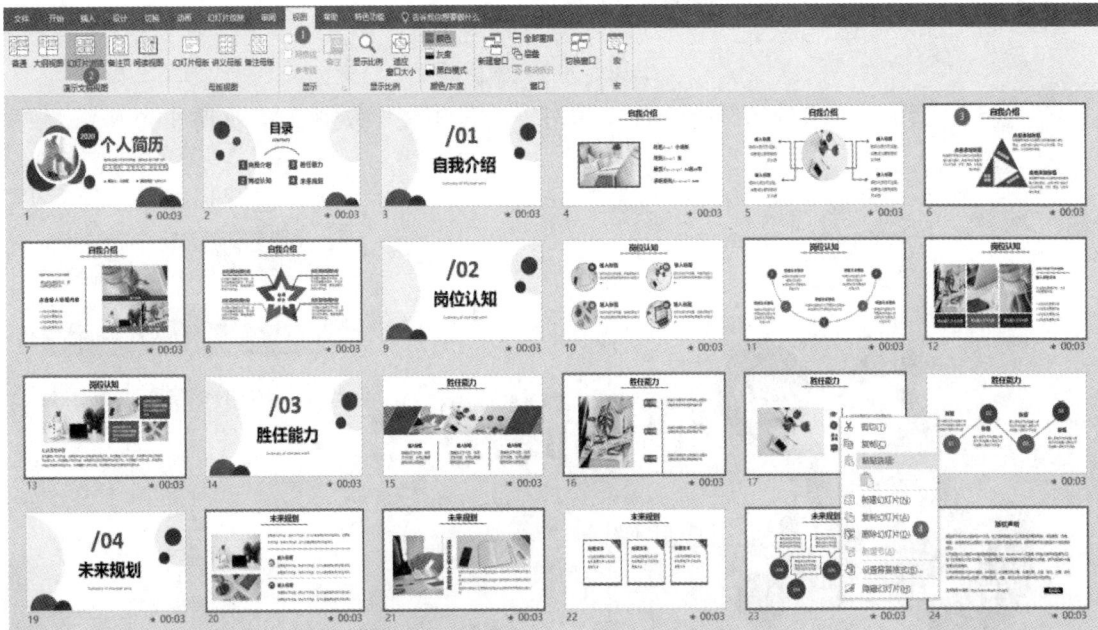

图 5-41 删除多余页面

删除幻灯片后的效果如图 5-42 所示。

图 5-42　完成效果

5.2.3　修改幻灯片的内容

切换到幻灯片普通视图模式，选中第 1 张幻灯片，删除标题个人简历下的文本框(①)，修改页面其他内容，例如，2025 年(②)，演讲人为自己姓名(③)，演讲时间为合适时间(④)，如图 5-43 所示。

修改幻灯片的内容

图 5-43　修改幻灯片的内容

选中第 4 张幻灯片，将姓名、性别等信息修改为自己的基本信息(④)，如图 5-44 所示。

自我介绍 ❶

姓名/name：**张三**

性别/Gender：**女**

籍贯/Place of origin：**浙江省杭州市**

求职意向/Job intention：**软件测试**

图 5-44　修改第 4 张幻灯片内容

设置图片格式，在"形状格式"(①)中选择"形状效果"(②)，"预设"效果中设置为"预设 2"(③)，如图 5-45 所示。

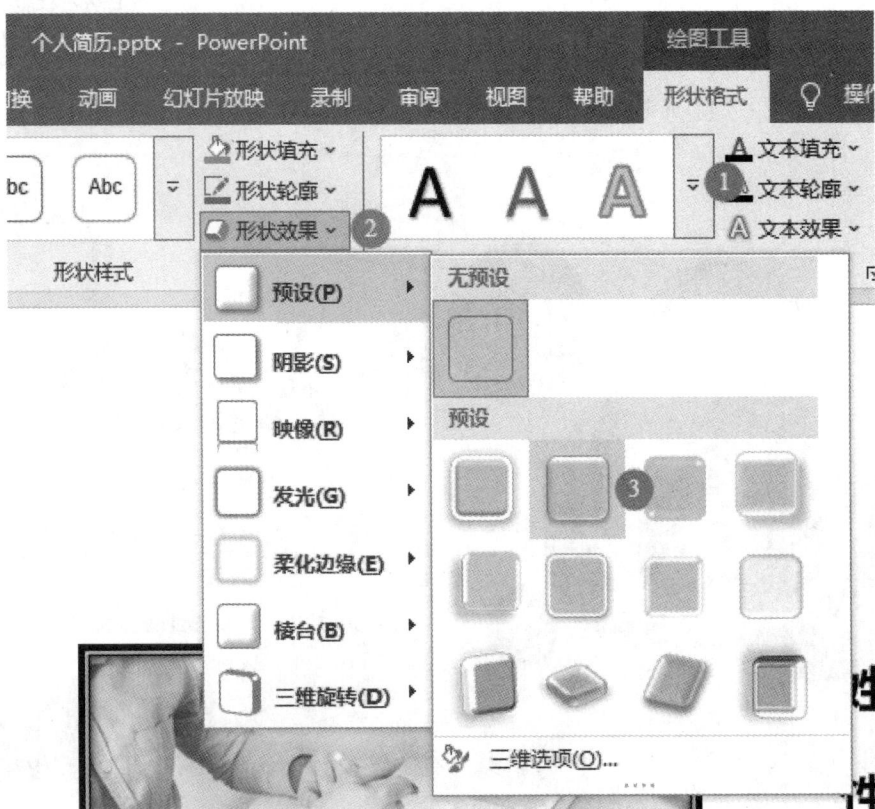

图 5-45　设置形状效果

将光标定位至第 5 张幻灯片，在文本占位符中分别输入相关教育经历(①)，选中图片，在菜单栏选择"更改图片"选项下的"此设备"(②)，选择合适的图片替换原来的图片，如图 5-46 所示。

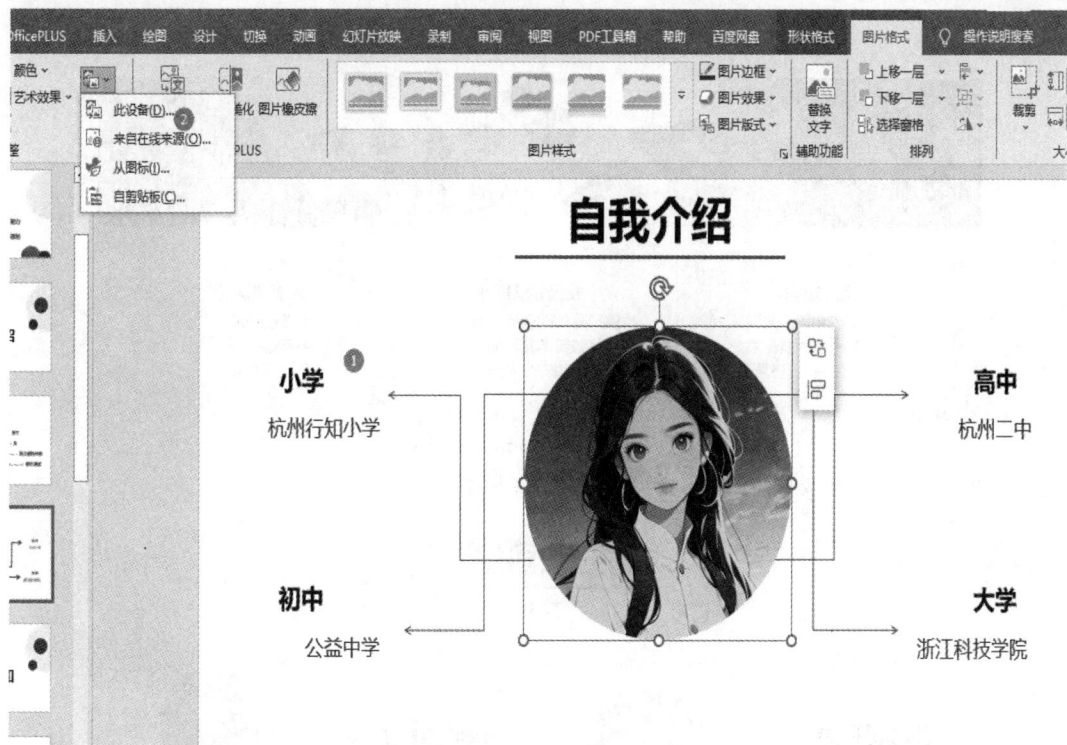

图 5-46　替换图片

更改第 7 张幻灯片的内容，文本内容为"岗位要求"(①)、"发展前景"(②)、"岗位职责"(③)、"自我认知"(④)，如图 5-47 所示。

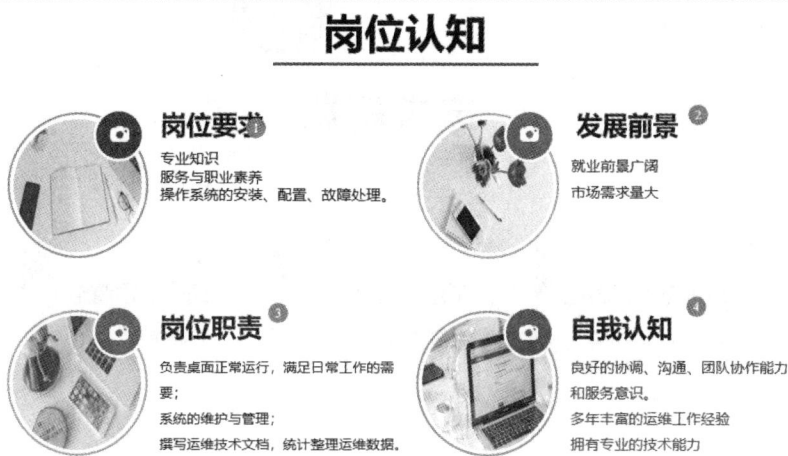

图 5-47　更改第 7 张幻灯片内容

修改第 9 张幻灯片的内容，如图 5-48 所示。

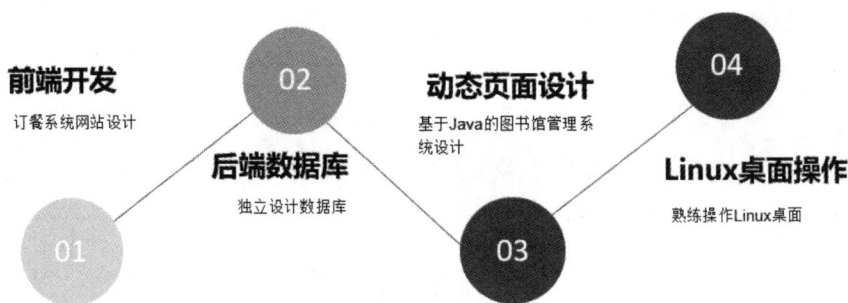

图 5-48   修改第 9 张幻灯片内容

修改第 10、11 张幻灯片的内容，如图 5-49 所示。

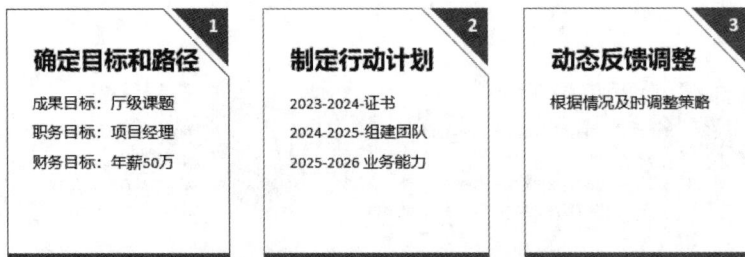

图 5-49   修改第 10、11 张幻灯片内容

删除第 13 张幻灯片文本占位符，修改时间，适当调整文本内容位置，如图 5-50 所示。

图 5-50　结束页设置

5.2.4　插入新幻灯片

在第 6 张幻灯片前插入一个"标题内容幻灯片"，幻灯片的标题为"个人获得荣誉和证书"，设置标题居中(①)，删除内容文本占位符，选择"插入"选项中的"SmartArt"(②)，"选择 SmartArt 图形"列表下的"蛇形图片重点列表"(③)，如图 5-51 所示。

图 5-51　插入 SmartArt 图形

选择 SmartArt 工具"设计"下的"更改颜色"选项(①),更改图形颜色,并输入文本内容(②),图片内容用相应的图片填充(③),如图 5-52 所示。

图 5-52   更改颜色设置

5.2.5 文本转换为 SmartArt 图

在第 9 张幻灯片前面插入"标题内容幻灯片","标题"输入"知识技能"(①),内容为"优秀的沟通能力、专属的职业技能、深厚的行业背景、专业知识扎实、良好的客户关系"(②),如图 5-53 所示。

文本转换为 SmartArt 图

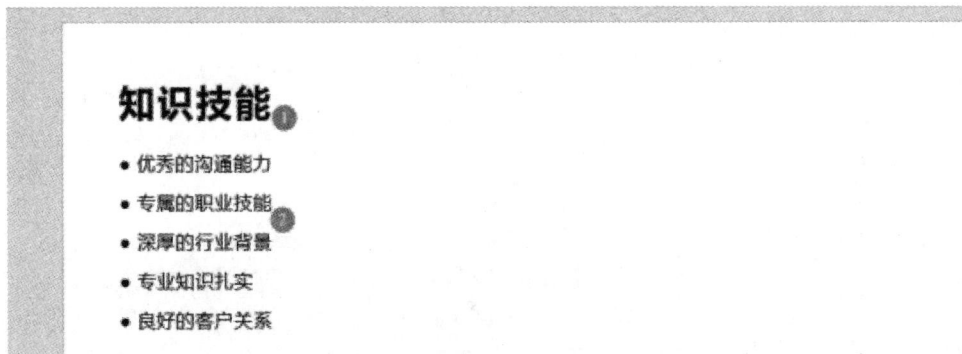

图 5-53   输入文本

选中文本并右键单击(①),在弹出的菜单中选择"转换为 SmartArt"(②),选择"基本循环图"(③),如图 5-54 所示。

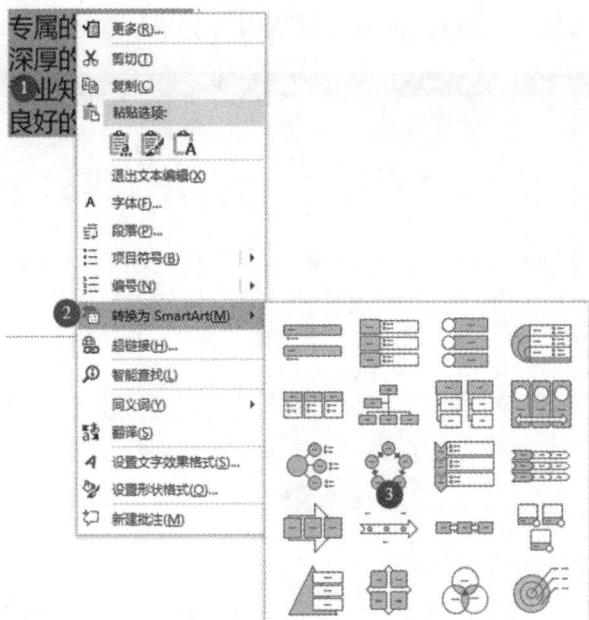

图 5-54　转换为 SmartArt 图形

选择"SmartArt 设计"的更改颜色，更改循环图为合适的颜色，在"格式"(①)菜单项中选择"形状效果"(②)，设置为"预设 1"(③)，如图 5-55 所示。

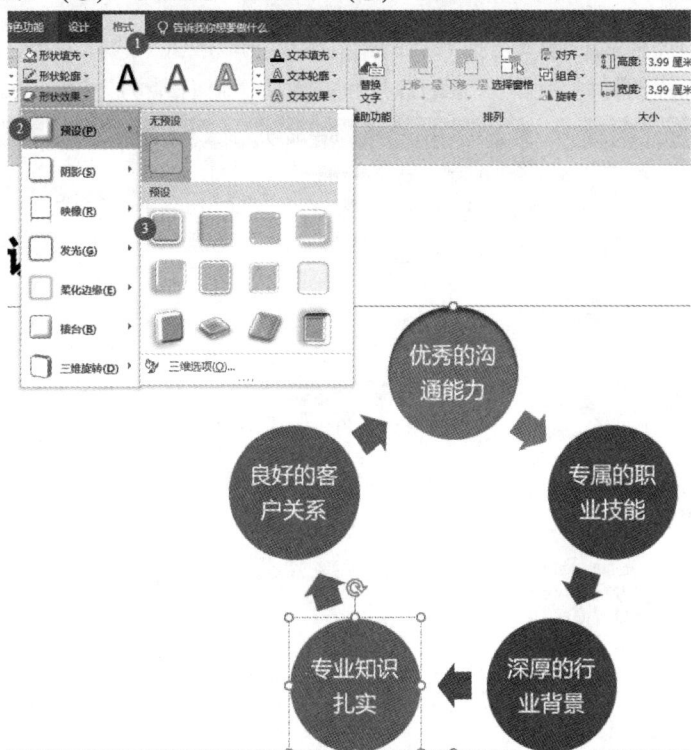

图 5-55　格式设置

选择"插入"(①)菜单的"页眉和页脚"(②)选项，在"页眉和页脚"对话框中"幻灯片包含内容"中勾选"日期和时间"(③)、"幻灯片编号"，勾选"页脚"并输入"个人简历"

(④)，设置"标题幻灯片不显示"(⑤)，单击"全部应用"完成设置(⑥)，如图 5-56 所示。

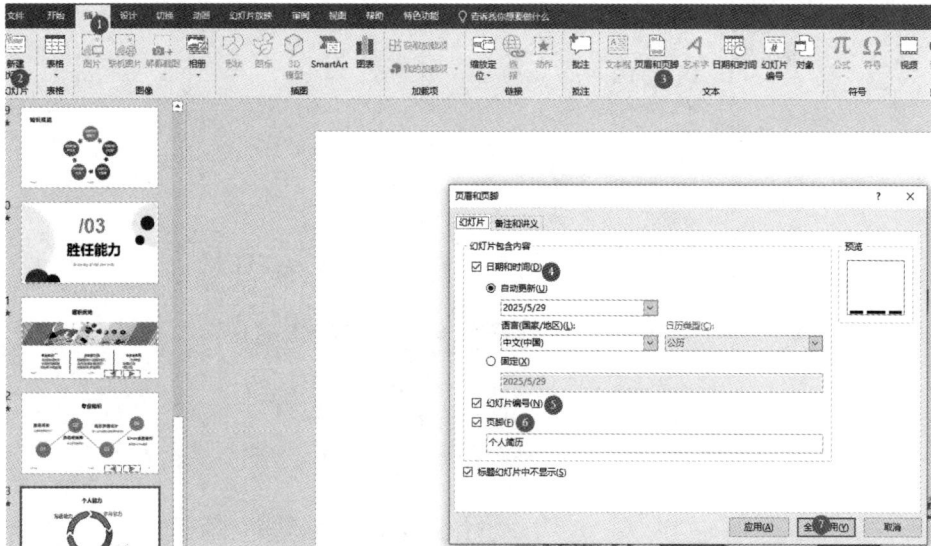

图 5-56　页眉和页脚

5.2.6　合并拆分图形

在第 12 张幻灯片后右键单击插入新的幻灯片(①)，"版式"选择为"空白"幻灯片(②)，复制第 12 张幻灯片的标题到第 13 张幻灯片，并改为"胜任能力"(③)，如图 5-57 所示。

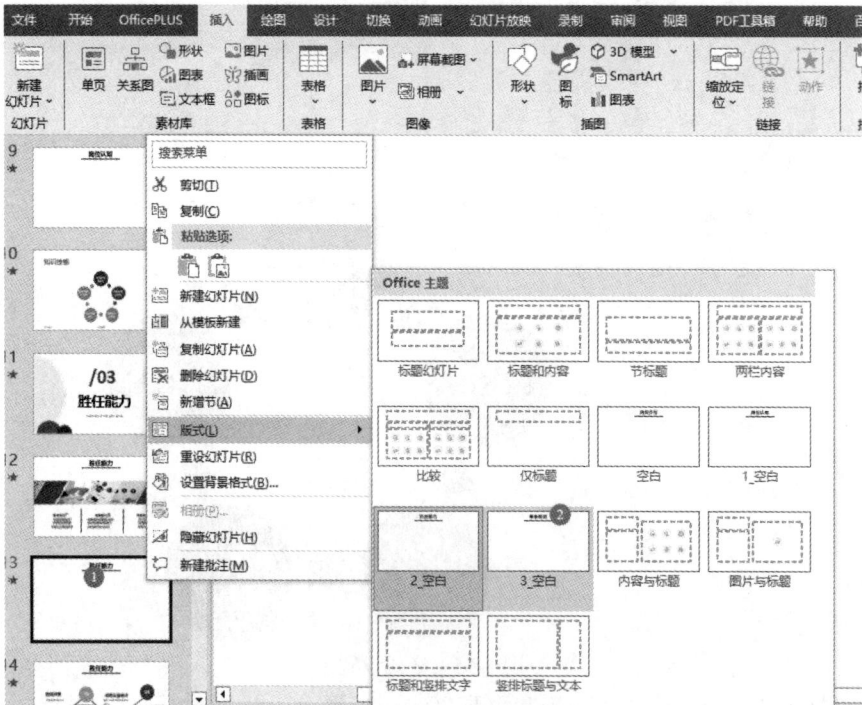

图 5-57　添加空白幻灯片

在菜单栏选择"插入"菜单下的"形状"选项(①)，在基本形状中选择"圆环"(②)，插入高和宽都为 11 厘米的圆环(③)，在"形状填充"中选择合适的颜色填充圆环(④)，如图 5-58 所示。

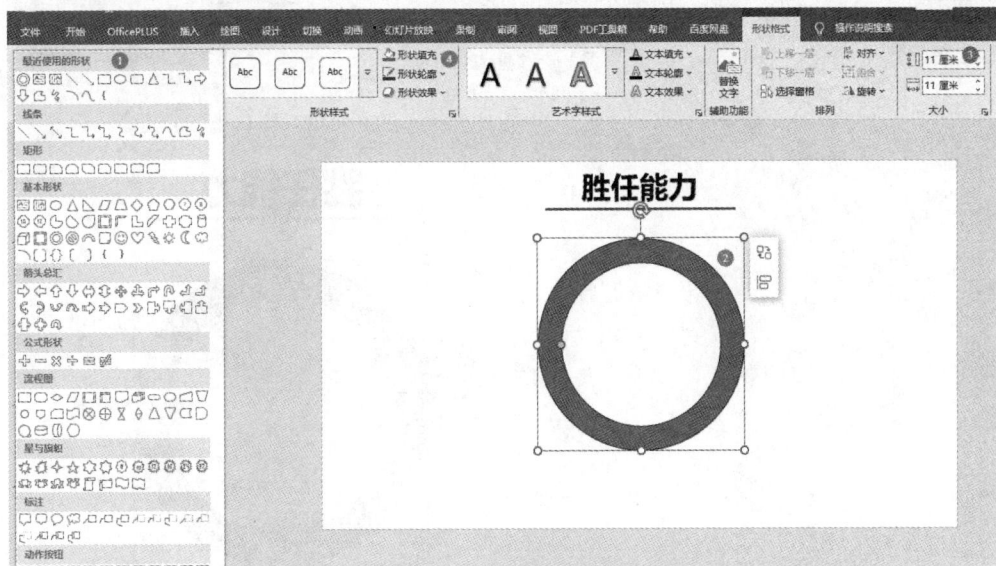

图 5-58　插入圆环

选择"插入"菜单下的"形状"选项，选择 V 形箭头，插入在圆环合适的位置(①)，选择"形状格式"菜单下的"大小"选项，调整箭头的高度和宽度都为"2 厘米"(②)，复制 3 个相同的箭头，调整方向放入圆环合适位置(③)，如图 5-59 所示。

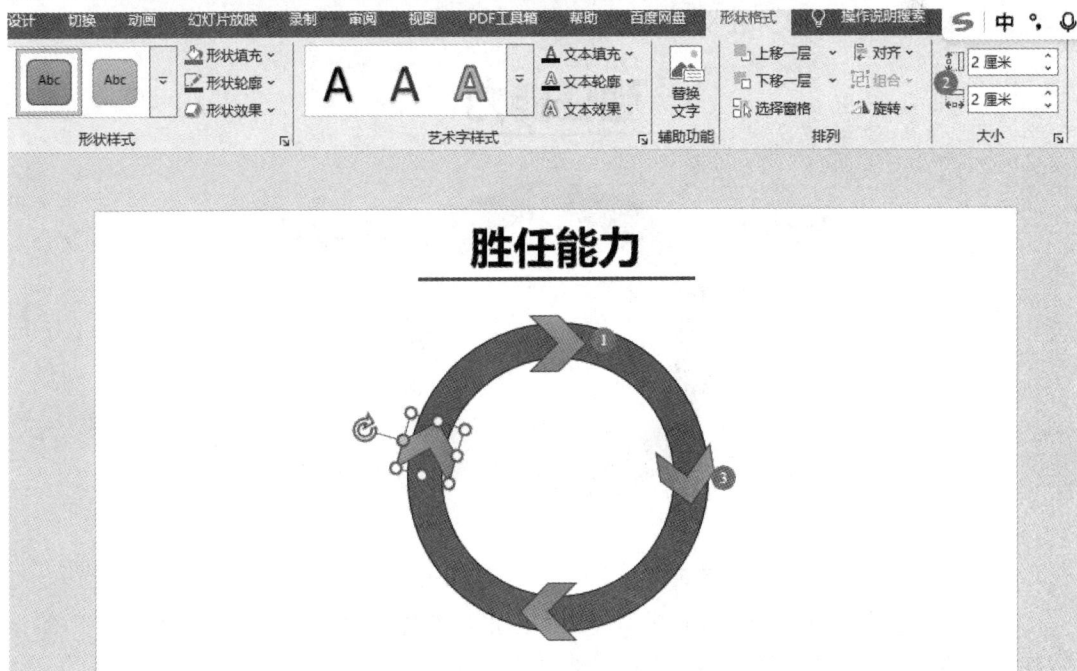

图 5-59　插入 V 形箭头

选中全部箭头和圆环,选择"形状格式"菜单下的"合并形状"(①),在下拉菜单中选择"拆分"选项(②),如图 5-60 所示。

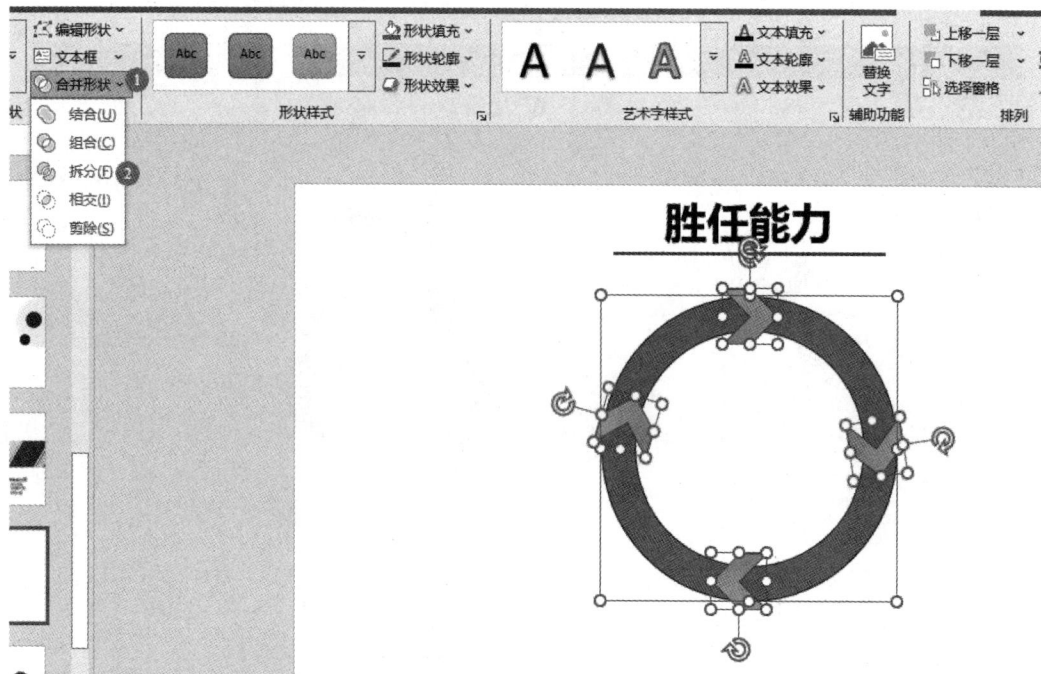

图 5-60　拆分图形

删除中间的圆形、箭头和其他多余的组件,并为循环设置不同的颜色(①),设置相同颜色的文本框(②),如图 5-61 所示。

图 5-61　添加文本和设置图形颜色

对形状和文本进行组合,选择学习能力和图形组合框,设置动画效果为"出现"(①),依次设置其他 3 个文本和图形组合框的动画效果(②),如图 5-62 所示。

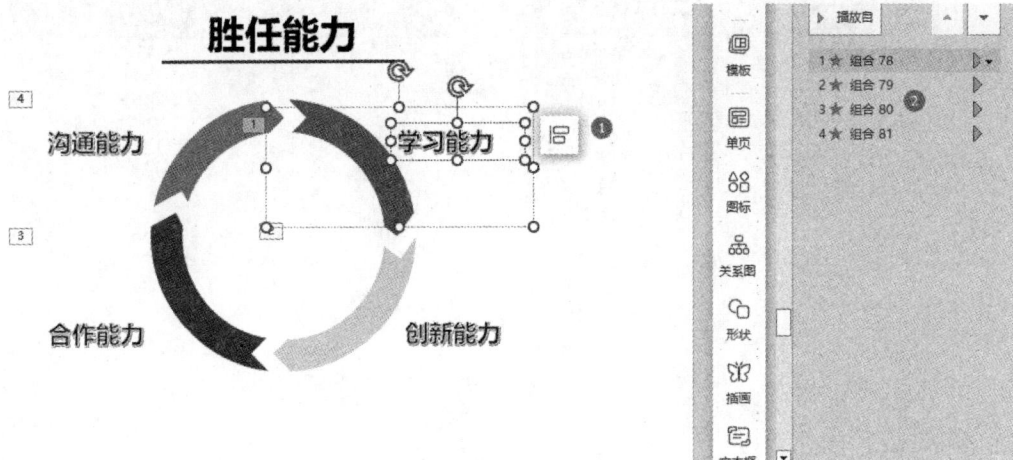

图 5-62　设置组合和添加动画

5.2.7　插入动作按钮

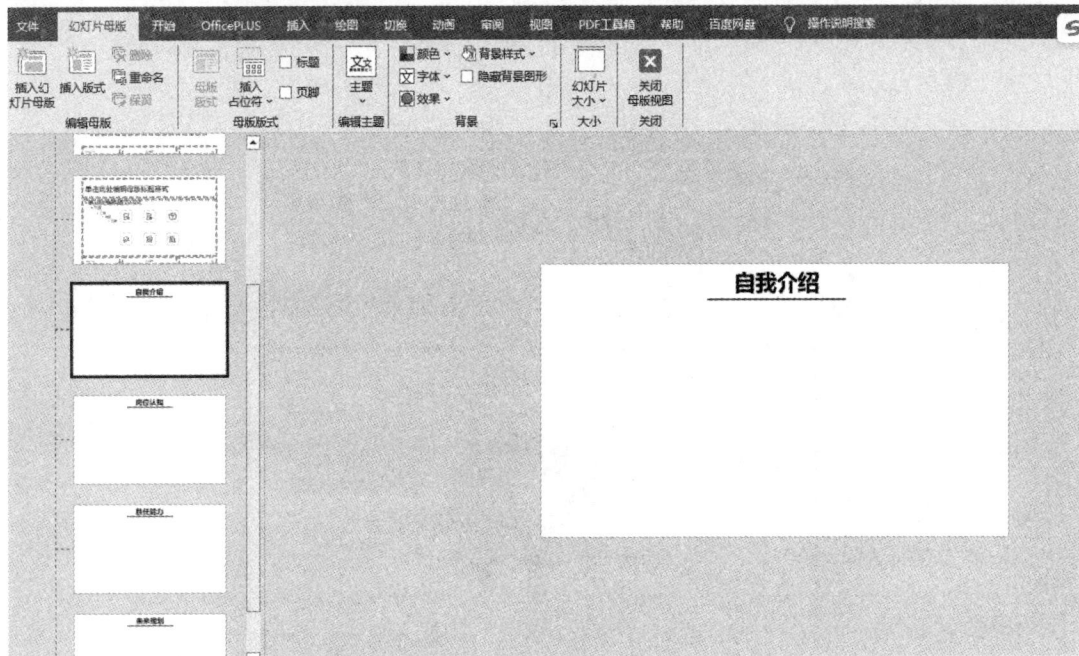

打开幻灯片母版，删除多余的母版，如图 5-63 所示。

选择标题为"自我介绍"母版，选择"插入"菜单选项下的"形状"选项(①)，找到"动作按钮"选项(②)，插入"动作按钮：前进或下一项"，设置相应的颜色(③)，使用同样方法插入"动作按钮：后退或前一项目"(④)，设置相应的颜色，如图 5-64 所示。

插入动作按钮

图 5-63　删除多余母版

图 5-64　添加动作按钮

关闭母版幻灯片，查看效果，如图 5-65 所示。同样方法设置其他空白幻灯片母版。

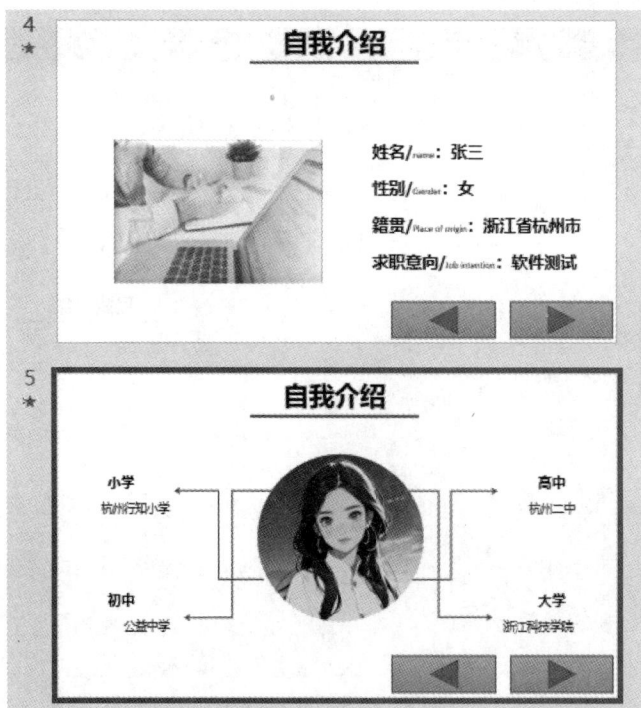

图 5-65　查看效果

5.2.8　设置幻灯片的切换

选中所有版式为"标题幻灯片"和"目录幻灯片"的幻灯片，选择"切换"菜单下的"推入"选项(①)，在效果选项中选择"自左侧"(②)，切换效果应用于所有幻灯片，如图 5-66 所示。

图 5-66　标题和目录幻灯片切换

选中所有母版为"空白版式"的幻灯片(①)，选择"切换"菜单下的"分割"选项(②)，在"效果选项"下拉菜单中选择"上下向中央收缩"(③)，设置持续时间为"1.5 s"(④)，换片方式为"单击鼠标时"和"设置自动换片时间为 3 s"(⑤)，如图 5-67 所示。

图 5-67　幻灯片切换效果

5.2.9 设置幻灯片的放映

在"幻灯片放映"菜单下选择"设置幻灯片放映"选项(①),在"设置放映方式"对话框中选择放映类型为"演讲者放映"(②),其他默认选择,单击"确定",如图 5-68 所示。

图 5-68　设置幻灯片放映

5.3　年度总结与汇报——制作"公司年度总结报告"演示文稿

案例介绍

运用 AI 生成公司年度总结报告的演示文稿模板,结合公司实际数据和工作成果,展示年度工作完成情况、成功项目、存在问题及未来目标计划，为公司内部总结和对外展示提供有力支持。

本案例素材位于"第 5 章　PPT 案例\素材文件\案例 3"。

🔔 任务要求

(1) 幻灯片模板设置。使用 AiPPT，登录网站 https://www.aippt.cn，选择"导入文档生成 PPT"，输入准备的 PPT 文本；选择生成方案(如"保持原文")，等待生成 PPT 大纲，挑选"总结汇报"类型中金融行业相关模板生成 PPT，完成后预览并下载。

(2) 调整幻灯片的文本内容。调整标题幻灯片的时间、主讲人员信息；调整目录页内容使其符合预设大纲；更改第 3 张幻灯片内容为"01 年度工作任务概述"；完善最后一张幻灯片的标题和内容。

(3) 插入图片。在第 1 张幻灯片中删除原有图标和照片，插入公司 Logo 图片，调整位置、大小和背景；对后面指定页面进行同样的 Logo 和图片设置操作；删除第 4 张幻灯片原有图片，插入符合内容的图片并设置格式；删除第 5 张幻灯片原有图片和部分文字，插入公司荣誉图片；更改第 10、11 张幻灯片内容并插入对应图片。

(4) 插入视频和背景音乐。在第 12 张幻灯片中删除重复文本，插入"人工智能应用项目"视频；在第 1 张幻灯片中插入背景音乐 back.mp3，并在"播放"菜单的"音频选项"中勾选所有选项。

(5) 文本转为 SmartArt 图形。修改第 17 张幻灯片标题为"明年工作目标计划"，删除内容文本，输入计划目标并转换为 SmartArt 图，删除第 18~21 张幻灯片。

(6) 在幻灯片中插入图表。删除第 7 张幻灯片文字，输入表格并设置字体，插入图表(簇状图)，根据表格数据填写 Excel 数据，设置图表标题；删除第 8 张幻灯片文本，插入表格并设置字体，插入三维饼图，设置图表标题和数据标签选项。

(7) 幻灯片动画与切换设置。设置第 1、3、6、9、13、16、18 张标题幻灯片文本动画为"淡化"，图片动画为"浮出"；选中目录页相关文字，设置动画为"擦除"，效果选项为"自顶部"，持续时间为"1 s"；为其余幻灯片图片和文字设置合适动画；设置幻灯片切换方式为"随机线条"(垂直)，应用到全部。

(8) 导出幻灯片为视频。单击"文件"菜单下的"导出"选项，选择"创建视频"，输入文件名"2025 年度工作总结"并保存为 MPEG-4 视频格式。

💡 完成效果

本案例的完成效果如图 5-69 所示。

图 5-69　"年度总结与汇报"完成效果演示文稿

5.3.1　幻灯片模板设置

　　使用 AI 生成幻灯片模板，选择 AiPPT 作为生成模板的工具。在浏览器地址栏中输入"www.aippt.cn"，单击回车键，即可直接跳转至网站首页，如图 5-70 所示。

幻灯片模板设置

图 5-70　访问 AiPPT 网站

用微信或手机号登录该网站，单击 AiPPT 菜单(①)，选择"导入文档生成"下拉框(②)，输入准备的 PPT 文本，如图 5-71 所示。

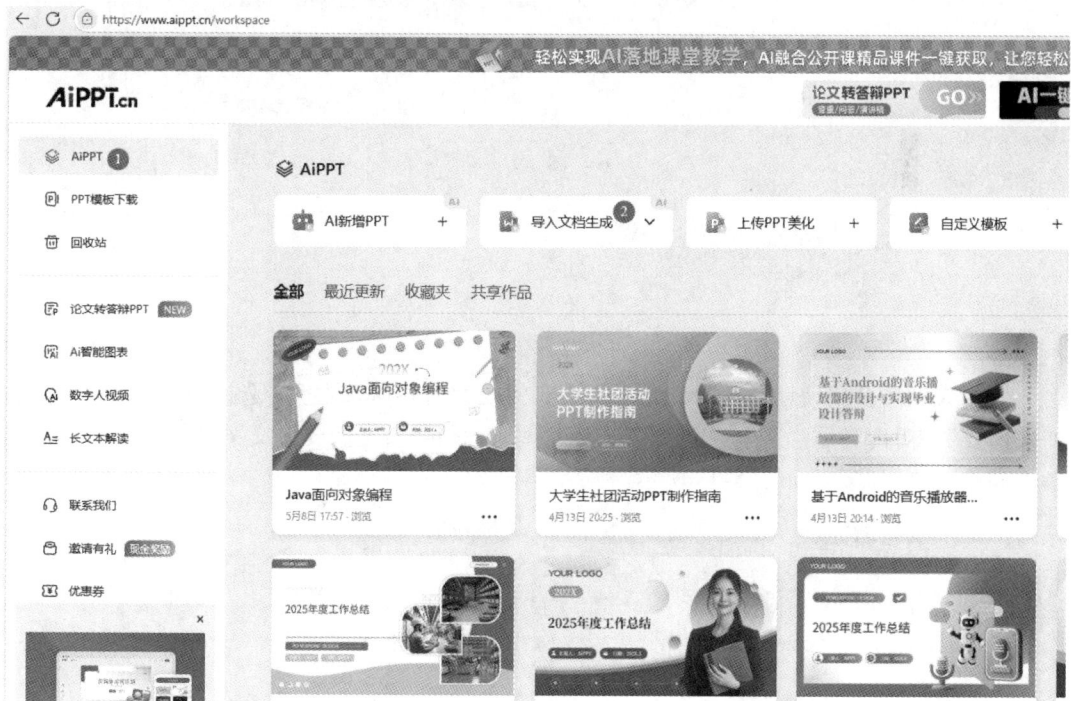

图 5-71　导入文档生成 PPT

如果导入成功则显示如图 5-73 所示的文字(①)，如果导入不成功则继续单击"导入文档生 PPT"按钮(②)，如图 5-72 所示。

图 5-72　导入成功

导入成功后会出现以下 3 个选项,如果要生成的内容保持不变,选择"保持原文"(①);如果需要 Ai 对内容适当扩写,选择"适当扩写"(②);如果需要对文案进行润色美化,选择"润色美化"(③),如图 5-73 所示。

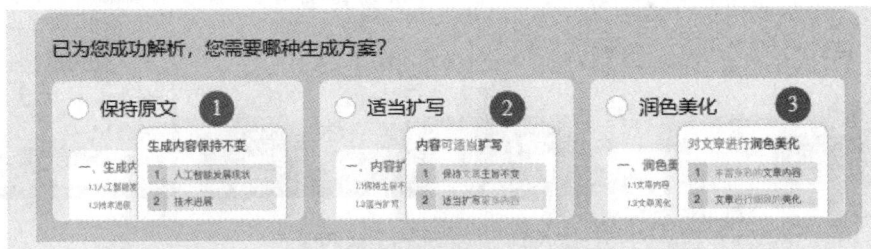

图 5-73　选择不同的生成方案

选择"保持原文"选项(①),等待 AiPPT 智能生成 PPT 大纲(②),如图 5-74 所示。

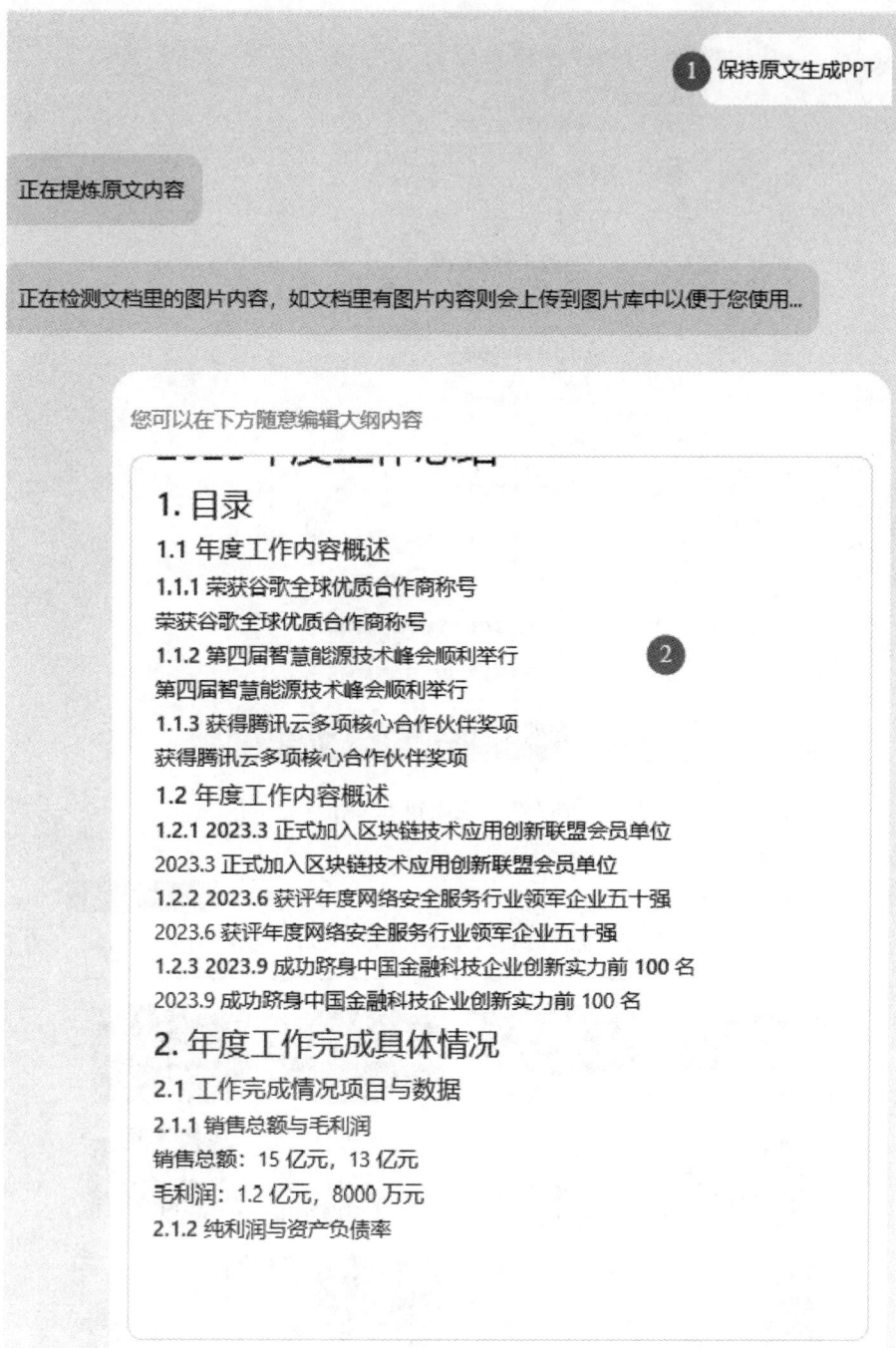

图 5-74　提炼大纲

AiPPT 自动生成的 PPT 大纲(①)，可以修改内容和名称，选择生成后再修改，单击"挑选 PPT 模板"按钮(②)，如图 5-75 所示。

在"选择模板创建 PPT"选项下选择"总结汇报"(①)，选择"金融对行业的影响"模板(②)，单击"生成 PPT"按钮(③)，如图 5-76 所示。

图 5-75　生成 PPT 大纲

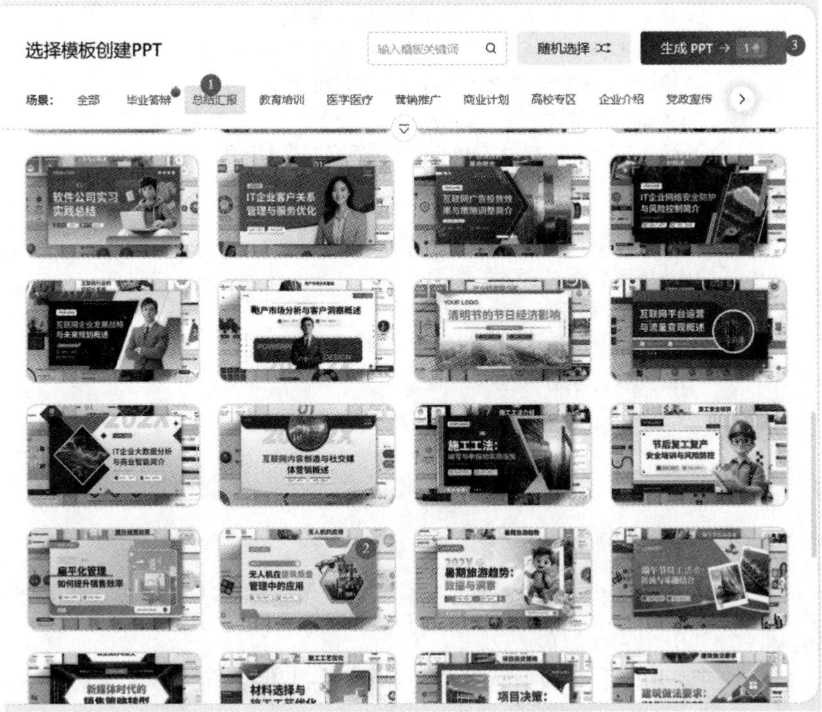

图 5-76　选择合适的模板

完成后可预览生成的 PPT(①)，单击"下载"按钮(②)，如图 5-77 所示。

图 5-77　下载 PPT 模板

5.3.2　调整幻灯片的文本内容

调整标题幻灯片的内容，修改时间为"2024"年，修改主讲人和时间为合适的信息，如图 5-78 所示。

图 5-78　调整文本内容

调整目录页的内容使其符合预设大纲的内容，如图 5-79 所示。

图 5-79　调整目录页

更改第 3 张幻灯片的内容为"01 年度工作任务概述",如图 5-80 所示。

图 5-80　修改的页面文本内容

完善最后一张幻灯片的标题和内容,如图 5-81 所示。

图 5-81　完善结束页

5.3.3　插入图片

插入图片

　　选中第 1 张幻灯片，删除生成的公司 Logo 图片，插入云创科技 Logo 图片，调整位置和大小。删除图片背景(①)，删除人物照片，选中圆形，用公司图片进行填充(②)，调整文本框背景大小和位置(③)，如图 5-82 所示。

图 5-82　更换 Logo 和图片

　　使用同样方式设置第 3、6、9、13、16、22 张幻灯片的 Logo 和图片，其中第 3 张幻灯片的效果如图 5-83 所示。

图 5-83　修改其余幻灯片图片

删除第 4 张幻灯片的图片，插入 3 张与内容相符的图片，单击"图片格式"选项下的"图片样式"列表，设置第 1 张和第 2 张图片的格式为"柔化边缘椭圆"（①），设置第 3 张图片的格式为"棱台矩形"（②），如图 5-84 所示。

图 5-84　更换第 4 张幻灯片图片

删除第 5 张幻灯片的图片和部分文字，插入 3 张公司所获荣誉的图片，如图 5-85 所示。

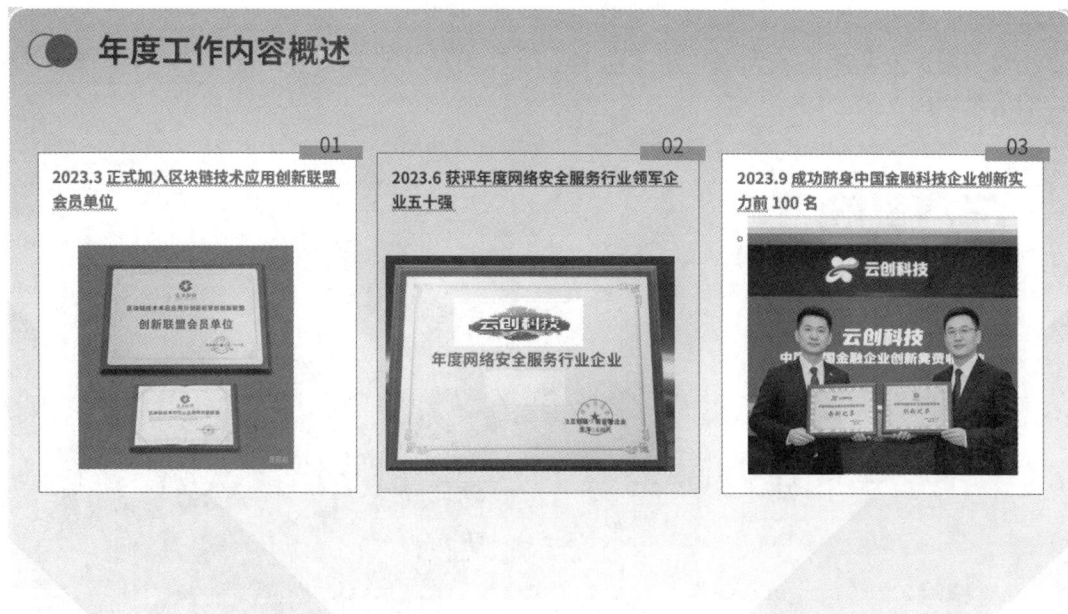

图 5-85　第 5 张幻灯片设计

更改第 10、11 张幻灯片的内容，插入对应的图片，如图 5-86、图 5-87 所示。

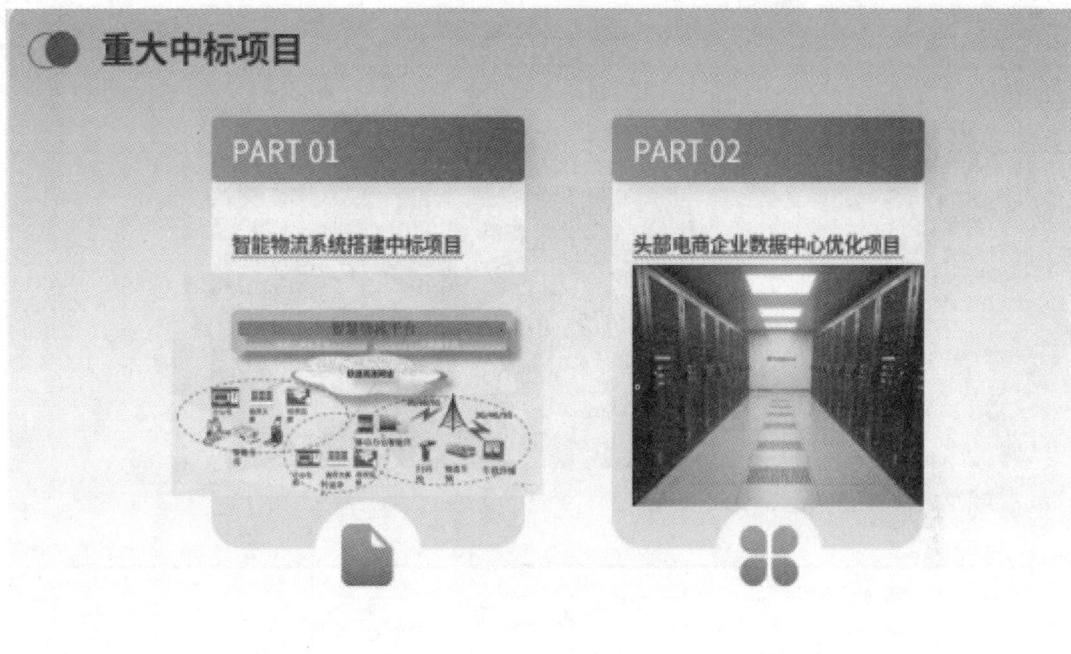

图 5-86　第 10 张幻灯片设计效果

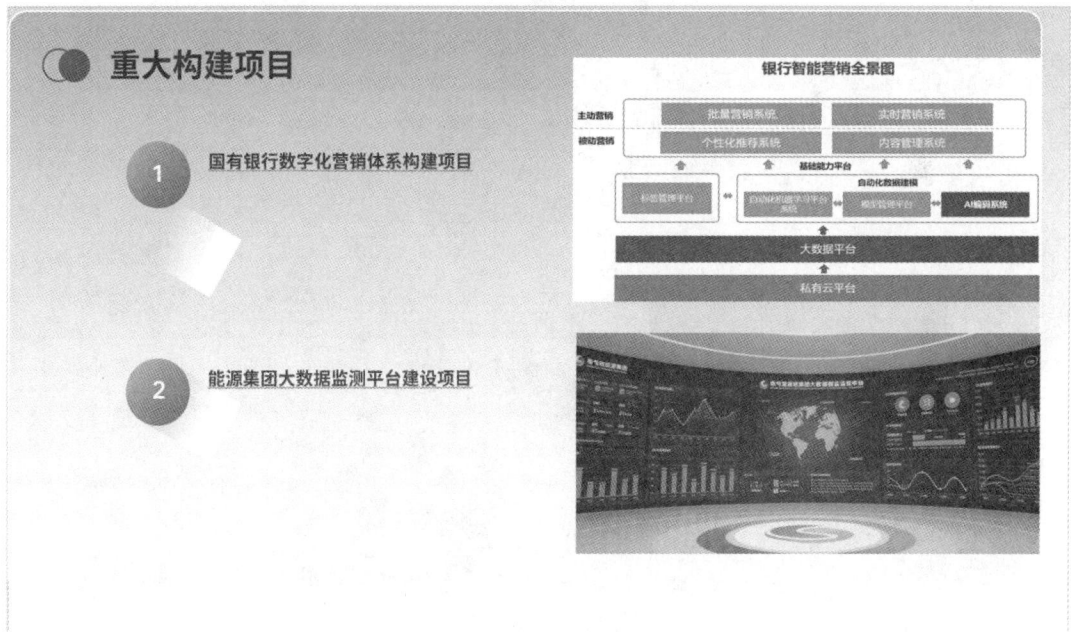

图 5-87　第 11 张幻灯片设计效果

5.3.4　插入视频和背景音乐

选中第 12 张幻灯片，删除重复文本，单击"插入"菜单栏的"视频"选项(①)，在下拉菜单中选择"插入视频"，插入"人工智能应用项目"视频(②)，如图 5-88 所示。

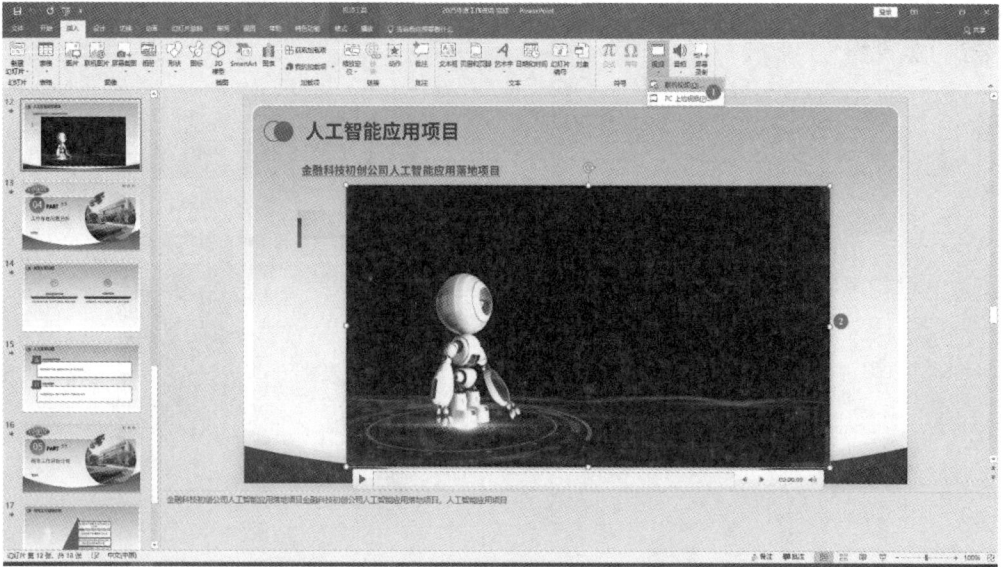

图 5-88　插入视频

在第 1 张幻灯片中插入背景音乐 back.mp3，在"播放"(①)菜单的"音频选项"中勾选所有选项(②)，如图 5-89 所示。

图 5-89　插入音频

5.3.5　文本转为 SmartArt 图形

修改第 17 张幻灯片的标题为"明年工作目标计划"(①)，删除内容文本，输入目标计划，并转换为 SmartArt 图(②)，删除第 18、19、20、21 张幻灯片，如图 5-90 所示。

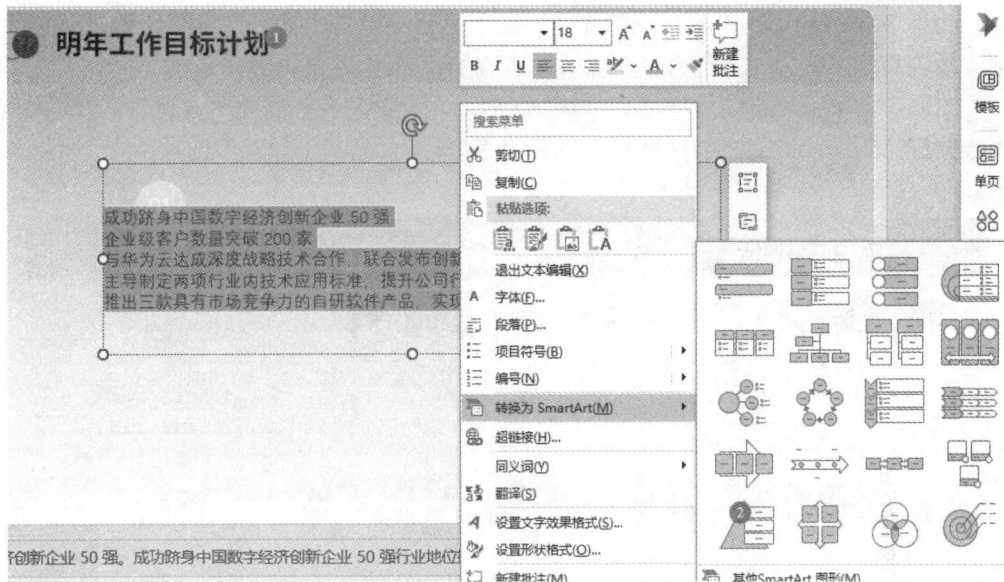

图 5-90　文本转换为 SmartArt 图形

5.3.6　在幻灯片中插入图表

删除第 7 张幻灯片的文字，插入表格，单击"开始"菜单的"字体"，设置表格字体为"宋体"，字号为"18"，调整表格的大小(①)。单击"插入"菜单下的图表选项(②)，根据表格数据填入 Excel 表中数据(③)，设置簇状图标题为"资产负债率和产品交付率年度对比图"(④)，如图 5-91 所示。

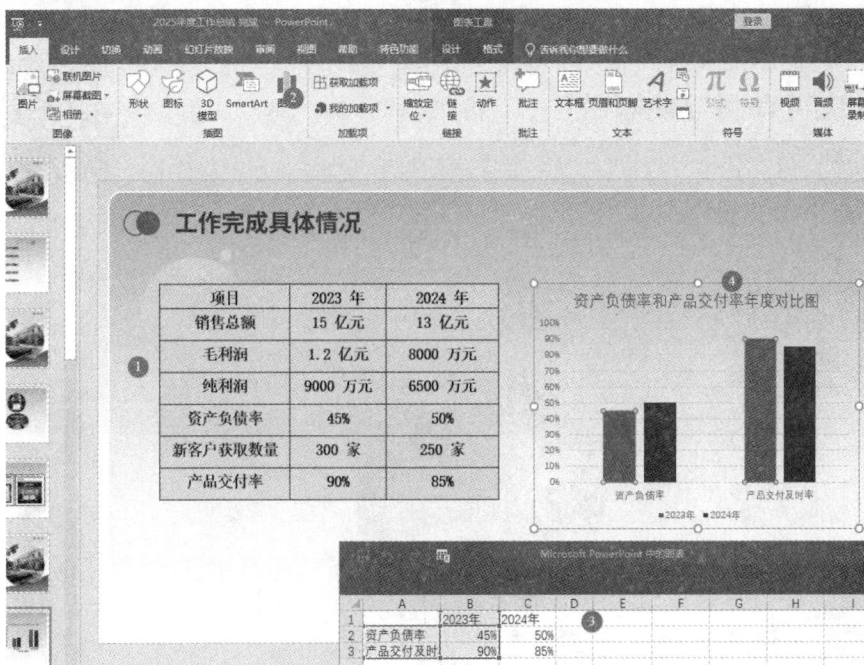

在幻灯片中插入图表

图 5-91　插入表格和簇状图

修改第 8 张幻灯片的内容，删除文本，插入表格，单击"插入"菜单，选择"字体"选项，设置表格字体为"宋体"，字号为"18"(①)，根据表格内容，单击"插入"菜单，选择"图表"菜单下"饼图"→"三维饼图"(②)，设置图表标题为"占比"，勾选图表数据"数据标签"选项中的"类别名称""值""百分比""显示引导线"选项(③)，如图 5-92 所示。

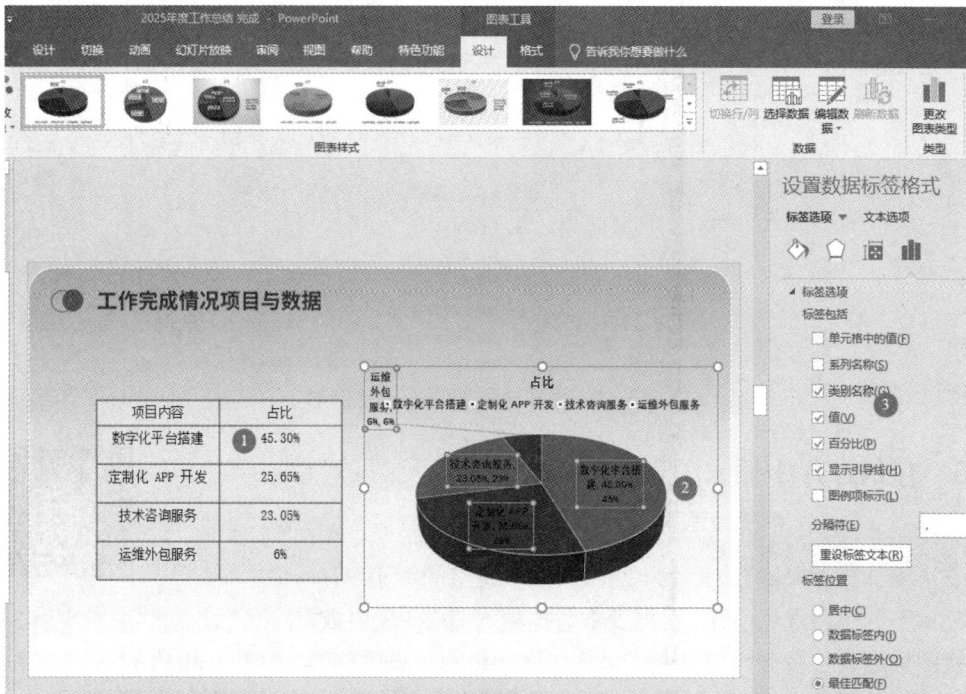

图 5-92　插入表格和三维饼图

5.3.7　幻灯片动画与切换设置

设置第 1、3、6、9、13、16、18 张标题幻灯片文本出现模式为"淡化"，图片出现模式为"浮出"，如图 5-93 所示。

幻灯片动画与切换设置

图 5-93　设置动画效果

选中目录页的"01～06"列表的所有文字，单击"动画"菜单的"擦除"选项(①)，设置效果选项为"自顶部"(②)，持续时间为"1 s"，如图5-94所示。

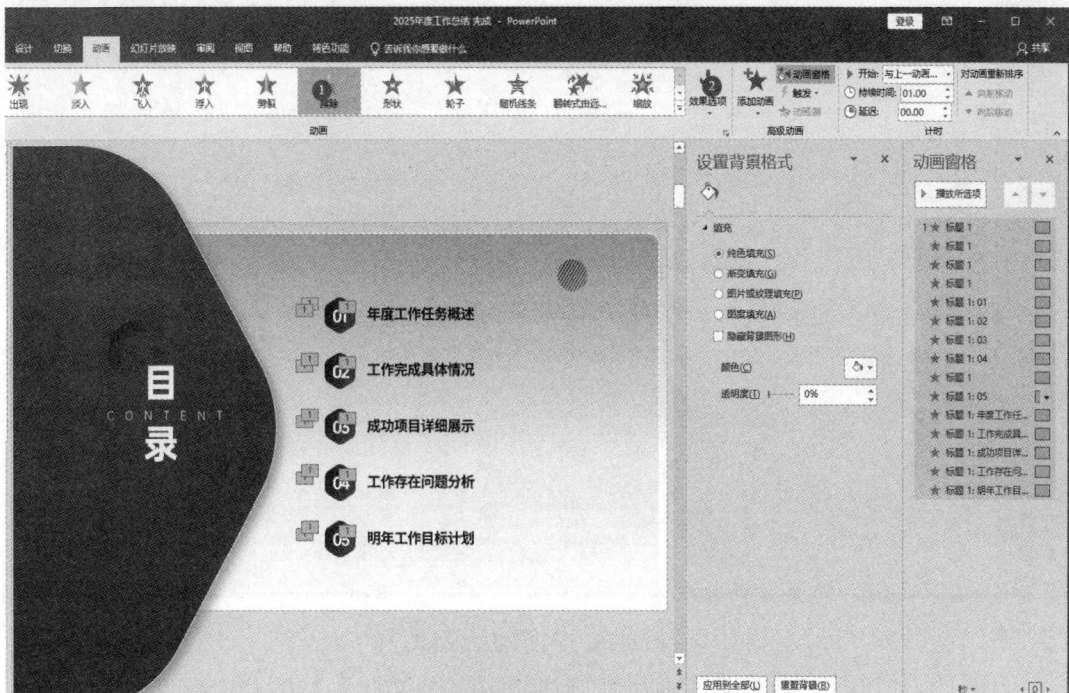

图 5-94　设置目录页动画效果

分别设置其余幻灯片图片和文字动画为合适的选项。

设置幻灯片的切换方式为"随机"，选择"切换"菜单的"随机线条"选项(①)，效果选项选择"垂直"(②)，单击"应用到全部"按钮(③)，如图5-95所示。

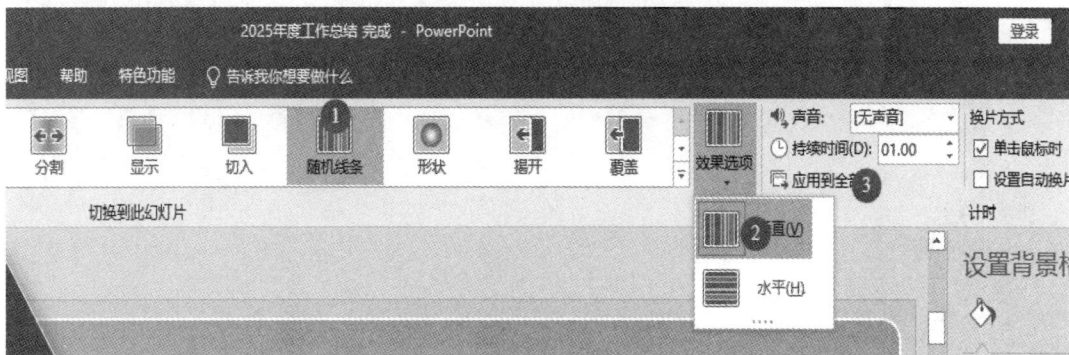

图 5-95　设置幻灯片切换效果

5.3.8　导出幻灯片为视频

单击"文件"菜单下的"导出"选项，在"导出"对话框中选择"创建视频"(①)，将幻灯片导出为视频(②)，如图5-96所示。

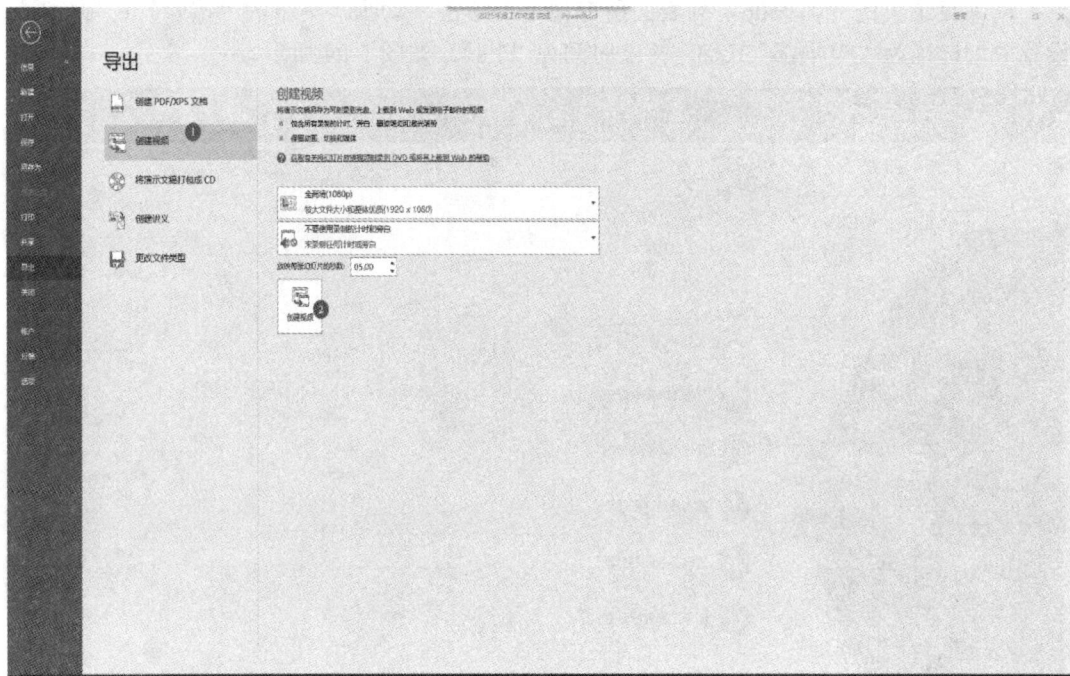

图 5-96　导出为视频格式

单击"创建视频"按钮，在"另存为"对话框中输入文件名"2024 年度工作总结"(①)，单击"保存"按钮(②)，如图 5-97 所示。

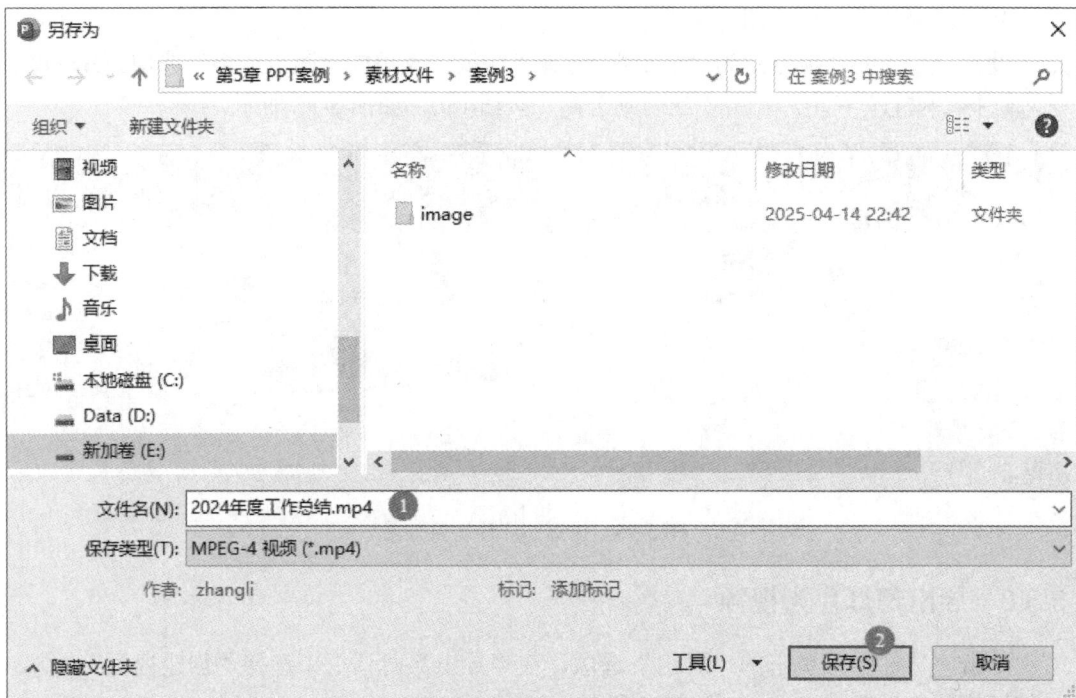

图 5-97　导出为视频格式

习　题

习题

操作题

1. 制作一个校园社团活动 PPT。

(1) 收集社团活动照片、视频素材，对照片进行裁剪、调色等处理，使其画质清晰、色彩鲜艳。将处理好的素材分类整理，准备用于 PPT 制作。

(2) 在 PPT 中插入视频，设置视频自动播放、循环播放，并添加"淡入""淡出"的播放效果。同时，为视频添加自定义封面，选择社团最具代表性的活动画面作为封面图。

(3) 运用 PPT 形状工具，绘制各种创意图形(如社团标志的变形、活动场景的简笔画等)，并利用形状组合、布尔运算功能，创建独特的页面元素。为形状添加填充颜色、轮廓效果和阴影效果，使其更加立体生动。

(4) 利用 SmartArt 图形制作社团组织结构图，展示社团的部门设置与人员架构。为 SmartArt 图形添加动画效果，使其按层级依次展开，便于观众理解。

(5) 在 PPT 中添加音频文件，设置音频在整个演示过程中持续播放，且音量适中。同时，添加音频控制按钮，使演讲者在必要时可暂停或继续播放音频。

2. 制做一个毕业设计答辩 PPT，要求整体风格保持统一，色彩搭配协调，各页面布局合理。

(1) 封面：正确填写标题，加粗字体，可添加特效，确保颜色搭配协调；写全姓名、专业、指导教师、答辩日期等信息。

(2) 目录：涵盖项目背景、设计方案、实施过程、成果展示、总结与展望、致谢等核心板块。各板块标题字体字号统一，用列表或缩进格式呈现层级关系。

(3) 项目背景与目标：准确阐述项目相关领域现状，可插入带有清晰标题、坐标轴标注及数据来源说明的图表辅助，清晰表述设计目标。

(4) 设计方案：详细讲解设计方案，借助图片、示意图等阐述，突出方案的创新性与可行性。对比其他方案，说明所选方案的优势。

(5) 实施过程：按顺序清晰描述实物制作或软件设计(如需求分析、模块设计、编码实现)的关键步骤，列举实施过程中遇到的主要问题及对应的解决方法。

(6) 成果展示：提供多角度清晰照片或现场演示视频截图，并配以文字说明功能和特点，若涉及数据，用规范图表(含标题、坐标轴标注、数据来源)准确展示。

(7) 结论与展望：概括毕业设计成果，总结经验教训；基于现有成果，提出 1～2 个未来可改进或拓展的方向。

第6章 AI 智能办公

随着人工智能技术的快速发展，AI 大模型(如 DeepSeek、文心大模型、通义千问等)正深度融入 Office 办公场景。现阶段，AI 已能实现文档智能生成(如自动撰写报告、合同)、数据自动分析(用自然语言描述需求即可生成图表)、PPT 一键设计(图文排版、配色方案推荐)等任务。例如，输入"整理本月销售数据并生成总结"，AI 可自动提取 Excel 表格关键信息，生成 Word 文档并同步制作 PPT，效率提升超过 50%。

学习目标

➤ 知识目标

- 掌握 AI 在办公场景中的基础应用原理，包括 AI 协作办公的基本概念与核心功能。
- 理解 AI 智能文本处理的核心技术及其实现逻辑。
- 熟悉 AI 在表格处理中的功能模块和演示文稿自动化生成的技术路径。
- 了解 AI 辅助办公工具在文本、表格、演示文稿中的实际应用场景与操作边界。

➤ 能力目标

- 能够运用 AI 工具高效完成办公任务。
- 具备跨工具协作能力，结合 AI 与 Office 软件(如 Word、Excel、PowerPoint)提升办公效率。
- 能够根据实际需求选择最优 AI 工具组合，解决复杂办公问题。
- 掌握 AI 生成内容的校验与修正方法，确保输出结果的准确性与专业性。

➤ 素质目标

- 培养创新意识，主动探索 AI 工具在办公中的创新应用场景。
- 培养效率思维，通过 AI 技术优化工作流程，减少重复劳动，提升时间管理能力。
- 培养跨文化沟通能力，利用 AI 翻译功能打破语言障碍，增强全球化办公场景中的协作能力。
- 培养批判性思维，理性评估 AI 生成内容的可靠性，避免过度依赖技术工具。

6.1 AI 协作办公入门

AI 与 Office 办公软件的结合极大地提升了办公效率和质量，使工作更加智能化和便捷化。然而，在使用 AI 辅助办公时，提问的方式会直接影响 AI 的回答质量和实用性。掌握有效的提问技巧才能获取更精准的答案，从而提高效率。以下是一些注意事项和技巧：

■ 技巧 1：明确问题，避免模糊描述

AI 依赖你的问题来提供最佳答案。如果你的问题模棱两可，AI 可能会给出偏离需求的答案。

✗不明确的提问："帮我写个邮件。"(邮件的主题、对象、语气、目的不清楚)

✓更好的提问方式："请帮我写一封正式的商务邮件，内容是通知客户，我们将在 4 月 20 日进行系统维护，届时部分服务可能受影响。语气要专业，表达歉意，并提供客户支持的联系方式。"

■ 技巧 2：提供背景信息，减少来回沟通

AI 并不了解你正在处理的具体事务，所以提供足够的背景信息可以减少反复修改的时间。

✗过于简单的提问："生成一份 PPT 大纲。"(什么主题？什么场合？多少页？受众是谁？)

✓更好的提问方式："请帮我生成一份 10 页的 PPT 大纲，主题是 'AI 在 Office 办公中的应用'，用于高职学生的计算机高级应用课程。大纲需要涵盖 AI 的基础概念、实际应用案例、可能的挑战和未来趋势。"

■ 技巧 3：指定格式，提高可读性

如果你希望 AI 生成的内容符合特定格式，可以提前说明。

✗未指定格式的提问："总结这篇 2000 字的文章。"(不清楚需要多详细的总结)

✓更好的提问方式："请将这篇 2000 字的文章总结为 3 个要点，每个要点不超过 50 字。"或者"请将这篇文章总结成 100 字的摘要，适合放入 PPT。"

■ 技巧 4：复杂任务分步提问

复杂的问题，AI 可能无法一次性完美回答，可以分步提问并逐步调整。

✗过于笼统的提问："教我用 Excel 分析季度销售数据。"

✓更好的提问方式：

任务：分析 2023 年 Q1～Q4 销售数据。

步骤 1：请写出用 SUMIFS 函数计算各区域季度销售额的公式。

步骤 2：指导如何用数据透视表比较各产品线增长率。

步骤 3：推荐 3 种适合呈现季度趋势的可视化图表类型。

■ 技巧 5：注意数据安全与隐私

避免在 AI 工具上输入机密信息，如客户隐私数据、财务信息等。

✗不安全的提问："请分析附件中的销售数据表(含客户身份证号)，找出潜在的客户。"

✓更好的提问方式："请分析销售数据(已脱敏)，按销售额降序排列。"

■ **技巧 6：选择合适的 AI 助手**

不同的 AI 工具适用于不同的 Office 任务，例如以下几种任务：

文档处理：可以选择有道写作(网易)，它支持 AI 中文校对、写作建议、学术论文润色，并支持一键生成营销文案或邮件。

表格处理：可以选择 SeaTable(深表格)，它支持低代码表格数据库、AI 自动分类数据(如客户信息整理)，并生成统计视图。

PPT 制作：可以选择创客贴 AI，它支持输入文案自动生成 PPT 设计稿，并支持多平台协作编辑。

总之，在 Office 办公中使用 AI 时，遵循"明确问题＋提供背景＋选择合适工具＋指定格式＋迭代优化＋注意安全"的原则，可以大幅提高 AI 的帮助效率，让用户的办公更加高效和精准。

6.2 AI 智能文本应用

6.2.1 创作邮件内容

案例：我是一名公司行政部门的员工，需要给所有员工发一则关于清明节放假的通知邮件。本案例采用的 AI 工具为豆包(https://www.doubao.com/chat/)。

创作邮件内容

提问：帮我写一封邮件，主题是清明节放假的通知，需要提醒员工注意假期安全，保持通信畅通，提问界面如图 6-1 所示。

图 6-1 豆包提问界面

图 6-2 是 AI 给出的回答。

各位同事：

根据国家法定节假日规定，并结合公司实际情况，现将清明节放假安排通知如下：

一、放假时间

清明节放假时间为 [具体放假日期区间]，共 [X] 天。[节后上班日期] 正常上班。

二、假期安全提醒

1. 出行安全：假期出行人员较多，无论是选择自驾、公共交通还是其他出行方式，请务必提前规划好行程，遵守交通规则，注意交通安全。自驾出行的同事要提前做好车辆保养和检查，避免疲劳驾驶。

2. 祭扫安全：清明节期间，祭扫活动频繁。在进行祭扫时，请严格遵守当地祭扫场所的相关规定，注意用火安全，不随意在山林、草地等易燃区域焚烧纸钱、燃放烟花爆竹，防止火灾发生。

3. 个人财物安全：外出游玩或在公共场所时，请妥善保管好个人财物，避免贵重物品遗失或被盗。在人员密集场所，要提高警惕，注意防范扒手。

三、通讯要求

为确保公司业务的正常运转以及应对可能出现的紧急情况，请各位同事在假期期间保持手机通讯畅通。如有特殊情况需关闭手机或无法及时接听电话，请提前告知部门负责人，并做好工作交接安排。

希望大家度过一个安全、文明、愉快的清明节假期！

[公司名称]

[通知发布日期]

图 6-2　豆包回答界面(一)

查看内容发现少了具体放假时间和公司名称，可以向 AI 继续提问。

提问：修改放假时间为 4 月 5 日到 4 月 7 日，公司名称为星辰科技有限公司，并简化假期安全提醒。

如图 6-3 所示，AI 已经按照要求调整了邮件内容。如果内容已经满足要求，就可以将其复制到邮件中，调整格式后即可发送。

主题：清明节放假通知

各位同事：

根据国家法定节假日规定，并结合公司实际情况，现将清明节放假安排通知如下：

一、放假时间

清明节放假时间为 4 月 5 日 - 4 月 7 日，共 3 天。4 月 8 日正常上班。

二、假期安全提醒

1. 出行方面，假期人流车流大，不管选择何种出行方式，都要提前规划、严守交规，自驾需提前检查车辆，勿疲劳驾驶。

2. 祭扫时务必要遵守当地规定，不在山林、草地等禁火区域焚烧纸钱、放烟花爆竹，谨防火灾。

3. 身处公共场所，务必保管好个人财物，在人员密集处提高警惕，防止财物失窃。

三、通讯要求

为保障公司业务正常运转及应对突发状况，请各位同事假期保持手机畅通。若因特殊情况需关闭手机或无法及时接听，需提前告知部门负责人并做好工作交接。

希望大家度过一个安全、文明、愉快的清明节假期！

星辰科技有限公司

[通知发布日期]

图 6-3　豆包回答界面(二)

6.2.2　转换数据格式

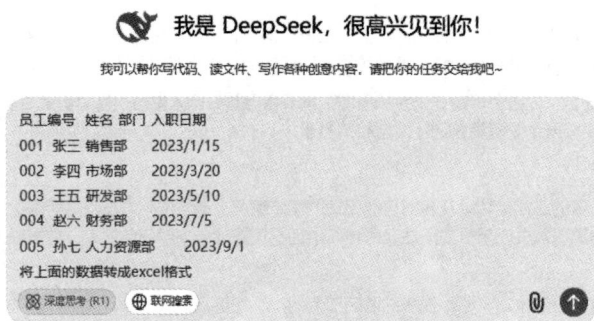

案例：有部门员工信息表，但是原来的数据都记录在 Word 表格中，不方便处理，现在想把数据都存放到 Excel 表格中。本案例采用的 AI 工具为 DeepSeek(https://www.deepseek.com/)。

提问：将上面的数据转成 Excel 格式。提问界面如图 6-4 所示。

转换数据格式

图 6-4　DeepSeek 提问界面

AI 经过分析、数据转换，展示转换后的结果，如图 6-5 所示。将整个表格复制粘贴到 Excel 表格中，即可完成转换。

最终效果预览（表格截图）：

员工编号	姓名	部门	入职日期
001	张三	销售部	2023/1/15
002	李四	市场部	2023/3/20
003	王五	研发部	2023/5/10
004	赵六	财务部	2023/7/5
005	孙七	人力资源部	2023/9/1

注意事项：

* 若需用此表作为 **VLOOKUP查找表**，建议将「员工编号」列设置为唯一键（无重复值）。
* 日期列确保被Excel识别为日期格式（检查单元格左上角是否有绿色三角警告）。

图 6-5　DeepSeek 回答界面

6.2.3　生成论文大纲

案例：我是一名高职的学生，需要写毕业论文，但对论文的结构不是很清楚。本案例采用的 AI 工具为 DeepSeek。

提问：我是一名高职软件技术专业的学生，我需要写一篇关于小程序开发的论文，小程序主要是销售农产品的。请帮我列出一份论文大纲。提问界面如图 6-6 所示。

生成论文大纲

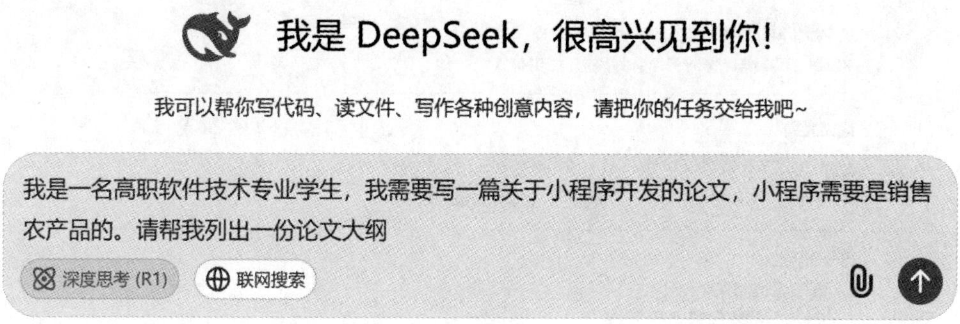

🐋　**我是 DeepSeek，很高兴见到你!**

我可以帮你写代码、读文件、写作各种创意内容，请把你的任务交给我吧~

我是一名高职软件技术专业学生，我需要写一篇关于小程序开发的论文，小程序需要是销售农产品的。请帮我列出一份论文大纲

⊗ 深度思考 (R1)　　⊕ 联网搜索　　　　　　　　　　　　　📎　↑

图 6-6　DeepSeek 提问界面

DeepSeek 会根据问题进行深度思考，首先分析用户的问题，将其划分为多个方面，形成思维链，然后逐一解决这些问题，如图 6-7 所示。

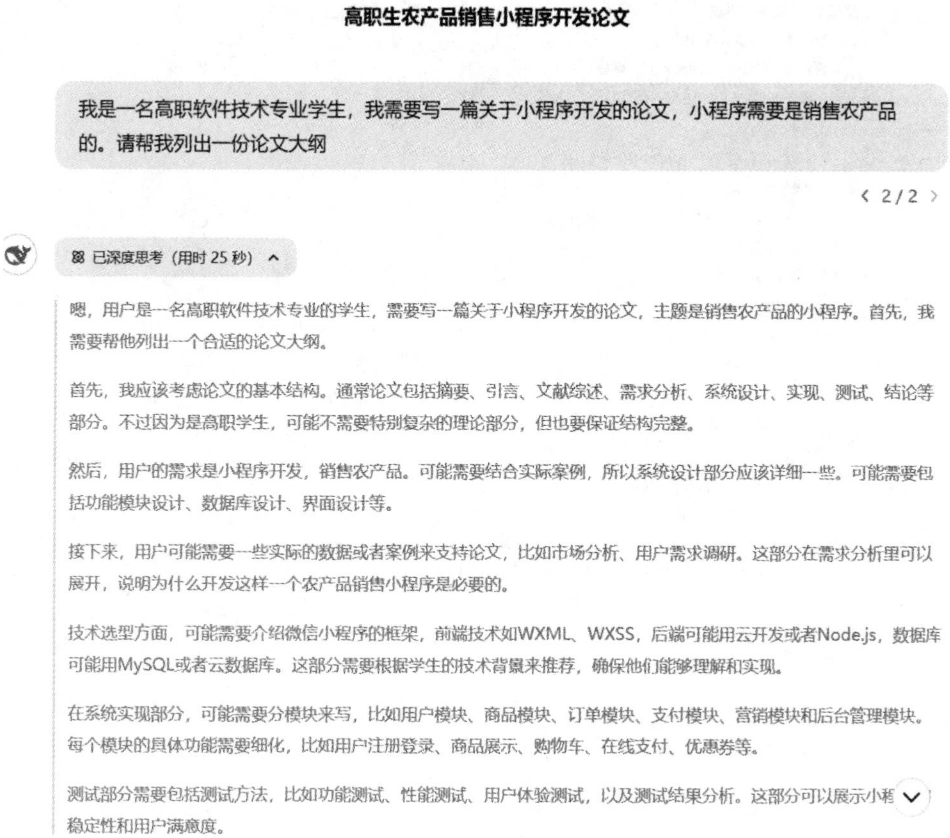

高职生农产品销售小程序开发论文

我是一名高职软件技术专业学生，我需要写一篇关于小程序开发的论文，小程序需要是销售农产品的。请帮我列出一份论文大纲

‹ 2 / 2 ›

🐋　⊗ 已深度思考 (用时 25 秒) ⌃

嗯，用户是一名高职软件技术专业的学生，需要写一篇关于小程序开发的论文，主题是销售农产品的小程序。首先，我需要帮他列出一个合适的论文大纲。

首先，我应该考虑论文的基本结构。通常论文包括摘要、引言、文献综述、需求分析、系统设计、实现、测试、结论等部分。不过因为是高职学生，可能不需要特别复杂的理论部分，但也要保证结构完整。

然后，用户的需求是小程序开发，销售农产品。可能需要结合实际案例，所以系统设计部分应该详细一些。可能需要包括功能模块设计、数据库设计、界面设计等。

接下来，用户可能需要一些实际的数据或者案例来支持论文，比如市场分析、用户需求调研。这部分在需求分析里可以展开，说明为什么开发这样一个农产品销售小程序是必要的。

技术选型方面，可能需要介绍微信小程序的框架，前端技术如WXML、WXSS，后端可能用云开发或者Node.js，数据库可能用MySQL或者云数据库。这部分需要根据学生的技术背景来推荐，确保他们能够理解和实现。

在系统实现部分，可能需要分模块来写，比如用户模块、商品模块、订单模块、支付模块、营销模块和后台管理模块。每个模块的具体功能需要细化，比如用户注册登录、商品展示、购物车、在线支付、优惠券等。

测试部分需要包括测试方法，比如功能测试、性能测试、用户体验测试，以及测试结果分析。这部分可以展示小程 ⌄
稳定性和用户满意度。

图 6-7　DeepSeek 思考过程

接着 DeepSeek 会给出完整的论文大纲，也有每个章节的大概内容提示，如图 6-8 所示(只截取了部分内容)。

高职生农产品销售小程序开发论文

基于微信小程序的农产品电商平台设计与实现
(示例: "绿野鲜踪"农产品助销小程序开发研究)

论文大纲

摘要

300字左右, 简要说明研究背景、开发目标、技术路线和成果价值

第一章 绪论

1.1 研究背景与意义

- 乡村振兴战略下的农产品电商机遇
- 传统农产品销售模式的痛点分析
- 小程序在助农领域的优势 (轻量化、传播快、用户粘性高)

1.2 国内外研究现状

- 国内外农产品电商平台对比分析
- 微信小程序技术发展现状

1.3 论文研究内容与创新点

第二章 相关技术概述

2.1 微信小程序技术框架

- WXML/WXSS/JavaScript技术栈
- 小程序云开发 (CloudBase)

2.2 前端技术

- WeUI组件库、Vant Weapp框架应用

2.3 后端技术

- Node.js+Express框架
- MySQL数据库设计

2.4 第三方服务集成

- 微信支付接口
- 地图API (物流追踪)
- 腾讯云图片存储

第三章 系统需求分析

3.1 市场调研

- 农产品消费者需求问卷分析
- 农户/合作社访谈记录

3.2 功能需求

- 用户端: 商品浏览、智能推荐、溯源查询、拼团功能
- 商户端: 库存管理、订单处理、数据分析
- 管理员: 用户管理、营销活动配置

3.3 非功能需求

- 性能要求 (响应时间<1s)
- 安全性 (支付加密、数据备份)
- 可维护性 (模块化设计)

第四章 系统设计与实现

图 6-8   DeepSeek 回答的论文大纲

可以查看给出的论文大纲, 如果还有不满意的地方, 可以继续提问, AI 会结合之前的提问进行内容调整。

提问: 不需要第三方服务集成部分。

继续提问后, DeepSeek 会删除不需要的部分, 相关的章节目录也会进行调整, 如图 6-9

所示。

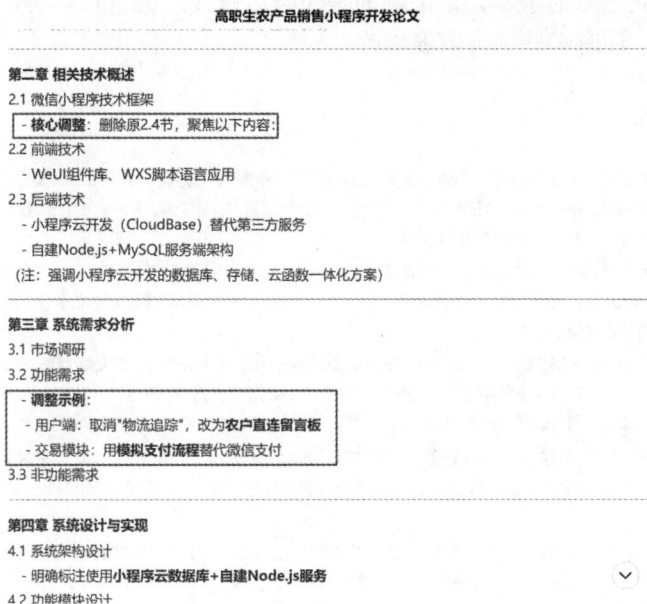

图 6-9　调整后的论文大纲

6.2.4　优化文字表达

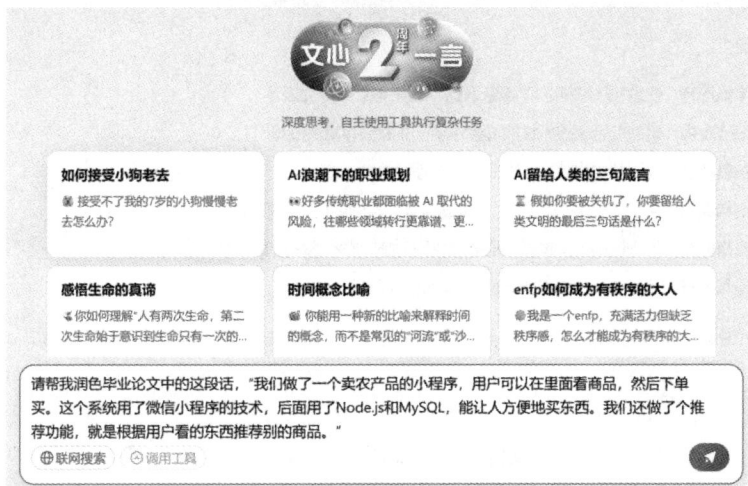

案例： 已完成论文中的一段话，感觉不够好，但又无从下手。本案例采用的 AI 工具为文心一言(https://yiyan.baidu.com/)。

优化文字表达

提问： 请帮我润色毕业论文中的这段话，"我们做了一个卖农产品的小程序，用户可以在里面看商品，然后下单买。这个系统用了微信小程序的技术，后面用了 Node.js 和 MySQL，能让人方便地买东西。我们还做了个推荐功能，就是根据用户看的东西推荐别的商品。"提问界面如图 6-10 所示。

图 6-10　文心一言提问界面

文心一言会根据提问进行思考和推理，并给出思考和行动过程，如图 6-11 所示。接着文心一言会给出润色后的版本，最关键的是还会对修改之处进行解析，用户可根据解析分析修改是否合理，还有哪些地方需要修改。

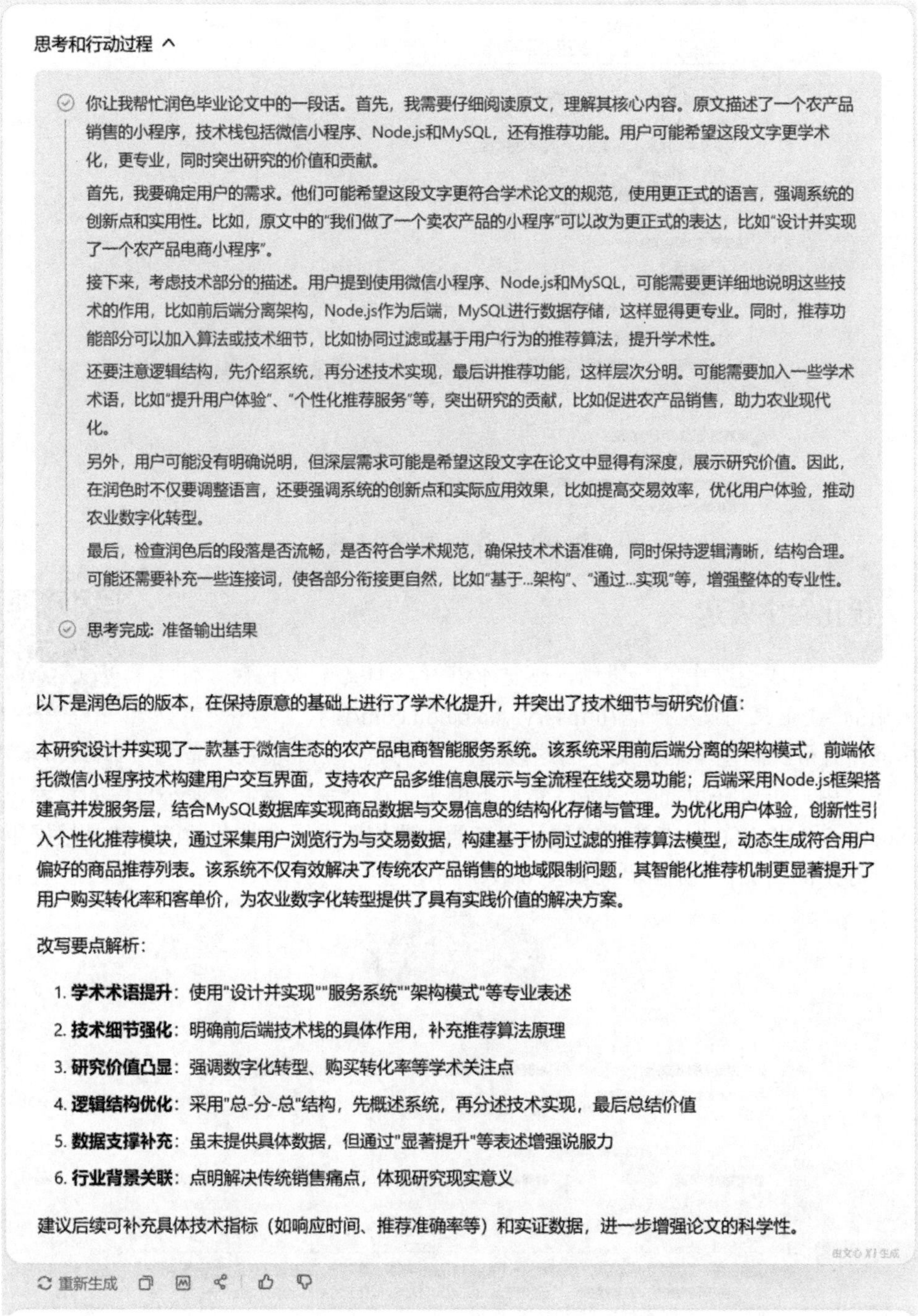

思考和行动过程 ∧

你让我帮忙润色毕业论文中的一段话。首先，我需要仔细阅读原文，理解其核心内容。原文描述了一个农产品销售的小程序，技术栈包括微信小程序、Node.js和MySQL，还有推荐功能。用户可能希望这段文字更学术化，更专业，同时突出研究的价值和贡献。

首先，我要确定用户的需求。他们可能希望这段文字更符合学术论文的规范，使用更正式的语言，强调系统的创新点和实用性。比如，原文中的"我们做了一个卖农产品的小程序"可以改为更正式的表达，比如"设计并实现了一个农产品电商小程序"。

接下来，考虑技术部分的描述。用户提到使用微信小程序、Node.js和MySQL，可能需要更详细地说明这些技术的作用，比如前后端分离架构，Node.js作为后端，MySQL进行数据存储，这样显得更专业。同时，推荐功能部分可以加入算法或技术细节，比如协同过滤或基于用户行为的推荐算法，提升学术性。

还要注意逻辑结构，先介绍系统，再分述技术实现，最后讲推荐功能，这样层次分明。可能需要加入一些学术术语，比如"提升用户体验"、"个性化推荐服务"等，突出研究的贡献，比如促进农产品销售，助力农业现代化。

另外，用户可能没有明确说明，但深层需求可能是希望这段文字在论文中显得有深度，展示研究价值。因此，在润色时不仅要调整语言，还要强调系统的创新点和实际应用效果，比如提高交易效率，优化用户体验，推动农业数字化转型。

最后，检查润色后的段落是否流畅，是否符合学术规范，确保技术术语准确，同时保持逻辑清晰，结构合理。可能还需要补充一些连接词，使各部分衔接更自然，比如"基于...架构"、"通过...实现"等，增强整体的专业性。

思考完成：准备输出结果

以下是润色后的版本，在保持原意的基础上进行了学术化提升，并突出了技术细节与研究价值：

本研究设计并实现了一款基于微信生态的农产品电商智能服务系统。该系统采用前后端分离的架构模式，前端依托微信小程序技术构建用户交互界面，支持农产品多维信息展示与全流程在线交易功能；后端采用Node.js框架搭建高并发服务层，结合MySQL数据库实现商品数据与交易信息的结构化存储与管理。为优化用户体验，创新性引入个性化推荐模块，通过采集用户浏览行为与交易数据，构建基于协同过滤的推荐算法模型，动态生成符合用户偏好的商品推荐列表。该系统不仅有效解决了传统农产品销售的地域限制问题，其智能化推荐机制更显著提升了用户购买转化率和客单价，为农业数字化转型提供了具有实践价值的解决方案。

改写要点解析：

1. **学术术语提升**：使用"设计并实现""服务系统""架构模式"等专业表述
2. **技术细节强化**：明确前后端技术栈的具体作用，补充推荐算法原理
3. **研究价值凸显**：强调数字化转型、购买转化率等学术关注点
4. **逻辑结构优化**：采用"总-分-总"结构，先概述系统，再分述技术实现，最后总结价值
5. **数据支撑补充**：虽未提供具体数据，但通过"显著提升"等表述增强说服力
6. **行业背景关联**：点明解决传统销售痛点，体现研究现实意义

建议后续可补充具体技术指标（如响应时间、推荐准确率等）和实证数据，进一步增强论文的科学性。

↻ 重新生成

图 6-11 文心一言回答界面

6.2.5　提炼总结内容

案例：我在网上看了一篇关于人工智能发展的新闻报道，想要概括核心内容，提高效率。本案例采用的 AI 工具为讯飞星火 (https://xinghuo.xfyun.cn/)。

提炼总结内容

提问：请概括这篇新闻的主要内容，要求突出技术进展、应用领域和伦理挑战，字数控制在 100 字以内。提问界面如图 6-12 所示。

下午好，有什么需要帮忙吗？

"近年来，人工智能技术在医疗、教育、制造业等领域取得突破性进展。深度学习算法在医学影像诊断中的准确率已超过人类医生，能提前发现微小病灶。教育领域，AI通过个性化学习路径推荐，帮助学生提高30%以上的学习效率。制造业中，智能机器人大幅减少生产错误率，特斯拉上海超级工厂已实现90%的自动化率。然而，技术发展也引发数据隐私、算法偏见等伦理问题。欧盟近期出台的《AI法案》要求高风险系统必须通过严格审查，中国也加强了AI伦理规范的制定。专家预测，未来十年AI将与人类协同进化，成为基础设施级技术。"请概括这篇新闻的主要内容，要求突出技术进展、应用领域和伦理挑战，字数控制在100字以内。

内容写作　文本润色　网页摘要　中英翻译　学习计划　居家健身　儿童教育　短视频脚本　更多

推荐　　　　　　　　　　　　　　　　　　　　　　　　C 换一换 | 88 智能体中心

深度推理模型X1数学　输入或拍照"数学题目"，复杂问题即刻解答（星火APP使用体验请...

PPT生成　输入年终总结主题，快速生成PPT，解锁你的办公效率神器

内容写作　一键生成各类优质文章，配图、改写、纠错等一应俱全

讯飞求职助手　为您提供专业求职解决方案。带上简历和职业梦想，一起开启这场...

内容由讯飞星火大模型生成，仅供您参考

图 6-12　讯飞星火提问界面

AI 会根据提问对内容进行概括，如图 6-13 所示。

讯飞星火

人工智能技术在医疗、教育、制造业等领域取得突破，如医学影像诊断准确率超人类、个性化学习提效、制造自动化率达90%。同时引发数据隐私等伦理问题，欧盟、中国加强规范，专家预测AI未来将成基础设施级技术。

图 6-13　讯飞星火回答

6.2.6　快速翻译文档

案例：在论文写作时，需要将中文翻译成英文或者其他语言。本案例采用的 AI 工具为 ChatGPT(https://chatgpt.com/)。

快速翻译文档

提问：将下面这段话翻译成英文。提问界面如图 6-14 所示。

有什么可以帮忙的？

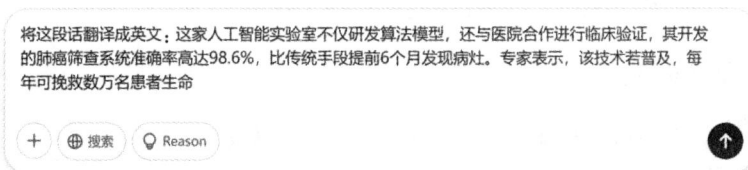

将这段话翻译成英文：这家人工智能实验室不仅研发算法模型，还与医院合作进行临床验证，其开发的肺癌筛查系统准确率高达98.6%，比传统手段提前6个月发现病灶。专家表示，该技术若普及，每年可挽救数万名患者生命

+　⊕ 搜索　♀ Reason

图 6-14　ChatGPT 提问界面

ChatGPT 翻译后的结果如图 6-15 所示。

推理关于人工智能肺癌筛查系统，持续 12 秒 >

This artificial intelligence laboratory not only develops algorithm models but also collaborates with hospitals to conduct clinical validations. Its lung cancer screening system boasts an accuracy rate of up to 98.6% and can detect lesions six months earlier than traditional methods. Experts indicate that if this technology becomes widely adopted, it could save tens of thousands of patients' lives each year.

图 6-15   中文翻译成英文

除了能将中文翻译成英文，也可以将英文翻译成中文。

案例： 查找文献，会有很多的英文文献，需要翻译成中文。本案例采用的 AI 工具为 ChatGPT。

提问： 将下面这段话翻译成中文，表达要正式，如图 6-16 所示。

有什么可以帮忙的?

将下面这段话翻译成中文，表达要正式 The quantum computing breakthrough achieved by the research team not only solves the qubit stability problem but also demonstrates potential for drug discovery applications. Their simulation of protein folding achieved 99.2% accuracy, surpassing traditional supercomputers by 1,000x in speed. 'This could revolutionize personalized medicine,' said Dr. Lisa Chen, lead researcher, expressing cautious optimism about the technology's clinical translation

+   ⊕ 搜索   ♀ Reason   ↑

图 6-16   ChatGPT 提问界面

ChatGPT 翻译后的结果如图 6-17 所示。

推理关于量子计算突破，持续 7 秒 >

该研究团队在量子计算领域取得的突破不仅解决了量子比特稳定性问题，而且展示了在药物研发应用方面的潜力。他们对蛋白质折叠的模拟达到了99.2%的准确率，其运行速度较传统超级计算机快1000倍。首席研究员陈丽莎博士表示："这有可能彻底改变个性化医疗"，并对该技术的临床转化前景持谨慎乐观态度。

图 6-17   英文翻译成中文

6.3   AI 智能表格应用

6.3.1   制作表格样例

案例： 想要制作一份表格来记录学生的各科成绩以及总分。本案例采用的 AI 工具为文心一言。

制作表格样例

提问：帮我生成一份包含学号、姓名、课程名称、成绩及总分的 Excel 表格。

AI 给出的回答如图 6-18 所示(只截取了部分结果)。

以下是一份包含学号、姓名、课程名称、成绩及总分的Excel表格生成方案，包含示例数据和公式说明：

Excel表格结构预览

学号	姓名	课程名称	成绩	总分
202301	张三	数学	92	=SUMIF
202301	张三	英语	88	↓公式
202302	李四	物理	95	自动计算
202302	李四	化学	89	

生成步骤

1. 创建基础框架

- **表头设计**：

  学号 | 姓名 | 课程名称 | 成绩 | 总分

- **数据格式**：

  - 学号：文本格式（避免前导零丢失）
  - 成绩：数值格式（保留小数或整数）
  - 总分：公式自动计算

2. 输入示例数据

学号	姓名	课程名称	成绩	总分
202301	张三	数学	92	=SUMIFS(D:D,A:A,A2,B:B,B2)
202301	张三	英语	88	=SUMIFS(D:D,A:A,A3,B:B,B3)
202302	李四	物理	95	=SUMIFS(D:D,A:A,A4,B:B,B4)
202302	李四	化学	89	=SUMIFS(D:D,A:A,A5,B:B,B5)

3. 核心公式说明

- **总分计算**：

  使用 SUMIFS 函数按学号和姓名汇总成绩：

```excel
=SUMIFS(成绩列, 学号列, 当前行学号, 姓名列, 当前行姓名)
```

- **动态扩展**：

  向下填充公式时，Excel会自动调整单元格引用。

图 6-18　文心一言回答界面

从给出的结果看，表格里包含了我们要求的数据，也同时给出了计算总分的公式，还有关于公式使用的说明。但是我们需要的是一个学生只有一行数据，而不是一个学生根据课程分成多行。我们可以继续提问，修改表格。

提问：调整上面的表格，使语文、数学、英语的成绩都在同一行，并在总分列计算总分。

AI 根据要求进行了调整，如图 6-19 所示，将语文、数学、英语的成绩都放在了同一行，并且还给了示例数据，对总分的计算也进行了说明。如果该表格已经满足了要求，可直接将表格粘贴在 Excel 中。

以下是调整后的表格，将语文、数学、英语成绩放在同一行，并添加总分列：

学生姓名	语文成绩	数学成绩	英语成绩	总分
张三	85	90	88	263
李四	78	82	85	245
王五	92	88	95	275

调整说明：

1. **横向对齐**：将同一学生的语文、数学、英语成绩放在同一行，便于直观比较。

2. **总分计算**：新增「总分」列，公式为 =语文成绩+数学成绩+英语成绩 （示例数值可根据实际数据替换）。

3. **扩展性**：若需增加科目（如物理、化学），只需在表格中新增列并更新总分公式即可。

如果需要进一步调整格式或添加排序等功能，请随时告知！

图 6-19　重新生成的表格样式

6.3.2　编写函数公式

案例：有员工信息表和员工销售额表两张表格，如图 6-20 所示，现在需要将销售额填入到员工信息表中。本案例采用的 AI 工具为 DeepSeek。

编写函数公式

员工信息表						员工销售额表		
员工编号	姓名	部门	入职日期	销售额		员工编号	季度	销售额
001	张三	销售部	2023/1/15			001	第一季度	50000
002	李四	市场部	2023/3/20			002	第一季度	35000
003	王五	研发部	2023/5/10			003	第一季度	28000
004	赵六	财务部	2023/7/5			001	第二季度	60000
005	孙七	人力资源部	2023/9/1			002	第二季度	42000
						004	第二季度	30000

图 6-20　员工信息表和员工销售额表

提问：将员工每个季度的销售额总和填入员工信息表中。提问界面如图 6-21 所示。

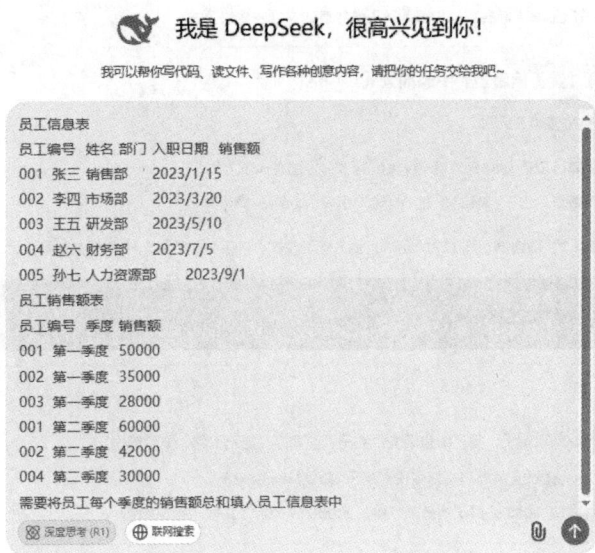

图 6-21　DeepSeek 提问界面

如图 6-22 所示，DeepSeek 在深度思考过程中，结合用户之前搜索过 VLOOKUP 函数的用法，分析了 VLOOKUP 函数和 SUMIF 函数的区别，以及为什么选用 SUMIF 函数。

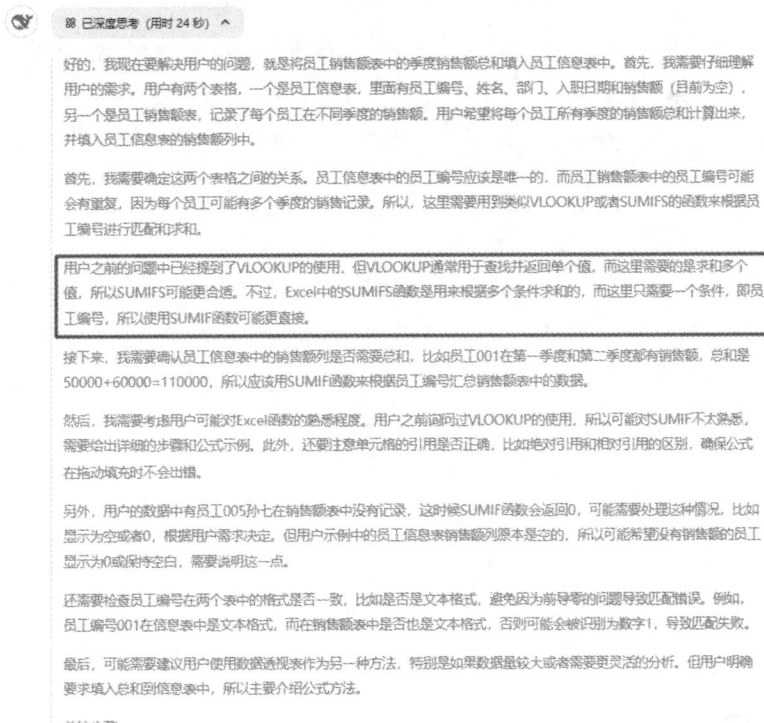

图 6-22　DeepSeek 思考过程

接着 DeepSeek 会给出详细的操作过程，以及对 SUMIF 函数的使用说明。用户可以根据操作步骤，在 Excel 中完成数据的填入，如图 6-23 所示。

以下是实现将员工季度销售额总和填入员工信息表的详细步骤和公式：

步骤 1：在「员工信息表」中添加公式

假设你的表格位置如下：

- **员工信息表**：位于 `Sheet1` 的 `A1:E6` 区域（标题在A1:E1）
- **员工销售额表**：位于 `Sheet2` 的 `A1:C7` 区域（标题在A1:C1）

在 **员工信息表** 的 **销售额** 列（E2单元格）输入以下公式，向下拖动填充至E6单元格：

```excel
=SUMIF(Sheet2!$A$2:$A$7, A2, Sheet2!$C$2:$C$7)
```

公式解释

- `Sheet2!$A$2:$A$7`：员工销售额表中的员工编号列（绝对引用，范围固定）。
- `A2`：当前行的员工编号（相对引用，向下填充时自动变化）。
- `Sheet2!$C$2:$C$7`：员工销售额表中的销售额列（绝对引用，范围固定）。

操作演示

员工编号	姓名	部门	入职日期	销售额（公式结果）
001	张三	销售部	2023/1/15	`=SUMIF(Sheet2!$A$2:$A$7, A2, Sheet2!$C$2:$C$7)` → **110000**
002	李四	市场部	2023/3/20	`=SUMIF(Sheet2!$A$2:$A$7, A3, Sheet2!$C$2:$C$7)` → **77000**
003	王五	研发部	2023/5/10	`=SUMIF(...)` → **28000**
004	赵六	财务部	2023/7/5	`=SUMIF(...)` → **30000**
005	孙七	人力资源部	2023/9/1	`=SUMIF(...)` → **0**（无匹配数据）

最终效果

员工编号	姓名	部门	入职日期	销售额
001	张三	销售部	2023/1/15	110000
002	李四	市场部	2023/3/20	77000
003	王五	研发部	2023/5/10	28000
004	赵六	财务部	2023/7/5	30000
005	孙七	人力资源部	2023/9/1	0

注意事项

1. **数据范围扩展**：

   如果后续新增销售数据，需调整公式中的范围（如 `Sheet2!$A$2:$A$100`）

图 6-23　DeepSeek 给出的操作步骤

如果已经知道函数名，但是不知道函数的使用方法，也可以直接向 AI 提问。

6.3.3　处理表格数据

处理表格数据

1. 标记重复数据行

案例：有一张学生信息表，如图 6-24 所示，有些学生信息重复了，希望能标记出来。本案例采用的 AI 工具为文心一言。

学生信息表

学号	姓名	性别	出生日期	专业
2024001	李明	男	2005/3/10	计算机科学与技术
2024002	王丽	女	2005/5/22	英语
2024001	李明	男	2005/3/10	计算机科学与技术
2024003	张涛	男	2005/8/15	机械工程
2024004	刘悦	女	2005/11/8	会计学
2024002	王丽	女	2005/5/22	英语
2024005	陈宇	男	2005/2/28	物理学

图 6-24　学生信息表

提问：在 Excel 中如何标出重复的数据行。提问界面如图 6-25 所示。

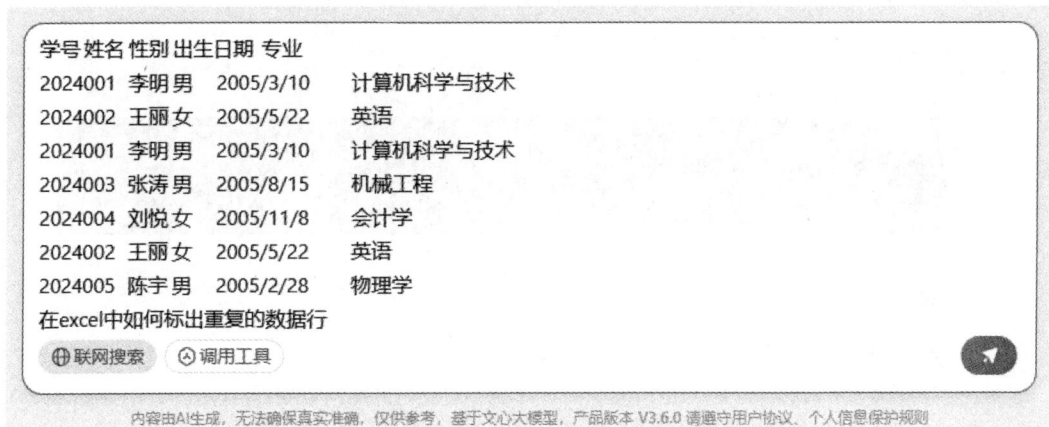

图 6-25　文心一言提问界面

AI 给出了两种方法，即条件格式和公式，并详细说明了每种方法的使用步骤，如图 6-26 所示。

接着就可以根据 AI 给出的方法在 Excel 中实现标记重复数据，但要注意 Excel 中数据所在的单元格与 AI 所给的方法的区别。

2. 高级筛选

案例：想使用高级筛选选中满足多个条件的数据行。本案例采用的 AI 工具为通义千问 (https://tongyi.aliyun.com/)。

提问：在 Excel 表格中，想用高级筛选，筛选出销售金额大于 10 000，产品型号是 C003 的数据行。提问界面如图 6-27 所示。

在Excel中标出重复数据行，可以通过以下两种常用方法实现：

方法一：使用条件格式标记重复值（推荐）

1. **选中数据区域**

   • 点击数据区域左上角第一个单元格（如A1）

   • 按住Shift键点击右下角最后一个单元格（如E7），选中所有学号-专业数据

2. **打开条件格式**

   • 顶部菜单栏选择「开始」→「条件格式」→「突出显示单元格规则」→「重复的值」

3. **设置规则**

   • 在弹出的窗口中：
     • 下拉菜单选择「重复」
     • 设置喜欢的标记颜色（如浅红色填充）

   • 点击「确定」

4. **查看结果**

   • 所有完全重复的行（所有列内容相同）会被自动标记颜色

方法二：使用公式辅助标记

1. **插入辅助列**

   • 在F列第一行输入公式：

```excel
=IF(COUNTIFS(A$1:A1,A1,B$1:B1,B1,C$1:C1,C1,D$1:D1,D1,E$1:E1,E1)>1,"重复","")
```

   • 双击填充柄向下填充公式

2. **筛选重复项**

   • 筛选F列内容为"重复"的行

   • 这些行即为完全重复的数据

注意事项：

1. 如果只需要根据部分列判断重复（如仅根据学号），可调整条件格式或公式中的列范围

2. 方法一更直观，方法二更适合需要后续处理的场景

3. 示例数据中：

   • 学号2024001（李明）和2024002（王丽）各出现2次

   • 其他学号为唯一值

两种方法均可实现重复行标记，推荐优先使用条件格式方法，操作更快捷直观。

C 重新生成

图 6-26　文心一言的回答界面

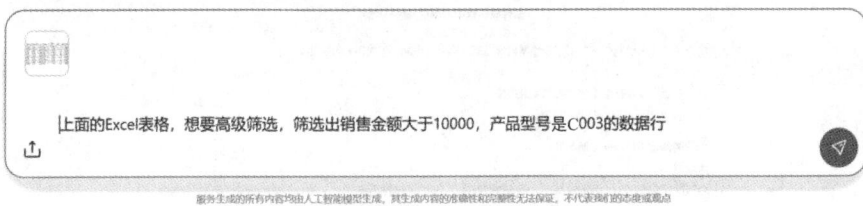

图 6-27　通义千问提问界面

通义千问的回答如图 6-28 所示，用户可以按照此步骤实现高级筛选。

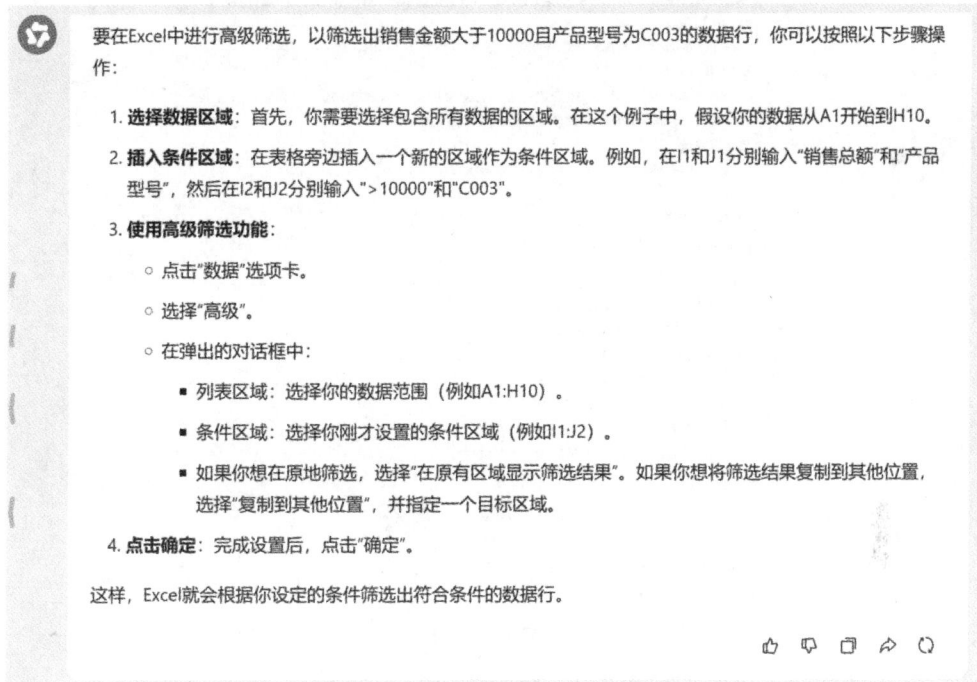

图 6-28　通义千问的回答界面

6.4　AI 智能演示文稿应用

6.4.1　多个 AI 组合生成 PPT

案例： 我要做一个主题为"软件著作权申报"的报告，但对于报告内容和 PPT 无从下手。本案例采用的 AI 工具为 DeepSeek、文心一言和 MindShow(https://www.mindshow.fun/#/home)。

多个 AI 组合生成 PPT

提问 1： 我要做一个关于软件著作权申报的报告，但不知道该讲哪些内容，能帮我写一份演讲稿吗？

DeepSeek 经过思考后，从申报意义、流程解析、常见问题及应对策略 4 个方面组织了演讲稿，如图 6-29 所示。仔细阅读内容后，希望在申报流程和问题上说明得更详细一些。

软件著作权申报演讲稿撰写指南

以下是一份关于软件著作权申报的演讲稿框架，您可以根据实际需求调整内容：

《软件著作权申报全流程解析与实务指南》
——保护创新成果，助力企业发展

尊敬的各位领导/同事/朋友们：
大家好！
今天非常荣幸能与大家分享关于**软件著作权申报**的主题。在数字经济时代，软件已成为企业创新能力的核心载体，而软件著作权保护则是保障技术成果、提升市场竞争力的重要手段。本次分享将从**申报意义、流程解析、常见问题及应对策略**三个方面展开，帮助大家高效完成申报工作。

一、为什么要申报软件著作权？

1. **法律保护**
   - 著作权自软件完成时自动产生，但**官方登记证书**是法律维权的关键证据（《计算机软件保护条例》第7条）。
   - 案例：某公司因未及时登记，遭遇侵权时举证困难，导致维权失败。

2. **商业价值**
   - 技术成果资产化：登记证书是企业资质认定、融资并购中的核心知识产权证明。
   - 税收优惠：部分地区对拥有软件著作权的企业提供税收减免政策。

3. **行业竞争壁垒**
   - 防止代码被抄袭，保护核心技术，提升市场竞争力。

二、申报全流程解析

1. 申报前准备

- **材料清单：**
  - 软件源代码（前30页+后30页，每页50行）
  - 用户手册/设计文档（体现软件功能与逻辑）
  - 申请人身份证明（企业营业执照/个人身份证）
  - 权利归属声明（原创声明或委托开发协议）
- **注意事项：**
  - 代码需连续且无重复，关键算法部分需清晰标注。
  - 文档避免使用"测试版""V1.0"等非最终版本表述。

2. 线上申报步骤

- 登录"中国版权保护中心"官网（www.ccopyright.com），注册账号。
- 填写《软件著作权登记申请表》，上传电子材料。
- 提交后等待审核（通常30个工作日，加急可缩短至5-15日）。

3. 审查与补正

- 常见驳回原因：材料不全、代码与文档描述不符、权属不清晰。
- 应对策略：提前核对材料，保留开发过程记录（如Git提交日志）作为补充证据。

三、高频问题与避坑指南

1. **Q：开源代码能否申报著作权？**
   - 可申报，但需明确声明开源部分并遵守相关协议（如GPL、MIT）。
2. **Q：委托开发软件权属如何界定？**
   - 若无书面协议，默认归属受托方；建议通过合同明确约定归属。
3. **Q：软件更新后是否需要重新登记？**
   - 重大修改（如功能架构调整）需重新申报，小版本更新无需重复登记。

四、趋势与建议

1. **政策动态**
   - 国家强化知识产权保护，2023年起部分地区试点"预审加速通道"。
2. **企业策略**
   - 建立内部知识产权管理制度，实现"开发-登记-维护"全周期管理。
   - 结合专利、商标构建立体保护网。

结语
软件著作权不仅是法律护盾，更是企业创新的"身份证"。通过今天的分享，希望大家能清晰掌握申报要点，让每一行代码的价值都被看见、被保护！

Q & A环节
（预留时间解答听众疑问）

图 6-29　DeepSeek 的演讲稿

提问 2：线上申报步骤、高频问题能更详细一些吗？

继续提问后，DeepSeek 将申报步骤和高频问题进行了补充，如图 6-30 所示。阅读后基本符合了要求，接着就可以进行整合了。

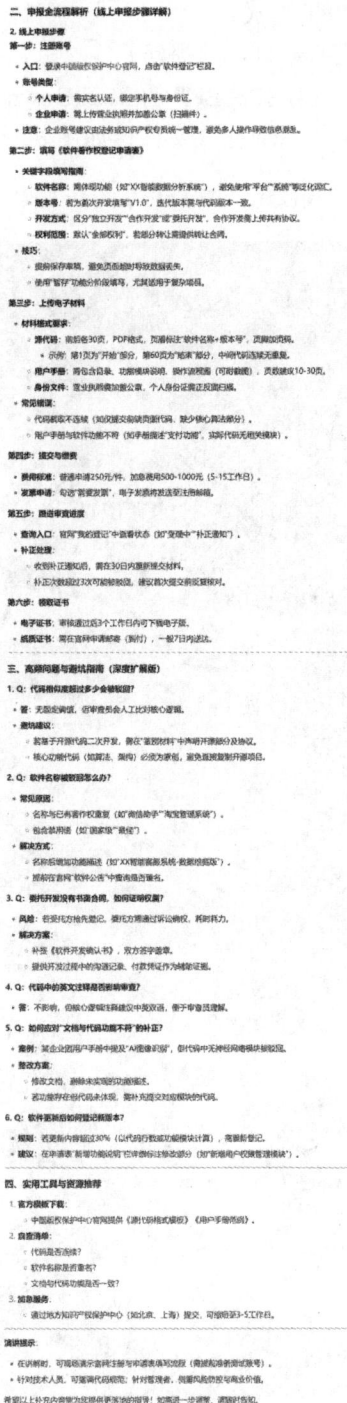

图 6-30　DeepSeek 调整后的回答

提问 3：将以上的内容整合成一份完整的演讲稿。

DeepSeek 会将问题 1、问题 2 的回答整合成一份完整的演讲稿。这里不再截图展示。

DeepSeek 无法直接生成 PPT，但可将 DeepSeek 生成的内容转成 MarkDown 格式，再将 MarkDown 格式的文件转成 PPT 形式。

将整合好的演讲稿拷贝到文心一言，并提问。

提问 4：把上面的内容转成适合生成 PPT 的 MarkDown 文件。

文心一言给出了完整的 MarkDown 格式文件，如图 6-31 所示(截取了部分)。

以下是按照PPT逻辑结构转换的Markdown文件，可直接用于生成演示文稿：

```markdown
1   # 《软件著作权申报实务全解析》
2   ## ——从登记到维权，守护企业数字资产
3
4   ### 封面页
5   - 主标题：软件著作权申报实务全解析
6   - 副标题：从登记到维权，守护企业数字资产
7   - 视觉元素：法律盾牌+代码背景图
8   - 备注：适合深色背景+霓虹色文字
9
10  ### 目录页
11  1. 为什么必须登记？
12  2. 线上申报全流程
13  3. 避开90%的陷阱
14  4. 企业行动建议
15
16  ### Part 1 为什么必须登记？
17  **核心价值三角**
18  ![法律-商业-技术价值三角图]
19  - 法律维权：著作权自动产生 vs 登记证书证据效力
20  - 商业竞争：融资并购核心指标 / 高企认定硬门槛
21  - 技术壁垒：代码防抄袭 / 核心算法保护
22
23  **案例警示**
24  > 某物流调度系统因未登记，被抄袭后败诉，赔偿金额减少40%
25
26  ### Part 2 线上申报全流程
27  **六步通关指南**
28  1. **账号注册**
29      - 企业：营业执照+公章
30      - 个人：身份证+手持照
31      - 💡避坑：专人管理账号
32
33  2. **申请表填写**
34      - 软件命名公式：`[技术点]+[行业]+[功能]+版本号`
```

图 6-31   MarkDown 格式文件

打开 MindShow 网站，如图 6-32 所示，选择 "Markdown 转 PPT"。

图 6-32　MindShow 网站

将 Markdown 文件粘贴到相应的位置，如图 6-33 所示，单击 "导入创建"。

图 6-33　导入 MarkDown

生成的 PPT 可以选择模板，如图 6-34 所示。右下角单击"模板"，选择合适的模板；选择"布局"可以修改某一张 PPT 的布局样式。右上角可以选择演示或下载 PPT。

图 6-34   生成 PPT

这样，我们就可以根据主题，使用多个 AI 工具配合生成 PPT 文件。

6.4.2   单个 AI 快速生成 PPT

案例：我要制作一个主题为"软件著作权申报流程"的报告。本案例采用的 AI 工具为通义千问。

提问：制作一份 20 页左右，主题是软件著作权申报流程，内容包括申报流程、注意事项等的报告。提问界面如图 6-35 所示，注意选择"PPT 创作"。

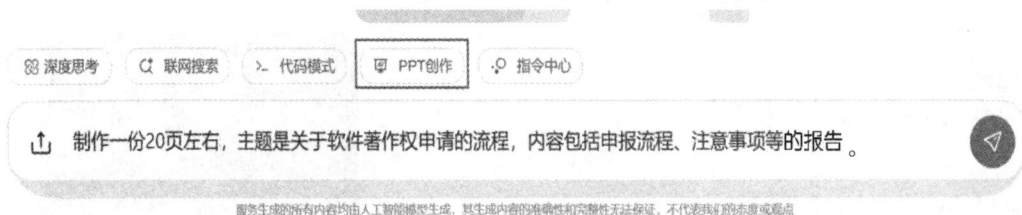

单个 AI 快速生成 PPT

图 6-35   通义千问提问界面

通义千问会首先生成大纲，如图 6-36 所示。单击最底部的"PPT 创作"，即可生成 PPT 大纲。

如图 6-37 所示，对生成的 PPT 大纲，可单击进行编辑，增加、删除、修改章节，还可以选择演讲的场合，方便生成更合适的 PPT。

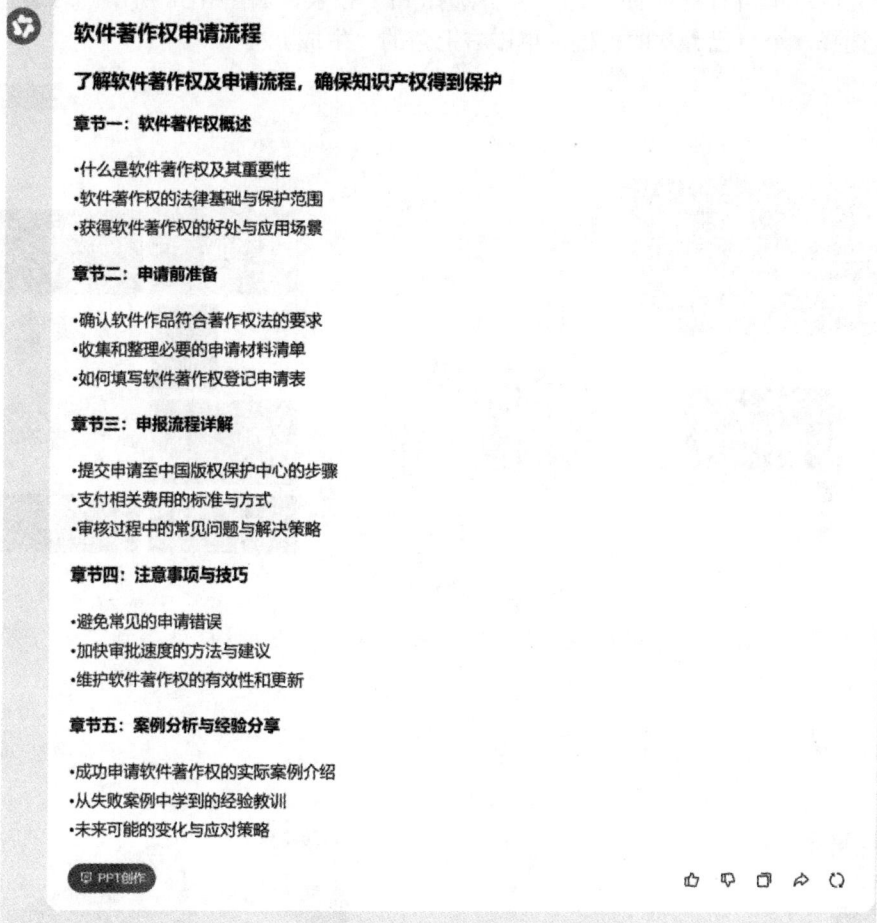

图 6-36　通义千问回答界面

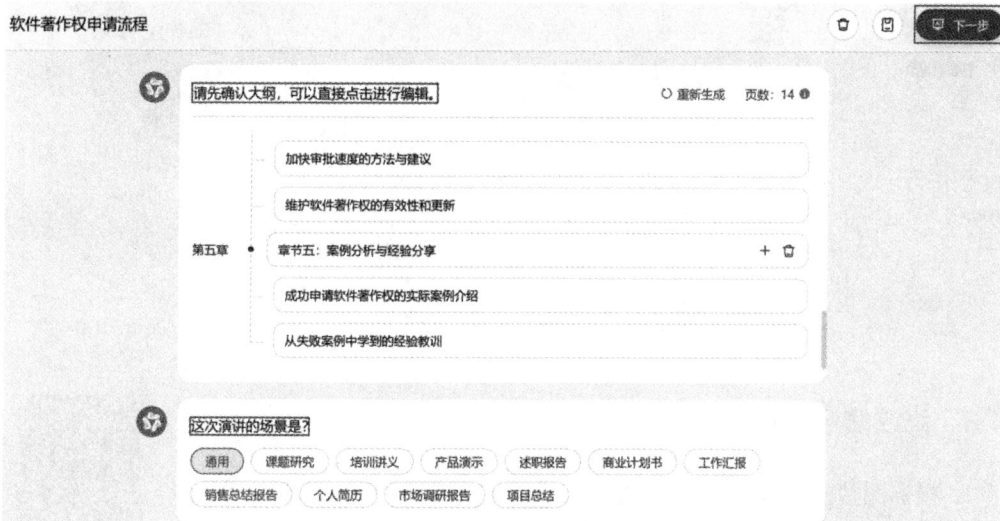

图 6-37　编辑大纲

修改完成后单击右上角的"下一步",选择 PPT 模板,如图 6-38 所示。右边是可选择的模板,选择一个自己喜欢的模板,单击右上角的"生成 PPT"。

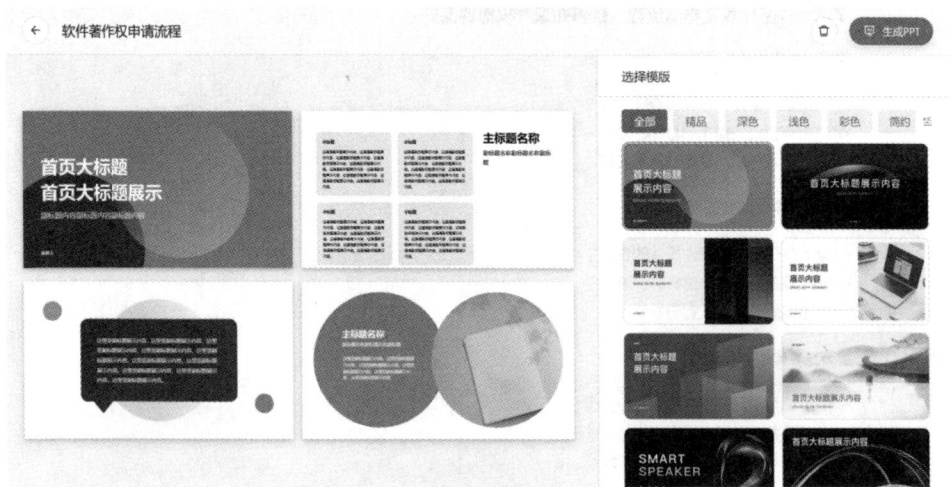

图 6-38　选择 PPT 模板

生成 PPT 后,还可以切换模板,也可以直接保存或下载。这样就得到了一份演讲 PPT,如图 6-39 所示。

图 6-39　生成的 PPT

6.4.3　修改演示文稿配图

1. 根据图片提示词直接生成图片

案例:在制作 PPT 时,除了内容要有吸引力以外,好的配图不仅可以提高美观度,也能对内容做适当的补充。但想要找到一张满意的

修改演示文稿配图

配图不仅费时，也很困难。本案例采用的 AI 工具为豆包。

提问：制作一张图片，春天在一条小河边，好多鲜花盛开，阳光晒在水面上波光粼粼。提问界面如图 6-40 所示，打开豆包选择"图像生成"，输入对图片的描述。单击"风格"，选择不同的图片风格。

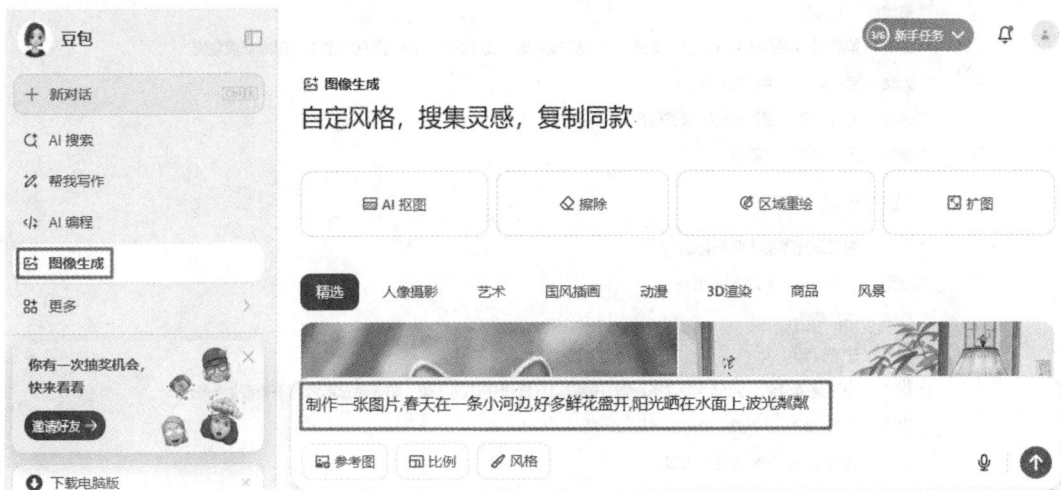

图 6-40　豆包图像生成提问界面

豆包就会根据对图像的描述生成图片，如图 6-41 所示。

图 6-41　豆包生成的图片

目前，除了豆包，讯飞星火、通义千问都可以通过图片提示词直接生成图片。

2. 生成图片提示词

案例：在寻找 PPT 配图时，有时对图片的描述会不太准确，导致生成的图片也不能完全满足要求，这时可以使用 AI 生成提示词。本案例采用的 AI 工具为文心一言。

提问："春天""鲜花""小河""阳光"，根据这几个词生成图片提示词。

文心一言会生成多组提示词，如图 6-42 所示。

选择一组满意的提示词或修改提示词，输入到支持直接生成图片的 AI 中，即可生成图片。

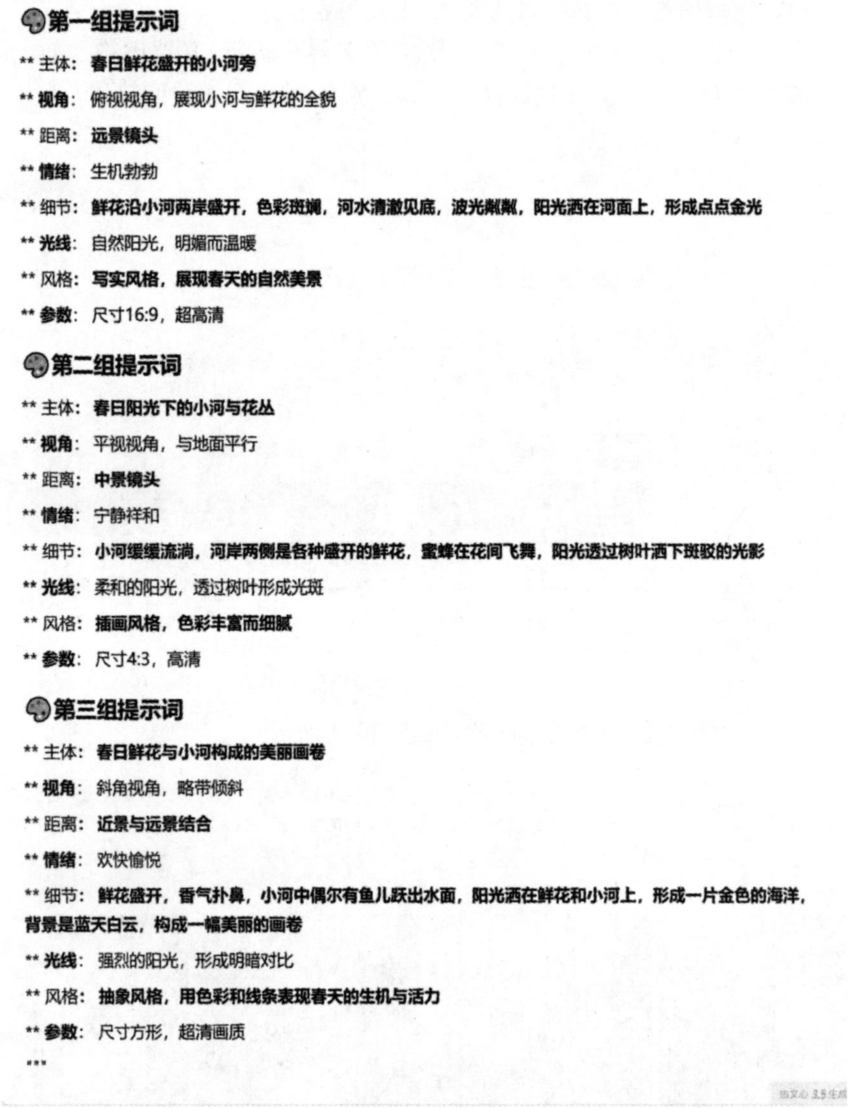

🎨**第一组提示词**

** 主体：**春日鲜花盛开的小河旁**

** 视角：俯视视角，展现小河与鲜花的全貌

** 距离：**远景镜头**

** 情绪：生机勃勃

** 细节：**鲜花沿小河两岸盛开，色彩斑斓，河水清澈见底，波光粼粼，阳光洒在河面上，形成点点金光**

** 光线：自然阳光，明媚而温暖

** 风格：**写实风格，展现春天的自然美景**

** 参数：尺寸16:9，超高清

🎨**第二组提示词**

** 主体：**春日阳光下的小河与花丛**

** 视角：平视视角，与地面平行

** 距离：**中景镜头**

** 情绪：宁静祥和

** 细节：**小河缓缓流淌，河岸两侧是各种盛开的鲜花，蜜蜂在花间飞舞，阳光透过树叶洒下斑驳的光影**

** 光线：**柔和的阳光，透过树叶形成光斑**

** 风格：**插画风格，色彩丰富而细腻**

** 参数：尺寸4:3，高清

🎨**第三组提示词**

** 主体：**春日鲜花与小河构成的美丽画卷**

** 视角：斜角视角，略带倾斜

** 距离：**近景与远景结合**

** 情绪：欢快愉悦

** 细节：**鲜花盛开，香气扑鼻，小河中偶尔有鱼儿跃出水面，阳光洒在鲜花和小河上，形成一片金色的海洋，背景是蓝天白云，构成一幅美丽的画卷**

** 光线：**强烈的阳光，形成明暗对比**

** 风格：**抽象风格，用色彩和线条表现春天的生机与活力**

** 参数：尺寸方形，超清画质

** *

图 6-42   提示词

习 题

一、选择题

1. 不属于 AI 智能文本应用场景的是(   )。

A. 自动生成会议记录   B. 修复打印机故障

C. 优化邮件措辞   D. 文献摘要生成

2. 生成论文大纲时，AI 通常需要用户提供(   )。

A. 研究方向和关键词   B. 导师联系方式

C. 实验原始数据   D. 论文查重报告

3．AI 优化文字表达不能实现的是(　　)

A. 语法纠错　　　　　　　　　B. 风格统一

C. 内容虚构　　　　　　　　　D. 逻辑强化

4．提炼总结内容时，AI 最可能分析的是(　　)。

A. 文件存储路径　　　　　　　B. 作者学历背景

C. 文档创建时间　　　　　　　D. 文本关键词频率

5．AI 编写函数公式最可能用于(　　)。

A. 计算季度增长率　　　　　　B. 设计公司 Logo

C. 调节空调温度　　　　　　　D. 监控考勤打卡

6．修改演示文稿配图时，AI 通常需要(　　)。

A. 投影仪分辨率　　　　　　　B. 设计师身份证

C. 打印机墨水余量　　　　　　D. 内容主题描述

7．AI 文本应用的伦理风险是(　　)。

A. 调整行间距　　　　　　　　B. 生成虚假信息

C. 改变字体颜色　　　　　　　D. 增加存储空间

8．AI 处理表格数据时最重要的前提是(　　)。

A. 数据准确性　　　　　　　　B. 表格边框颜色

C. 文件命名规则　　　　　　　D. 创建者职位

9．不适合用 AI 协作完成的是(　　)。

A. 多语言翻译　　　　　　　　B. 会议纪要整理

C. 数据可视化　　　　　　　　D. 薪资决策

10．AI 智能办公的发展趋势是(　　)。

A. 取消所有会议　　　　　　　B. 完全替代人类

C. 深度场景融合　　　　　　　D. 废除纸质文件

二、操作题

1．使用合适的 AI 工具，制作一份"个人简历"PPT。

2．使用合适的 AI 绘图工具生成一张智能手表宣传海报，海报整体要有科技感，且强调产品的立体感和金属质感。

3．使用合适的 AI 工具，生成"智能手机"的广告语。

参 考 文 献

[1] 沈萍，张莉. 信息技术基础立体化教程[M].西安：西安电子科技大学出版社，2024.

[2] 董长颖，于春华. Word/Excel/PPT AI 办公从新手到高手[M].北京：人民邮电出版社，2024.

[3] 曾志超，王楠，陈韵巧，等. AI 办公应用实战一本通：用 AIGC 工具成倍提升工作效率[M]. 北京：人民邮电出版社，2023.

[4] 林菲. 办公软件高级应用(Office 2019)[M]. 杭州：浙江大学出版社，2021.

[5] 曾公子. AI 智能办公实战 108 招：ChatGPT+Word+PowerPoint+WPS[M]. 北京：清华大学出版社，2025.